U0922048

高等学校规划教材

冶金分析与实验方法

刘淑萍　吕朝霞　周玉珍　刘　科　著

北京

冶金工业出版社

2013

内容提要

全书分为冶金分析理论和实验两大部分。内容包括冶金分析实验室的基本知识、分析标准及分析工作的质量保证、冶金原材料和钢铁的制取样方法规则；钢铁及合金、冶金原材料中主要成分的多个测定方法和与之相适应的理论分析；元素有：碳、硫、锰、硅、磷、铁、铝、钙、镁、铬、铅、钾、钠、钛、钨、钒等，还有灼烧减量、挥发分、灰分等项目的测定；对高炉煤气测定方法进行了介绍。同时介绍了钢铁厂现在服役的大型仪器测定方法，如：红外碳硫分析、光电发射光谱分析装置 PDA 系列等。在附录中给出重要的实用资料。

本书可作为高等院校、高等职业技术院校冶金分析科系的学习用书，也可作为大、中、小型钢铁厂矿的分析检验工作人员、从事分析化学工作的科技人员职业培训参考用书。

图书在版编目(CIP)数据

冶金分析与实验方法/刘淑萍等著．—北京：冶金工业出版社，2009.10（2013.9 重印）

高等学校规划教材

ISBN 978-7-5024-5034-2

Ⅰ．冶…　Ⅱ．刘…　Ⅲ．冶金—化学分析—实验方法
Ⅳ．TF03

中国版本图书馆 CIP 数据核字(2009)第 168944 号

出 版 人　谭学余

地　　址　北京北河沿大街嵩祝院北巷 39 号，邮编 100009

电　　话　(010)64027926　电子信箱　yjcbs@cnmip.com.cn

责任编辑　杨盈园　美术编辑　李　新　版式设计　张　青

责任校对　卿文春　责任印制　李玉山

ISBN 978-7-5024-5034-2

冶金工业出版社出版发行；各地新华书店经销；北京百善印刷厂印刷

2009 年 10 月第 1 版，2013 年 9 月第 3 次印刷

148mm×210mm；9.5 印张；277 千字；284 页

30.00 元

冶金工业出版社投稿电话：(010)64027932　投稿信箱：tougao@cnmip.com.cn

冶金工业出版社发行部　电话：(010) 64044283　传真：(010)64027893

冶金书店　地址：北京东四西大街 46 号(100010)　电话：(010)65289081(兼传真)

前　言

进入21世纪以来，钢铁企业不断发展扩大，钢铁及原材料的质量要求越来越高，对行业分析检验人员需求量也随之扩大。在加入WTO后，对产品质量检验要求提高，这就要有专门的人才满足生产工作的需要，这种人才应必须具备冶金分析理论知识和全面的实验技能。因此冶金分析课程的学习具有现实意义。目前，既简明扼要，又能全面体现现代分析技术的教科书少，作者鉴于此翻阅参考了现行的书籍，汇集了大、中、小型钢铁厂的实际操作规程、方法和原理而编写了本书。为了体现时效性，本书侧重阐述了铁矿石、锰矿石、钛矿石、石灰石、白云石、萤石、焦炭等原材料，以及钢包喂线、冷压块，钢铁分析（包括炉前和成品分析），同时提供了多种实验方法可供不同层次的人员选择使用；以介绍国标或部颁标准或地方标准测定方法为主，并介绍一些生产中常用的方法和成熟的、行之有效的快速分析方法，即在国标方法基础上，对符合现场生产的分析方法进行了改进，做到简单易行。书中所涉及的测定方法既有生产一线需要的简单方法，也有供质检中心控制质量的精确方法，具有很强的实用性和可操作性。书中还介绍了采用的现代的、快捷的、准确的分析方法，对国内外一些新技术和新成就作了适当的介绍（介绍了八种大型现代仪器分析）。本书重视基本原理的论述和分析步骤的剖析，注重培养学生独立思考和灵活运用的能力，也给厂矿企业质检技术人员在理论上有所引导，以指导、解决实际工作中遇到的问题。

本书由河北理工大学刘淑萍教授主编，吕朝霞和刘科教师做了大量搜集题材和整理的工作，唐山钢铁集团公司周玉珍高级工程师提供了较多的现行实验方法。

本书严格执行 GB3100—1993 法定计量单位，按法定计量单位标准统一了所有用量和单位的名称与符号。

由于作者水平所限，书中不妥之处，欢迎读者批评指正。

作 者

2009 年 5 月

目　录

第一部分　理论

第二部分　实验

第一部分　理论

在冶金生产中,原材料的选择与冶炼时的配料,以及成品检验等工作,都必须通过分析检测才能很好地进行。若检测结果不准确,不但影响钢铁(或其他金属)产品的质量,有时甚至会使生产过程中发生事故,所以分析检测工作在冶金生产中是不可缺少的很重要一环。

1　冶金原材料分析

1.1　冶金原材料试样的采取与制备的理论知识

冶金原材料的组成常常是不均匀的。为了使所取样品的组成与原始物料的平均组成相一致,在取样中最基本问题是:(1)部分试样份数的确定;(2)试样最小重量的确定(就是缩分到最后分析试样重量的确定);(3)试样的布点。

1.1.1　部分试样份数的确定

由经验可知,物料的粒度越小,均匀性越好,采样的份数和质量可以越少,物料粒度越大,均匀性越差,采样的份数和质量越大。如果对检验试样的准确度要求越高,则采样份数和质量也应增加,其检验费用也增高。部分试样采取的份数见表1-1。

表1-1　部分试样采取的份数

矿物特性	矿物粒度/cm					
	0~5		5~12		25~60	
	小样/份	每个小样质量/kg	小样/份	每个小样质量/kg	小样/份	每个小样质量/kg
不均匀	10	2.5~3	100	4~5	140	6~7
很不均匀	100	3~4	140	5~6	200	7~8

1.1.2 试样最小质量的确定(即缩分到最后分析试样质量的确定)

送至化验室的原始试样,其原始质量自几公斤至几十公斤不等。这些原始试样往往是代表矿体的某一块段或矿层的化学组成。在化验室里进行化学分析的试样一般只需几克、几十克,最多也不过几百克。因此,对某一原始试样进行加工时,首先破碎、缩分,使制成的分析试样不仅能达到足够的细度,便于分解,并代表整个原始试样的化学组成。通过100~200号筛后,制成量小(100~300g)的分析用样。此时需留一个副样以备检查分析。

分析样品的粒度按地质统一规定,多数矿种均为160号筛目。

1.1.2.1 缩分样公式

缩分公式:

$$Q = Kd^2$$

式中,Q 为样品最小质量,kg;d 为最大颗粒直径,mm;K 为矿石特性系数,在0.05~0.1之间,特殊的在1或1以上。各类矿种的 K 值参见表1-2。

表1-2 各类矿种 K 值

矿 种	K 值	矿 种	K 值
铁(接触交代、沉积、变质型)、锰	0.1~0.2	脉金(颗粒基本上小于0.1mm)	0.2
铜、钼、钨	0.1~0.5	脉金(颗粒基本上接近0.1mm)	0.4
Ni(硫化物)、钴	0.2~0.5	脉金(颗粒基本上大于0.6mm)	0.8~1.0
铬	≤0.25~0.3	铌、钽、锆、铪、铍、锂、铷、铯及稀土元素	0.1~0.5
铅、锌、锡	0.2	磷矿石(分布均匀者)、萤石、黄铁矿	0.2
铝土矿(非均一的,如黄铁矿化铝土矿,钙质铝土角砾岩)	0.3~0.5	高岭土、黏土、石英岩	0.1~0.2
锑、汞	≥0.1~0.2	明矾、石膏、硼矿	0.2
菱镁矿、石灰石、白云石	0.05~0.1		

例：有一矿样全部通过 20 号筛（d =0.84mm），其特性系数 K 为 0.2。则缩分出来的样品的最低质量按缩分公式计算，应保留样重为：$Q = Kd^2 = 0.2 \times (0.84)^2 = 0.141$kg。

计算表明，通过 20 号筛之后此试样最低只允许缩分到 141g。如果进一步缩分，必须继续粉碎。如不进行粉碎把 141g 分成两份是不允许的，否则就失去代表性。

缩分次数可按下法确定：当样品原始质量比它最低可靠质量大 N 倍，则缩分次数可用下式求得：

$$N = 2^m$$

式中　m——缩分次数。

如样品原始质量为 2000g，全部通过 20 号筛最低可靠质量为 141g。

N =2000/141 =14 倍，而 $2^3 < 14 < 2^4$，则缩分次数应为 3 次而不是 4 次。

具体操作步骤：首先将全部样品通过 20 号筛，将样品混匀，用四分法弃去一半，将留下的 1000g 样品混匀，再用四分法弃去一半，留下一半得 1000/2 =500g，重复下去，直至留下一半大于 141g 为止，这就是最低可靠质量，有足够的代表性。

在实际工作中如无特殊要求，K 值采用 0.2，不论矿样多少，一般是经过一次（或几次）破碎，缩分至通过 20 号筛，然后缩分出 141g 以上，全部细碎至所需粒度。

1.1.2.2　加工程序

样品加工分粗碎、中碎、细碎。每个阶段又包括 4 个程序：破碎、过筛、混匀、缩分。样品加工流程见图 1-1。

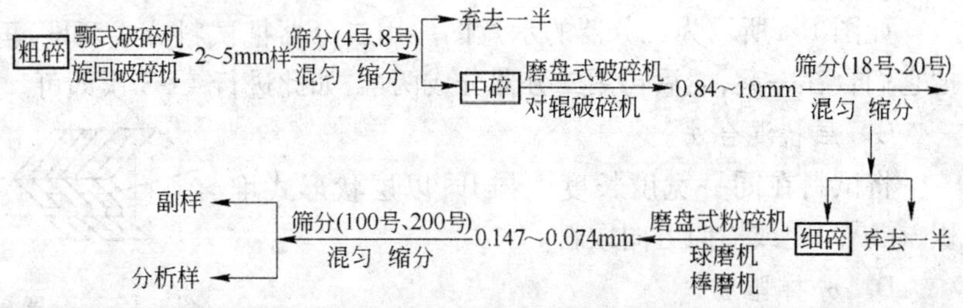

图 1-1　样品加工流程

1.1.2.3 样品过筛

通常用的标准筛的筛号有:6 号、12 号、20 号、30 号、40 号、60 号、…、200 号、220 号等。过筛的目的是加速破碎、有利缩分。过筛过程中一定要使样品全部通过,绝不能任意弃去筛上样品。

1.1.2.4 样品的混匀

为了保证样品均匀有代表性,缩分前必须将样品充分混匀。生产用试料批量较大,一般用混料机混合。图 1-2、图 1-3 所示为两种混合机示意图。小于 3mm 的细料用 V 形混合机,大于 3mm 的试料用双圆锥形混合机。对试样量不大的物料,可以用手工混匀。

图 1-2 V 形　　图 1-3 双圆锥形

A 用手铲混匀

对于性状差异较大的物料可用下述程序:(1)在干净的铁板平面上,把每一铲试料交替地在两个地方散布成薄而长的料带,重复堆积成两个细长的料堆;(2)沿上述两个料堆,纵向一铲一铲地交替地从堆体底部掘取试料,散布成薄而长的一条新料堆;(3)将上述一条新料堆纵向从堆底掘取试料,反复进行操作 4 ~5 次。

对于性状相类似的物料用圆锥法,方法有:(1)在干净的铁板平面上,把试料堆积成圆锥形;(2)用铲把圆锥形试料摊平;(3)用铲从底部掘取试料,换个地方再堆积成圆锥形。

B 使用二分器混匀

如图 1-4 所示为二分器的示意图。用二分器把试料分成两堆,再把它们合在一起,然后再用二分器分成两堆,如此进行 4 ~5 次即可。

C 层状混合法

将试料在同一宽度长度上摊开,以层状形式堆积,在纵向上或横向方向取料。

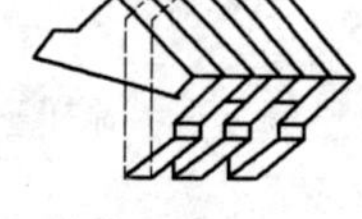

图 1-4 二分器

D 分样器法

将装有样品的容器在分样器的中线上来回移动,

使样品慢慢而均匀地倾泻在分样器中，重复数次即可均匀。

E 掀角法

将样品倒在一块四方的橡皮布上，提起两个对角，使试样自这一角转到那一角，然后换另两个对角同样操作。操作时必须使样品滚过橡皮布的中线，如此重复十次，样品就可混匀。

F 环锥法

将样品倒在橡皮布上，用小铲将它堆成一圆锥状，然后以锥顶为中心，将锥体轻轻压平成圆饼，用铲划成一环形，再重新堆成圆锥体。

1.1.2.5 样品的缩分

A 四分法

如图 1-5 所示，先用铲从料堆底部掘起，见图 1-5*a*，堆成圆锥状见图 1-5*b*，这时注意料从中心堆上去，而后用铲把圆锥顶拍平，或由中心向半径方向把料摊开，见图 1-5*c*，把圆台料堆用金属制“十”字形分样铲堆切成四块，见图 1-5*d*，弃去对角的两份，收集剩余的两份。根据需要可以进行第二或第三次缩分。

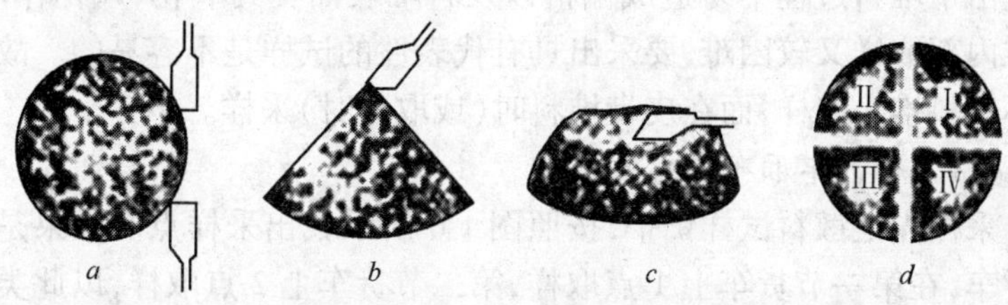

图 1-5 四分法

a—料堆；*b*—锥状料堆；*c*—圆台料堆；*d*—四分料堆

B 分样器法

将样品均匀地倒入分样器中，即可将样品分成两等份。

对于试样量较大的试料缩分，应采用机械缩分装置，但必须满足精度高和偏差小的条件。机械缩分装置有截取缩分机，旋转圆锥缩分机，盲孔缩分机及旋转缩分机等。

1.1.2.6 样品的烘干

原始试样中或多或少地含有一些水分，含水分多时使破碎、过筛等操作发生困难，会发生堵塞或沾黏现象，因而必须先将样品干燥，才能对样品进行加工。

一般大宗样品采用自然干燥法(或称风干法)干燥之。少量样品可在电烘箱中烘干,控制温度为105~110℃。有些试样不可烘干,如物相分析和测定亚铁的样品;有些试样只能在较低温度下烘干,如黄铁矿等硫化矿宜在60~80℃下烘干;有些试样则需在较高温度下,如铝土矿、锰矿等需在130℃烘干。

1.1.3 试样的布点

对冶金原材料的布点最常遇见的情况是从矿堆、车厢中和运输皮带上布点。

1.1.3.1 堆料场布点

原则上是根据采样份数均匀布点。用互相垂直的平行线把料堆表面等分区域,取平行线交点作为取样点,在深0.5m左右取样。若料堆为三角形断面长条布置,一般在其侧面上距地面0.5m处划第一条水平横线,而后距第一条线0.5m处划第二条横线,依此类推,然后根据所确定的采样份数划垂直线等分各区,在交点处采样。

由于堆料过程中易造成偏析以及料堆表面受到氧化、风化作用,料堆内部取样又较困难,要采出具有代表性的试样是不容易的。故一般不在料堆上取样,而在皮带堆料时(或取料时)采样。

1.1.3.2 车厢布点

采样先把散料试样铲平,按照图1-6所示找出采样点。如果是一列货车,在第一节货车上1点取样,第二节货车上2点取样,以此类推按所要求的份数和数量取完样。在汽车货厢上可按5点取样,如图1-7所示。采样点以短边为最大粒度三倍长矩形部分作全量采取。

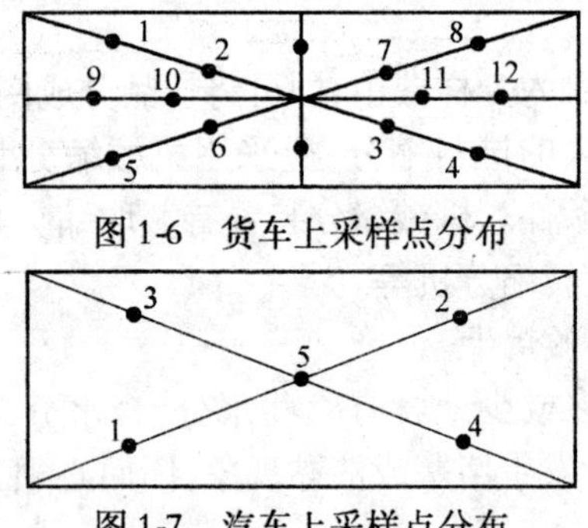

图1-6 货车上采样点分布

图1-7 汽车上采样点分布

1.1.3.3 运输皮带布点

采样一般在运输皮带上或落料口上采样。图1-8所示为运输带上的几种采样方式，其中如图1-8a所示为手动，把采样料盒放在皮带上，随着皮带运动通过料流点把盒收回即可。其他几种采样装置作为装卸设备的一部分而设置。这种设施只有在皮带达到正常载荷时才能动作，并按设定的间隔时间采样。为达到规定部分试样的质量，采样间隔时间τ：τ=批量/试样份数。

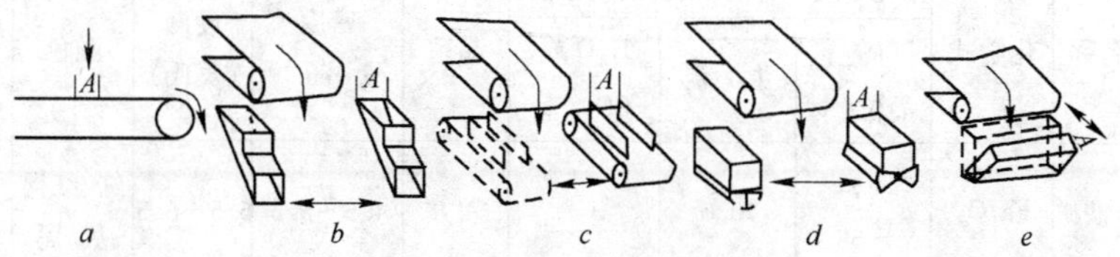

图1-8 运输皮带上的采样方式

a—手动料盒采样；*b*,*c*,*d*,*e*—分别为溜槽型、给料型、肩斗型、摆动溜槽型截取机；*A*—开口部宽；→—料流方向

每次采样质量应大致相同，若不能在一次采足时可采数次。大致相同是指每份样质量的差异小于平均值的20%。

对于粉、块混合物，必须能够容易地采到粒度最大的块。当皮带机上采样时，以最大粒度三倍以上的长度作全流幅采取，在落料口用采样机采取时，开口部宽（见图1-8中*A*）应是最大粒度的三倍以上。

【思考题】

（1）某硅酸盐样品，其特性系数K为0.3。粉碎通过50号筛（d=0.3mm）后，按缩分公式计算，应保留样重为多少？

（2）试样如何在矿堆、车厢中和运输皮带上布点？

1.2 铁矿石分析

1.2.1 概述

铁矿是钢铁工业的基础原料。铁矿石的种类很多，有代表性的能用来冶炼的铁矿石及其性质列于表1-3。此外，尚有含硫的铁化合物及含砷的铁化合物[黄铁矿(FeS_2),毒砂(FeAsS)]等,虽含有大量铁,但由于硫和砷都严重影响钢铁质量,不能用来炼铁,习惯上不称为铁矿。值得注意的是,有的铁矿除铁外,还含有大量其他更有价值的元素的铁化合物也不能认为是铁矿。

不符合表1-3品位要求的,要进行选矿处理。

表1-3 铁矿石矿物的各种性质

名称	化学式	由化学式计算的组成(质量分数)			晶系	密度 /g·cm^{-3}	硬度(莫氏)	颜色	磁性
		Fe,品位/%	Fe/%	H_2O或CO_2/%					
赤铁矿	Fe_2O_3	>54~58	70.0		六方	4.5~5.3	5.5~6.5	红、红褐灰、黑	弱
磁铁矿	Fe_3O_4	>56~60	72.4		等轴	4.9~5.2	5.5~6.5	铁黑	强
褐铁矿	$Fe_2O_3\cdot nH_2O$	>45~50	48~62.9	(H_2O) 5.6~31.0	非晶质+斜方	3.6~4.0	4.0~5.5	黄褐红褐	弱
菱铁矿	$FeCO_3$	>30~35	48.2	(CO_2) 37.9	六方	3.7~3.9	3.5~4.0	浅黄褐色	弱

铁矿石中的铁大都以高价铁(Fe_2O_3)状态和亚铁(FeO)状态存在,少量以硅酸盐形式存在,几乎无金属铁。此外还含有有害组分,如二氧化硅、硫、磷、砷等。它们在冶炼过程中还原为单质并渗入生铁中,严重影响金属质量。铁矿分析一般仅需测定二氧化硅、全铁(TFe)、硫、磷。有时从冶炼需要出发,还要测定酸溶性铁(SFe)、氧化亚铁(FeO)、氧化钙、氧化镁、氧化锰、烧碱等。矿石中TFe/FeO≤2.7时为磁铁矿;TFe/FeO>2.7时为赤铁矿;TFe与SFe之差即为硅酸铁,这部分铁在冶炼过程中不能还原为金属,当硅酸铁中的铁大于2%~4%时,要相应提高全铁的品位要求。依照矿石中CaO+MgO/SiO_2+Al_2O_3的比值不同,铁矿石又可分为自熔性矿石(比值为0.8~1.2),半自熔性矿石(比值为0.5~0.8),酸性矿石(比值小于0.5)和碱性矿石(比值大于1.2)。只有自熔性矿石在冶炼时不需要

再配入碱性熔剂(石灰石或石灰),其余几类矿石都需要配入一定量的碱性熔剂或酸性熔剂(硅石),使配入后 $CaO + MgO/SiO_2 + Al_2O_3$ 的比值达到所需的指标。

铁矿石通常用盐酸加热分解,如残渣为白色,表明试样分解完全。若残渣有黑色或其他颜色,可用氢氟酸或氟化铵处理。磁铁矿分解很慢,可加几滴氯化亚锡加速分解,或用磷硫混合酸(2 +1)分解。铁矿石的系统分析常用碱熔法分解试样,常用的熔剂有氢氧化钠、过氧化钠、碳酸钠和过氧化钠碳酸钠(2 +1)混合熔剂。熔融通常在银坩埚、镍坩埚和石墨坩埚中进行,也可用过氧化钠在镍坩埚中烧结分解试样。铬铁矿宜用过氧化钠分解。钛铁矿则可用焦硫酸钾分解。

铁矿中铁的测定方法目前还是多采用氯化亚锡、三氯化钛将 Fe^{3+} 还原为 Fe^{2+}。鉴于这种测定方法,凡能被氯化亚锡或三氯化钛还原为低价,又能被重铬酸钾氧化的杂质以及本身有色或还原产物有色干扰终点判别的各种物质都有干扰。铜有时混杂在铁矿中,由于 $SnCl_2$ 能将 Cu^{2+} 还原为 Cu^+,Cu^+ 能被 $K_2Cr_2O_7$ 氧化,同时 Cu^{2+} 又能催化 Fe^{2+} 被空气氧化。因此,铜的含量大于 0.5mg 时,应预先用氨水分离(钴、镍、铂等干扰元素也被分离),使铁成氢氧化铁沉淀而铜氨络离子则留在溶液中。经碱熔分解的试样,在水浸取的碱性溶液中加入适量氯化铵也可以达到同样目的。

钨和钼被还原剂还原为钨蓝和钼蓝,妨碍终点判别;钒则被还原为低价,能消耗重铬酸钾。碱熔法分解试样并用水浸取,钨、钼和钒均以可溶性的含氧酸盐留在溶液中而与氢氧化铁分离。

砷、锑都能被氯化亚锡还原为低价消耗重铬酸钾。可在热的硫酸介质中用氢溴酸逐出砷和锑的溴化物;也可用碱熔法分解试样,使砷和锑转入溶液,在用盐酸分解铁矿时加入适量氯化亚锡,使三氯化砷挥发除去。

铂的存在(即使含量极微)能被还原为低价状态——棕色或暗黄色的稳定的氯铂酸(H_2PtCl_4)胶体溶液,严重影响还原终点的判别。自然界的铁矿中几乎不含有铂,往往用铂坩埚分解矿样残渣时引入,要引起注意。采用氨水沉淀铁而与铂分离。

硝酸根影响还原和滴定，须用硫酸或盐酸低温反复蒸干除去。此外，大量的氟以及含有羟基的有机酸等妨碍氢氧化铁沉淀完全，前者还使亚铁溶液的稳定性降低，在用盐酸—氟化钠法分解矿样时，应当避免引入大量氟盐。

1.2.2　铁的分析

1.2.2.1　全铁(TFe)和酸溶性铁(SFe)的分析

A　$K_2Cr_2O_7$容量法

常量铁(0.5%以上)的测定，多采用$SnCl_2$为还原剂的$K_2Cr_2O_7$容量法测定，方法简便易行，过量的$SnCl_2$容易除去，$K_2Cr_2O_7$标准溶液稳定并可用直接法配制。

在盐酸或硫酸介质中，用$SnCl_2$还原Fe^{3+}为Fe^{2+}，以$HgCl_2$氧化过量的$SnCl_2$，在硫磷混酸存在下，以二苯胺磺酸钠为指示剂，即可用$K_2Cr_2O_7$标准溶液滴定，主要反应有：

$$2Fe^{3+}+Sn^{2+}+6Cl^{-}=\!=\!=2Fe^{2+}+SnCl_6^{2-}$$

$$Sn^{2+}+2HgCl_2+4Cl^{-}=\!=\!=Hg_2Cl_2\downarrow+SnCl_6^{2-}$$

$$6Fe^{2+}+Cr_2O_7^{2-}+14H^{+}=\!=\!=6Fe^{3+}+2Cr^{3+}+7H_2O$$

用$SnCl_2$还原Fe^{3+}时，应保持小体积和较高的酸度(6mol/L以上)和温度，否则还原较慢，且$SnCl_2$容易发生水解。

还原滴定时溶液的酸度应控制在1～3mol/L范围内，酸度过高，终点变色迟钝，会使测定结果偏高；酸度过低，滴定反应不完全。

为了保证3价铁全部还原为2价并防止滴定前再被氧化，$SnCl_2$必须过量。过量的$SnCl_2$也将被$K_2Cr_2O_7$滴定，因此必须加入弱氧化剂$HgCl_2$氧化过量$SnCl_2$，生成白色丝光状的Hg_2Cl_2沉淀。这一反应并不是瞬间即可完成的，尤其当溶液酸度控制不当时，因此，加入$HgCl_2$后要摇匀并放置3～5min。必须避免引入过多的$SnCl_2$，因为它能将Hg_2Cl_2进一步还原为黑色的金属汞。

$$Sn^{2+}+Hg_2Cl_2+4Cl^{-}=\!=\!=2Hg+SnCl_6^{2-}$$

金属汞能被$K_2Cr_2O_7$氧化，并能将在滴定过程中生成的Fe^{3+}重新还原为Fe^{2+}。因而用$SnCl_2$还原时宜逐滴加入，待Fe^{3+}的黄色刚好消失再过量1～2滴为宜。

滴定过程中[Fe^{3+}]不断升高，[Fe^{2+}]不断降低，溶液电位不断升高，当溶液电位高于指示剂二苯胺磺酸钠的标准电对电位时，指示剂被氧化，这时离滴定终点尚早；为了避免终点过早出现，加入硫磷混酸，使Fe^{3+}形成稳定的无色络合物[$Fe(PO_4)_2$]$^{3-}$，从而降低了铁电对电位，使指示剂的变色范围全部落在滴定曲线的突跃范围之内，把滴定的系统误差控制在允许误差范围之内。但是磷酸的加入加深了Fe^{2+}的不稳定性，用加入硫酸的方法在一定程度上抑制了空气对Fe^{2+}的氧化。实际上，加入硫磷混酸后仍要求立即滴定。

铁矿石的合适溶剂是盐酸或硫磷混酸。但用酸分解时，铁的硅酸盐不被分解，测出的值仅为酸溶性铁(SFe)。若在酸溶时，加入适量碱金属氟化物，则测得值中包括了硅酸铁，即全铁(TFe)。氟化物的用量不可超过1g。过多氟盐的引入不仅促使亚铁氧化，还妨碍铁的还原，侵蚀玻璃器皿析出硅酸，吸附铁离子干扰测定。用酸不能完全分解的铁矿样必须改用碱熔分解，才能准确测出全铁。

B 无汞盐测铁

为了避免汞的毒性，提高环境的质量，近年来，研究了多种无汞盐测铁的方法。下面主要介绍无汞盐定铁法。

试样溶解后，首先用$SnCl_2$还原大部分的Fe^{3+}，然后用$TiCl_3$定量还原剩余的Fe^{3+}：

$$2Fe^{3+} + Sn^{2+} = 2Fe^{2+} + Sn^{4+}$$

$$Fe^{3+} + Ti^{3+} + H_2O = Fe^{2+} + TiO^{2+} + 2H^{+}$$

用钨酸钠做指示剂指示还原终点，即当Fe^{3+}定量还原为Fe^{2+}后，过量一滴$TiCl_3$溶液，可使作为指示剂的6价钨(无色)还原成蓝色的5价钨化合物，俗称“钨蓝”，故溶液呈蓝色。过量的$TiCl_3$可在Cu^{2+}的催化下，借水中溶解的氧氧化，从而消除少量还原剂的影响。

还原Fe^{3+}时，不能单用$SnCl_2$，因为在此酸度下，$SnCl_2$不能还原W^{6+}为W^{5+}，故溶液没有明显的颜色变化，无法控制其用量，而且过量的$SnCl_2$没有适当的非汞方法除去，但也不宜单用$TiCl_3$，因为钛盐较贵，且使用时易产生4价钛盐沉淀，影响测定，故常将$SnCl_2$与$TiCl_3$联合使用。

Fe^{3+}定量还原为Fe^{2+}和过量还原剂除去后，即可用二苯胺磺酸钠为指示剂，以$K_2Cr_2O_7$标准溶液滴定至溶液呈稳定的紫色即为终点。

C EDTA 容量法

以Fe^{3+}和EDTA形成很稳定的络合($\lg K_{FeY^-}=25.1$)为基础的，方程式：$Fe^{3+}+H_2Y^{2-}\rightarrow FeY^-+2H^+$。$Fe^{2+}$的EDTA络合物不太稳定($\lg K_{FeY^-}=14.3$)，因此，一般都滴定$Fe^{3+}$。滴定可在较强的酸性介质中进行，避免了许多离子的干扰。滴定方式有直接法和返滴法，直接法可在较高的酸度下进行，应用更为广泛。本节仅介绍用磺基水杨酸为指示剂的直接滴定法。

Fe^{3+}和磺基水杨酸在不同酸度环境中，生成不同配位数的络合物。在pH值为1.3～2.0的酸性介质中，磺基水杨酸与Fe^{3+}形成紫色络合物，此络合物的稳定常数远小于FeY^-络合物，因此在终点时，溶液由紫色变为FeY^-的浅黄色，用下述方程式表示：

$$Fe^{3+}+Sal^-\longrightarrow Fe(Sal)^{2+}$$

$$\underset{\text{紫红色}}{Fe(Sal)^{2+}}+H_2Y^{2-}\longrightarrow \underset{\text{浅黄色}}{FeY^-}+Sal^-+2H^+$$

此滴定反应较慢，应在70～80℃的热溶液中滴定以增加反应速度。但是过高的温度会使试液中的Al^{3+}也与EDTA络合，使滴定结果偏高。

Al^{3+}也和磺基水杨酸生成无色络合物。因此，当样品含铝量较高时，应该适当增大显色剂用量。Cu^{2+}和磺基水杨酸生成绿色络合物，干扰测定。

碱金属、碱土金属、Mn^{2+}、铝、锌、铅及少量Cu^{2+}、Ni^{2+}不干扰测定。铜、镍量高时影响终点观察，加入邻二氮杂菲掩蔽之。

1.2.2.2 亚铁的分析

有时由于高炉冶炼需要或者确定可否进行磁选时，需了解矿石或烧结矿中亚铁的量。

对于单纯的铁矿中亚铁的测定可用盐酸—氟化钠或硫酸—氢氟酸(铂坩埚)分解试样。盐酸—氟化钠分解试样时，氧化亚铁和硅酸亚铁都被溶解转入溶液，然后以二苯胺磺酸钠为指示剂，用重铬酸钾标准溶液滴定。亚铁盐在热的酸性介质中易被空气所氧化，因此试样分解过程必须注意隔绝空气，并要求整个过程尽快完成。排除空气的最简便方法是在锥形瓶中加盐酸之前预先加入适量的碳酸氢钠或洁净的方解石，盐酸加入后立即产生二氧化碳排出空气，立即塞以带导管的胶塞。试样分解完毕，开启塞子并迅速加入碳酸氢钠饱和溶液或几粒方解石，重新盖上塞子流水冷却，加硫磷混酸和指示剂，即可滴定。

大量氟的存在促使亚铁被空气氧化，并腐蚀玻璃器皿，因此应避免过多的氟化钠，或者补加硼酸克服之。

矿样中如果含有高价锰的化合物及可溶于盐酸的硫化物时将严重干扰亚铁的测定。显然试样分解时，高价锰能将亚铁氧化，而酸溶性硫化物生成的硫化氢又将 Fe^{3+} 还原为 Fe^{2+}，使测定工作复杂化。对于这一类的试样必须经过预先处理，只有排除了高价锰和硫化氢的干扰之后才有可能准确测出亚铁的量来。对于仅含有高价锰化合物的矿样，例如铁锰矿中亚铁的测定，应当事先将高价锰还原为不干扰亚铁测定的 Mn^{2+}。较为有效的是在微酸性（pH 值为 4.1）的乙酸—亚硫酸钠溶液中，高价锰被亚硫酸还原为 Mn^{2+}，即采用 10mL200g/L 亚硫酸钠和 10mL 乙酸（1 +1）所构成的微酸性混合液。实践证明，煮沸 10min 之后，可将大量的 MnO_2、Mn_3O_4、Mn_2O_3 和硬锰矿还原为 Mn^{2+}，然后加入碳酸氢钠或大理石，用盐酸分解矿样。分解高价锰后残存的亚硫酸能在大于 5mol/L 的盐酸介质中将 Fe^{2+} 氧化。为消除这一影响，在热浸除锰后的试液中先加入少许碳酸氢钠产生二氧化碳把二氧化硫带出。

对于同时含有高价锰和酸溶性硫化物的矿样，必须同时排除锰和硫的干扰才能测定其中亚铁。目前较为普通的方法是利用过氧化氢在微酸性介质中的氧化还原性质来实现。在 pH 值为 3.5 的 HAc—NaAc 缓冲溶液中，用过氧化氢热浸来消除锰和硫的干扰，反应如下：

$$S^{2-} + 4H_2O_2 \longrightarrow SO_4^{2-} + 4H_2O$$

$$MnO_2 + H_2O_2 + 2H^+ \longrightarrow Mn^{2+} + 2H_2O + O_2\uparrow$$

反应宜在低温电热板上进行，热浸 1 ~1.5h，适当搅拌并酌情补加 H_2O_2。在热浸过程中，矿样中一部分亚铁（如 FeS、$FeCO_3$ 及部分可溶性 $FeSiO_3$）也被氧化进入溶液：

$$2Fe^{2+} + H_2O_2 + 2H^+ = 2Fe^{3+} + 2H_2O$$

因此,实际亚铁含量应为残渣中亚铁量与浸取液中铁量之和。热浸完毕,通过抽滤和洗涤,残渣按盐酸—氟化钠法测定亚铁,滤液用氨水沉淀 Fe^{3+},过滤洗净用盐酸溶解,用氯化亚锡还原,测定其中的铁再换算成 FeO。两者亚铁之和即为试样中 FeO 量。

高价铈和 6 价铬也严重影响亚铁的测定,但尚无很好方法来解决。

1.2.3 铁矿石工业分析

有时根据冶炼需要除铁、硅、硫和磷外还要测定铝、钙、镁、锰和钛等项。现仅对硅、铝、钛、钙、磷、硫等含量的测定方法做简单介绍。锰含量的测定详见锰矿石分析。

1.2.3.1 硅含量的分析

铁矿石中硅含量的快速测定采用钼蓝光度法。试样经无水碳酸钠和硼酸混合熔剂熔融后,稀盐酸浸取,使硅成硅酸状态,在合适酸度下加入钼酸铵以形成黄色硅钼杂多酸,然后以硫酸亚铁铵为还原剂还原为硅钼蓝,测定其吸光度。熔融反应如下:

$$SiO_2 + Na_2CO_3 = Na_2SiO_3 + CO_2\uparrow$$

$$Na_2SiO_3 + 2HNO_3 + H_2O = H_4SiO_4 + 2NaNO_3$$

有关测定条件参见钢铁分析。除上述方法外,还有高氯酸脱水重量法、动物胶重量法和氟硅酸钾滴定法等(见硅酸盐分析)。

1.2.3.2 磷的分析

磷易于氧化,故矿石中没有游离状态的磷,铁矿中的磷几乎都以磷酸盐形态存在。磷的测定方法很多。其方法参见钢铁分析。

1.2.3.3 硫的分析

在铁矿石中,硫多以硫化物(如 FeS_2)或硫酸盐(如 $CaSO_4 \cdot 2H_2O$)等形式存在。在铁矿中硫的含量为万分之几至千分之几,少数达百分之几。

铁矿中硫的测定方法通常有两类:一类是将矿样以碱熔或酸溶分解,使硫转化为可溶性的硫酸盐,然后测定硫酸根。方法有硫酸钡重量法、EDTA 容量法、硫酸联苯胺容量法;另一类为通入氧气或空气,矿样在管式炉中燃烧,这时硫转化为二氧化硫气体,经吸收后测定。方法有碘量法、中和法和光度法。目前应用广泛的是燃烧气体容量法(碘量法、中和法)和红外吸收法。

(1)碘量法。原理见钢铁分析。

(2)中和法。中和法的仪器装置和原理基本上与碘量法相同。所不同的是中和法用1%的过氧化氢溶液吸收:

$$SO_2 + H_2O_2 = H_2SO_4$$

用甲基红—次甲基蓝为指示剂,以氢氧化钠标准溶液滴定生成的硫酸,终点由紫色至亮绿色。

含氟高的试样,在燃烧过程中生成 SiF_4 形态逸出,遇水后水解生成氢氟酸和硅酸消耗氢氧化钠标准溶液,使结果偏高,不宜采用此法。也有人认为含碳高的试样燃烧时生成大量二氧化碳,对于中和法测定硫也有影响。

(3)红外吸收法。极性分子,如 CO_2、SO_2、SO_3 等,将对红外波段特定波长的谱线产生能量吸收,不同的气体分子浓度将对谱线的吸收程度不同,且存在一定的比例关系,因此通过检测谱线的强度变化,即可得出气体分子的浓度,也即求得物质的碳、硫含量。

红外碳硫仪就是基于这一基本原理实现对碳硫的分析。首先它由红外源产生位于红外波段的红外线,经切光马达调制为固定频率的高变信号,试样经高频炉的加热,通氧燃烧,使碳和硫分别转化为二氧化碳和二氧化硫,并随氧气流,流经红外池,产生对红外线的能量吸收,根据它们对各自特定波长的红外吸收与其浓度的关系,经微处理机运算处理,显示并打印出试样中的碳、硫含量。

1.2.3.4 氧化铝、氧化钙、氧化镁、氧化钛的分析

这些项目测定可吸取一定量母液,调至合适的酸度后分别测定,详见硅酸盐分析。

【思考题】

(1)写出无汞定铁法的原理,为何要用 $SnCl_2$ 与 $TiCl_3$ 联合使用测定?

(2)写出钼酸铵酸碱容量法测定磷的原理及磷钼酸铵的沉淀条件。

1.3 锰矿石分析

1.3.1 概述

锰在自然界中分布很广，几乎所有矿石及硅酸盐的岩石中都含有锰。最常见的锰矿是无水或含水的氧化锰或碳酸锰，主要是：软锰矿（MnO_2），硬锰矿（$MnO_2 \cdot MnO \cdot nH_2O$），水锰矿（$MnO_2 \cdot Mn(OH)_2$），褐锰矿（$Mn_2O_3$），黑锰矿（$Mn_3O_4$）和菱锰矿（$MnCO_3$）。这些矿物中，除了菱锰矿外含锰都可高达50%～70%。

锰是钢铁工业中不可缺少的原料，重要的脱硫剂和脱氧剂。钢中加少量锰，能增加硬度、延展性、韧性和抗磨能力。锰钢、锰铁以及锰的有色金属合金，在工业上极其重要。

锰矿石通常可被酸分解，常用的酸有盐酸、盐酸—硝酸、硝酸—过氧化氢、磷酸、磷酸—过氧化氢、氢氟酸—硫酸等。不被酸分解的矿样可用碱性或酸性熔剂熔解分解。在多元素的系统分析中常用盐酸分解，然后将残渣用碳酸钠熔融后合并。

锰矿中常伴有二氧化硅、铁、铝、钙、磷、砷、镁、硫等元素。其中二氧化硅、磷、硫、砷是有害元素，尤其是磷的含量是锰矿的重要质量指标。在锰矿石的分析中，一般要求测定的组分有全锰、硅、铝、铁、钙、镁、磷、硫等含量。但由于锰矿石分析内容和测定方法有很多与铁矿石相同，本节只对一些特殊的内容作介绍。

在锰矿各组成的测定方法中必须考虑大量锰的干扰问题。分离锰的主要方法如下：

(1)在硝酸溶液中，用氯酸钾将 Mn^{2+} 氧化成水合二氧化锰析出。这是分离大量锰的较好的应用广泛的方法。也可用过硫酸铵代替氯酸钾，此时介质可以是稀硝酸或稀硫酸溶液。析出的二氧化锰中常夹杂有微量杂质。

(2)在氨性介质中用溴水或过硫酸铵或过氧化氢将 Mn^{2+} 氧化成水合二氧化锰与铁、铝的氢氧化物一起沉淀析出，从而与钙、镁等分离。含锰高时，吸附严重，为了减少吸附，需反复沉淀3～4次，烦琐费时。

(3)采用国产717型阴离子交换树脂静态交换高锰酸根方法,高达200mg锰的试液一次交换后残留于溶液中的锰已低于2mg。对于含锰高达60%～70%的试样中有效地分离锰以便测定钙、镁尤其适用。试样在银坩埚中用碱熔分解,以20mL(1+8)硫酸浸出,在约0.25mol/L硫酸介质中,用3g过硫酸铵将锰氧化成MnO_4^-(试液中已有银盐,不必另外加入),煮沸除去过剩的过硫酸铵,冷却后加入717型阴离子交换树脂5g,搅拌5min,过滤,以水洗净。滤液用六次甲基四胺及铜试剂沉淀铁、铝、重金属离子及残存的锰,再次过滤。滤液供测定钙、镁用。由于克服了吸附,分析结果稳定、准确。

锰与铁铝之间一般不需分离。必要时在足够铵盐存在下,用六次甲基四胺沉淀铁与铝。

(4)在弱酸性至中性介质中,Mn^{2+}与铜试剂生成沉淀,可用甲苯、氯仿或四氯化碳萃取,从而与钙、镁分离。这一方法用于分离少量的锰较为方便。

1.3.2　锰的分析

常用过硫酸铵—硝酸银法(亚砷酸钠—亚硝酸钠快速容量法)测定锰。

由于过硫酸铵法氧化Mn^{2+}为Mn^{7+}的操作中,煮沸环节不易掌握,并且当锰量大时,大量的高锰酸不稳定,容易分解析出二氧化锰沉淀。正因为这样,7价锰盐法已逐渐被3价锰盐法所取代。

高氯酸或硝酸铵都能将Mn^{2+}定量地氧化为Mn^{3+},在磷酸介质中生成稳定的络合物—$[Mn(PO_4)_3]^{3-}$,以苯代邻氨基苯甲酸为指示剂,用硫酸亚铁铵标准溶液滴定。

硝酸铵在使用温度低时氧化不完全,结果偏低;温度太高又可能有焦磷酸盐析出。一般在磷酸(或加入少许硝酸)溶样后液面平静并开始冒白烟时加入硝酸铵最为适宜。硝酸铵用量1～2g为好。氧化过程中氮的氧化物气体必须赶尽。

1.3.3　铝的分析

大量Mn^{2+}的存在,对EDTA络合滴定法测定铝有严重干扰,无法正确判别终点。试液中即使只有 0.5～1.0mg 锰的存在，也会使终点不稳定，因此必须分离锰。

试样以盐酸分解后，用硝酸—氯酸钾法在热溶液中将 Mn^{2+} 氧化成 $MnO(OH)_2$ 沉淀过滤分离。残渣（硅酸盐）连同含水二氧化锰沉淀，经硫酸—过氧化氢洗涤去锰后，灰化滤纸并去碳，再以硫酸—氢氟酸分解硅酸盐残渣，赶尽氢氟酸后制成盐酸溶液与二氧化锰滤液合并即为测铝的试液。

用 EDTA 测定矿石中的铝，为提高选择性，一般采用置换法。即加入过量的 EDTA 标准溶液，在 pH 值为 5.5～6.0 的乙酸—乙酸钠的缓冲溶液中，煮沸数分钟，使铝充分络合，冷却后用二甲酚橙作指示剂，以锌盐返滴过剩的 EDTA（不计数），然后加入氟化铵溶液与铝生成更为稳定的 $[AlF_6]^{3-}$，并置换出等分子的 EDTA，用锌盐标准溶液滴定释放出来的 EDTA，即可求得氧化铝的量。

锰矿中钙、镁等项的测定与硅酸盐分析一般相同，强调分离大量的锰之后才能测定。

【思考题】

（1）写出容量法和过硫酸铵—硝酸银法测定锰的基本原理。

1.4 钛矿石分析

1.4.1 概述

钛在自然界中分布很广，地壳里的含量为 0.6%。各种岩石中或多或少都含有钛。已知含钛矿物有 70 多种，在工业中较重要的有：钛铁矿（$FeTiO_3$）、钛磁铁矿［$Fe(FeTi)O_4$］、金红石（TiO_2）、锐钛矿（TiO）等。有些铁矿中也含有相当大量的钛，也成为提炼钛的原料。

钛的抗蚀性很强。在冷水及沸水中不被腐蚀；在海水中非常稳定。它与各种浓度的硝酸、稀盐酸以及稀硫酸的作用都很缓慢，但极易溶于氢氟酸、浓硫酸、浓盐酸和王水中。钛不溶于碱溶液中，但与熔融的碱发生强烈作用。有机酸对钛的作用极为轻微。

钛一般有 3 价和 4 价两种常见的价数，钛在水溶液中很少单独形成简单的离子存在，而是在简单离子与聚合离子间存在复杂的平衡，其主要离子为 TiO^{2+}。

钛的硫酸盐、硝酸盐、高氯酸盐、乙酸盐和卤化物均可溶于水。当溶于水时形成酸性溶液。为避免碱式盐沉淀和水解，可用相应的酸进行酸化。此溶液经碱化时则形成胶态白色氢氧化物沉淀，沉淀均不溶于过量碱中，因而可溶于强酸中。

钛的二氧化物都呈白色，不溶于水，用浓硫酸加热，可以慢慢地溶解，但通常都用碱熔融或与硫酸氢钾共熔来分解。氢氟酸与它们生成氟化物，因此也能很好地将它们溶解。Ti^{4+} 在碱性溶液中与 H_2O_2 形成过氧化物，即过酸，如 $Ti[O(OH)_4]$，呈胶状沉淀析出。在硫酸或硝酸酸性溶液中则形成 $TiO(H_2O_2)^{2+}$ 型的络离子，钛的络离子为黄褐色的。

它的磷酸盐、砷酸盐、亚硒酸盐、碘酸盐和有机酸盐如单宁、苯甲酸、苦味酸、水杨酸、苯胂酸、铜铁试剂、8-羟基喹啉、苦杏仁酸以及其衍生物相应盐等在水中的溶解度都很小，有些甚至在很强的酸中也能完全沉淀，因此就为重量法测定它们创造极好条件。

它能生成许多络离子。最稳定的是与氟络离子，因此氢氟酸是它的金属态和不溶性化合物的良好溶剂。钛与酒石酸、柠檬酸等可生成稳定的络合物，即使在碱性溶液中也不析出氢氧化物沉淀。与草酸形成的络合物则不太稳定，仅能存在于酸性溶液中；当溶液中加入碱即生成氢氧化物沉淀。与硫酸也形成络合物，但不稳定，仅能存在于浓硫酸溶液中。

它与许多有机化合物生成稳定的螯合物，例如与乙酰丙酮、水杨酸、EDTA、TTA、铜铁试剂、8-羟基喹啉、苦杏仁酸等形成之化合物均属此。

1.4.2　试样的分解

含钛矿一般不能被盐酸或硝酸分解。磷酸与硝酸、磷酸与硫酸或硫酸加硫酸铵能分解较易溶解的钛铁矿，但对某些钒钛磁铁矿则分解不完全。

用氢氟酸和硫酸分解含钛的矿物效果较好，可用于测定除二氧化硅以外的其他项目的试样分解。但含硅量高的矿物也难分解，因此不溶残渣应再用熔融处理。

通常用氢氧化钠（钾）、过氧化钠、氢氧化钠（钾）—过氧化钠、过氧化钠—碳酸钠或硼砂—氢氧化钠—过氧化钠等熔融，各类钛矿物都能分解完全，操作简便，熔块用水浸取后，沉淀和滤液可分别测定钛、锆（铪）铁和钒、铬。部分干扰元素如 PO_4^{3-}，F^- 等也除去，因而被广泛使用。

此外还用焦硫酸钾熔融法。

1.4.3　分离方法

在测定钛的许多方法中，常遇的干扰元素有钒、铬、钼、钨、铀和铜等。当这些元素含量较高时，必须预先分离后进行钛的测定。

1.4.4　钛的分析

钛的测定方法，目前一般都采用光度法（对低含量样品）及容量法（对高含量的样品）。极谱法、光谱法也常在一般生产部门中使用。至于重量法已经很少使用。

1.4.4.1　光度法

光度法是测定少量钛和微量钛一个重要而有效的方法。在钛的光度法中除少数情况下使用无机显色剂（H_2O_2）外，一般均采用有机试剂。在测定钛的有机显色剂中，含羟基的有机试剂占有很重要的地位。这和钛与氧（$\bar{O}$）的键合能力特别强有关，如8-羟基喹啉，但试剂本身稳定性差，灵敏度与选择性差。许多络合滴定的金属指示剂（如偶氮化合物等）也可作为钛的光度法测定试剂，它们一般灵敏度较高而选择性欠佳。安替比林染料是光度法测定钛的重要试剂，特别是二安替吡啉甲烷对于钛有很高的选择性和较好的灵敏度，但是反应速度较慢，用于快速测定有困难。

在光度法测定钛时，最主要的干扰离子是 Fe^{3+}、$V^{4+,5+}$、$Mo^{5+,6+}$、W^{6+}、Zr^{4+}、Hf^{4+}、Nb^{5+}、Ta^{5+}、U^{6+}、Ge^{4+}、Al^{3+} 等多价金属离子及 F^- 等阴离子。一般来说阴离子的干扰除样品本身含有外，常可在拟定方法时设法避免。某些阳离子可用改变价态的方法消除干扰，这在用抗坏血酸(或其他还原剂)将 Fe^{3+} 还原为 Fe^{2+} 表现得特别有效。另一些干扰阳离子可用某些选择性的掩蔽剂消除干扰。还有一些干扰元素不得不借助于分离手续(沉淀、萃取、离子交换等)除去来消除。

1.4.4.2 容量法

测定中等及高含量钛的试样,都可应用容量法。容量法系基于 Ti^{3+} 及 Ti^{4+} 两种变价这一化学性质。将含钛的试样做成溶液后用一种还原剂将试样中钛还原成 Ti^{3+},然后用标准高锰酸钾溶液或高铁溶液来测定。

常见的还原剂有:(1)金属镉或锌汞齐还原,此法比较准确,可作为检查其他方法用。但需用特殊的还原器(如琼氏还原器),操作较烦琐,故一般用得少;(2)铝片还原,通 CO_2 气体防止 3 价钛氧化,此法在例行分析中是较方便的;(3)苔状锌或铁粉,加纯苯隔绝空气防止 3 价钛氧化,此法简单易行。

应用高铁标准溶液滴定时,用硫氰酸盐或中性红指示剂。主要反应如下:

$$6Ti(SO_4)_2 + 2Al = 3Ti_2(SO_4)_3 + Al_2(SO_4)_3$$

$$Ti_2(SO_4)_3 + Fe_2(SO_4)_3 = 2Ti(SO_4)_2 + 2FeSO_4$$

$$Fe_2(SO_4)_3 + 6KSCN = 3K_2SO_4 + 2Fe(SCN)_3\text{(血红色)}$$

$$\text{中性红} - e \xrightarrow{\text{草酸}} \text{中性红氧化型(蓝色)}$$

干扰元素有钒、铬、钼、钨、铀、铜、砷和铌等。因为它们也被还原到低价,当用高价铁滴定时又被氧化到高价,从而使结果偏高。如果用高锰酸钾为标准溶液来滴定,则铁的存在也同样发生干扰。这些元素在含钛矿物中是与钛经常共生的,故需预先除去。试样经碱熔、水浸取、过滤,这些元素除铜、铌外,均被分离除去。铜中一般含钛矿物含量极少,铌以 NH_4F 消除。试样用磷酸分解,上述元素含量(质量分数)在 1% 以下,影响极小。

还原及滴定都需要在隔绝空气的情况下进行,即在盛有欲滴定溶液的容器中要求充满惰性气体如二氧化碳或氮气等,以免空气中的氧气将刚还原生成的 Ti^{3+} 氧化成 Ti^{4+} 而造成误差。因此需要一些较特殊的装置。

若在滴定高含量钛的样品时,最好在快要到终点时再加入硫氰酸钾或硫氰酸铵指示剂,否则,因高价钛经过较长时间也能与硫氰酸根离子作用生成红色的 $H_2[TiO(SCN)_4]$ 络合物,而误认为终点已经达到。同时滴入的高价铁也会先与硫氰酸根离子作用,以致与微量的3价钛的作用则在较后,因此也会使终点过早的出现而造成误差。

必须注意在熔样时不要使用银坩埚。因用银坩埚熔样时,则不可避免地会引入大量的银,而大量的银能影响钛的还原。

【思考题】

(1) Ti^{4+} 被 Al 还原时需注意哪些条件?

(2)光度法测定钛所用的有机试剂有哪些,都有什么干扰?

1.5 白云石分析

1.5.1 概述

白云石是含等分子碳酸钙和碳酸镁的碳酸盐岩石,它的化学成分是 $CaCO_3 \cdot MgCO_3$,将其煅烧后失去 CO_2,变为白灰(CaO)。白灰在湿空气中极易吸收水而溶解,变为消石灰,它的吸水程度与空气的温度,放置时间及白灰纯度有关。天然岩石还含有一些杂质,如 $CaSO_4$、SiO_2、Al_2O_3、P_2O_5 等。

在钢铁冶金企业中,白云石主要用于炼铁时造渣。白灰主要用于炼钢时造渣和脱硫,并且还可作为焙烧人造富矿—烧结矿及球团矿的熔剂。白云石经过煅烧用于烧结冶金炉底及修补炉衬。白云石中杂质不宜太多,一般规定含酸不溶物(如 SiO_2、Mn_2O_3 等)高于3%(质量分数)便不适用,渣中 MgO 含量高则黏度小,流动性好,但对炉壁的浸蚀性大,同时脱硫效率低。白云石作为耐火材料来说,MgO 的含量太低难以烧结。

白云石易溶于 HCl,但其中某些杂质却很难溶,故分解白云石时,一般使用浓 HCl 为溶剂,而分析含杂质较高的试样时,就需要采用熔融的方法。

以理论值计算:白云石中 CaO 为 30.4%,MgO 为 21.7%。白云石有与石灰石配合作熔剂的,一般要求 MgO 含量在 18% 以上,白云石作熔剂优点为造渣黏度小,流动性好,但对炉壁浸蚀性大,脱硫效率低,所以很少单独使用。此外,好的白云石是很有价值的耐火材料。

白云石中 CaO、MgO、SiO_2及 Al_2O_3含量是冶炼配料中的计算依据,所以通常需测定它们的含量。还可测定灼烧减量、三氧化二铁等含量。

白云石和石灰这两种原料需要分析的项目大致含量见表 1-4。

表 1-4 白云石、石灰石、石灰和白灰分析项目的大致含量(质量分数) (%)

品种		SiO_2	Fe_2O_3	Al_2O_3	CaO	MgO	烧结减量	P、S
白云石	生料	0.5~2	0.4~2	0.4~2	30	20	45~48	<0.05
石灰	熟料	1~3	0.4~2	0.4~2	50~56	>35	少量	<0.05
石灰石	生料	0.5~4	0.4~2	0.4~2	47~55	0.4~2	40~44	<0.05
白灰	熟料	0.5~1	0.4~2	0.4~2	85~92	2~4	少量	<0.05

1.5.2 灼烧减量分析

灼烧减量的测定方法,一般都采用重量法。即称取一定的试样,送入低温的高温炉内,缓慢升高温度至 950~1000℃坩埚中灼烧时,失去水分、二氧化碳及有机物等可挥发性的物质,试样经灼烧后所发生的化学反应引起质量的减少,即为灼烧减量。

在测定时应注意:(1)灼烧时一定要缓慢升温,以避免大量 CO_2骤然放出,使试样损失。如灼烧含镁较高的白云石时,尤应小心,因白云石在765℃时分解成 $CaCO_3$和 $MgCO_3$,$MgCO_3$又强烈分解成 MgO 和 CO_2;(2)灼烧后形成的 CaO,能吸收空气中 H_2O 和 CO_2,应注意干燥器及天平内的硅胶是否失效,如失效及时更换,称重应迅速;(3)一般在950~1000℃下灼烧一次称重,若要精确称重应反复灼烧至恒重为止。

【思考题】

(1)写出白云石的主要成分及其在冶金中的作用。

1.6 石灰石分析

石灰石主要是含 $CaCO_3$ 的碳酸盐岩石，主要用于冶炼造渣，约含（质量分数）0.07%二氧化硅、0.02%三氧化二铝、0.03%三氧化二铁、55.22%氧化钙、0.08%氧化镁，P、S 等含量甚少，很少有超出 0.05%。

石灰石在冶金工业上有很多用途：炼铁用石灰石作熔剂，除去脉石。炼钢用生石灰作造渣材料，除去硫、磷等有害杂质。石灰与烧碱制成的碱石灰，用作二氧化碳的吸收剂。一般规定含酸不溶物（如 SiO_2、Mn_2O_3等）高于 3%便不适用，渣中 MgO 含量高则黏度小，流动性好，但对炉壁的浸蚀性大，同时脱硫效率低。以理论值计算：石灰石中 CaO 最高含量为 56%。在炼铁上石灰石用作熔剂。炼铁用的石灰石，所含杂质一般要求在 3%以下，CaO 含量一般要求在 50%以上，白云石也有与石灰石配合作熔剂的，一般要求 MgO 含量在 18%以上。

石灰石易溶于 HCl，但其中某些杂质却很难溶，故分解石灰石时，一般使用浓 HCl 为溶剂，而分析含杂质较高的试样时，须采用熔融方法。石灰石中 CaO、MgO、SiO_2及 Al_2O_3含量是冶炼配料中的计算依据，因此常需测定它的含量。

这两种原料需要分析的项目大致含量见表 1-4。在石灰石分析中一般测定灼烧减量，二氧化硅、三氧化二铁、三氧化二铝、氧化钙和氧化镁 6 项。有时也分析硫，也有只做主要成分分析的，即石灰石只测氧化钙及二氧化硅。

【思考题】

（1）写出石灰石的主要成分及其在冶金中的作用。

1.7 萤石分析

萤石的主要成分为 CaF_2，其含量约在 85%，其余是碳酸盐、硫酸盐，有的伴生有闪锌矿、辉钼矿和石英等。SiO_2含量一般在 10%以下，并有 R_2O_3、$CaCO_3$。

在钢铁工业生产中，萤石主要用于造渣，其主要成分氟化钙含量要求在80%以上。其次是二氧化硅,在萤石中大多以游离状态存在。萤石经常要求分析的项目有:CaF_2、SiO_2、$CaCO_3$、Al_2O_3及MgO等。P、S及少量Ba和微量有色金属不常分析。因样品中有大量氟,测定SiO_2不宜采用脱水重量法,在杂质含量不高时,可采用HF挥散重量法。也可以采用碱熔融分解试样后的钼蓝光度法,此方法对测定其他成分,如铝钙镁铁等项目可以使用同一母液。还可以用硅氟酸钾容量法进行测定。

$CaCO_3$及CaF_2的测定采用EDTA滴定法较为快速方便。前者大多采用乙酸(1+9)处理样品,使碳酸钙与氟化钙分离,在分离后的溶液中进行滴定。而后者可用碱熔融或用酸直接处理样品,然后采用EDTA滴定法进行测定,测得的值为全钙量,减去$CaCO_3$换算的钙量,即可求得CaF_2的含量。还可以分离$CaCO_3$后的残渣来测定CaF_2,但测定后的数据必须要修正。

萤石矿通过选矿加工,可产生三种不同规格的产品:萤石精矿、萤石块矿、萤石粉矿。一般CaF_2含量在65%以上,块度为6~250mm,通称块矿;CaF_2含量大于65%,粒度小于6mm的萤石,通称粒矿;CaF_2含量在93%以上,通过0.154mm筛孔的萤石,通称精矿。萤石加工产品根据用途不同可以划分为4个销售等级,即冶金级、化工级(酸级)、玻璃建材级及光学级。这里主要讲述它的冶金级销售等级。

冶金工业使用量约占世界萤石产量的50%左右,冶金级萤石块精矿适用于钢铁冶炼作助熔剂。主要利用萤石能降低熔炼温度,使金属与炉渣分离,促进炉渣流动,有助于金属冶炼中脱硫和脱磷,增强金属产品的可锻性和抗张强度。对碱性氧气炉在冶炼过程中,萤石能够形成稳定的泡沫乳浊液。根据萤石的效能和炉子的类型,每生产一吨钢需萤石量一般为3~5kg,美国为0.906~0.06kg(2~20lb)不等。冶金工业部对适用于冶金工业利用的萤石质量标准作如下规定,即YB/T5217—2005标准:

(1)化学成分(见表1-5)。

(2)产品块度:6~250mm。小于6mm的不超过5%,大于200mm的不超过10%,不允许有大于250mm的。当需方对块度另有要求时,可经供需双方商定。

表 1-5 蛍石块矿的化学成分 （%）

牌号①	化学成分(质量分数)						一般用途
	CaF_2	SiO_2	S	P	As	有机物	
FL-98	≥98	≤1.5	≤0.05	≤0.03	≤0.0005	≤0.1	—
FL-97	≥97	≤2.5	≤0.08	≤0.05	≤0.0005	≤0.1	—
FL-95	≥95	≤4.5	≤0.10	≤0.06	—	—	冶炼特殊钢、特种合金用
FL-90	≥90	≤9.3	≤0.10	≤0.06	—	—	冶炼特殊钢、特种合金用
FL-85	≥85	≤14.3	≤0.15	≤0.06	—	—	冶炼优质钢用
FL-80	≥80	≤18.5	≤0.20	≤0.08	—	—	冶炼普通钢用
FL-75	≥75	≤23.0	≤0.20	≤0.08	—	—	冶炼普通钢、化铁、炼铁用
FL-70	≥70	≤28.0	≤0.25	≤0.08	—	—	化铁和炼铁用
FL-65	≥65	≤32.0	≤0.30	≤0.08	—	—	化铁和炼铁用

①牌号表示方法：取自英文字首，前面的 F 表示萤石，L 表示块矿。数字表示 CaF_2 质量百分数。

(3)萤石中一般不应有泥土、废石等其他杂质。

硫、磷是冶炼钢铁中的主要有害元素。硫可使钢在加工轧制时产生热脆断裂现象，降低钢的延展性和耐蚀性。因此，要求萤石精矿中硫的允许含量(质量分数)为 0.2% ~0.3%。磷能促进钢产生冷脆，降低钢的冲击韧性，影响锻接。要求萤石精矿中磷的允许含量应小于 0.06%。磷含量很少，硫也是不常分析的项目，硫的分析一般采用燃烧碘量法。

硅和钡在冶炼钢铁中也属有害元素。因为硅要中和一些 CaF_2，增加 CaF_2的消耗量。对冶炼优质钢用的萤石精矿，要求 CaF_2的含量大于 85%，SiO_2的含量不超过 14%。钡的存在会减低炉渣的流动性，影响冶炼效果。美国对一般有害杂质的允许含量规定为：硫 0.3%，铅 0.25% ~0.5% 以及少量磷。

【思考题】

(1)写出萤石的主要成分及其在冶金中的作用。

(2)根据加工产品用途不同萤石可划分为几个销售等级?

1.8　煤和焦炭的工业分析

1.8.1　概述

煤是自然矿物,由可燃物和不可燃物两部分组成。可燃物主要是有机质,部分矿物质(例如硫化矿物中的硫)也可以燃烧。不可燃物包括水及大部分矿物质。煤中的有机质主要由碳、氢、氧、氮、硫等元素组成,其中碳及氢占有机质的95%以上。矿物质主要是碱金属、碱土金属、铁、铅等的碳酸盐、硅酸盐、硫酸盐、磷酸盐及硫化物。

煤炭燃烧时,主要是有机质中的碳、氢与氧化合而放热。硫显然也能燃烧放热,但是生成硫的氧化物腐蚀燃烧炉,逸散入大气中又污染环境。硫或磷含量高的煤不能用于冶金炼焦,因此,硫、磷是煤中的有害杂质。煤中水分或矿物质的含量愈高,则相对地可燃物含量愈低。这些杂质不仅不能燃烧放热,相反,水分还要吸收热量气化为水蒸气。

煤中的可燃物、不可燃物、有害杂质等的含量及发热量的高低,是评价煤的重要指标。因此,不论是采煤、炼焦、用煤、用焦部门为了合理、安全生产,还是科学研究部门为了对煤质及煤的加工利用进行研究,都必须通过对煤的分析检验,了解煤的质量和工艺性能。

关于煤的工业用途,大致是挥发分产率高的煤,适用于低温干馏及煤焦油工业,固定碳含量高的煤适用于冶金炼焦和燃料。不同的工业对煤或焦炭的质量有不同的要求,例如合成氨工业用煤或焦炭应符合表1-6的要求。

表1-6　合成氨工业用煤或焦炭的质量标准

项　目	无烟煤	焦　炭	项　目	无烟煤	焦　炭
水分/%	<5.0	<5.0	挥发分产率/%	<9.0	<2.0
灰分/%	<12.0	<12.0	灰熔点/℃	>1250	>1250
全硫分/%	<2.0	<2.0			

1.8.2 水分的分析

水是煤的不利杂质，水吸收煤燃烧产生的热，气化为水蒸气。煤中水分按结合状态可分为游离水和化合水两大类。游离水以吸附、附着等机械方式与煤结合；而化合水则以化合方式同煤中的矿物质结合，是矿物晶格的一部分，如硫酸钙($CaSO_4 \cdot 2H_2O$)、高岭土($Al_2O_3 \cdot 2SiO_2 \cdot 2H_2O$)中的结晶水。煤的工业分析，只测定游离水。游离水按其赋存状态又分为外在水分和内在水分。煤的外在水分是指吸附在煤颗粒表面上或非毛细孔中的水分，在实际测定中是煤样达到空气干燥状态所失去的那部分水。煤的外在水分很容易蒸发，只要将煤放在空气中干燥，直到煤表面的水蒸气压和空气相对湿度平衡即可。煤的内在水分是指吸附或凝聚在煤颗粒内部毛细孔中的水。在实际测定中指煤样达到空气干燥状态时保留下来的那部分水。内在水在常温下不能失去，只有加热到一定温度时才能逸出。内在水分多少与煤的内表面积有关，内表面积愈大，内在水分愈高。不同变质程度煤的内表面积不同，变质程度愈浅，表面积愈大，其内在水分也愈高。

当煤颗粒中毛细孔吸附的水达到饱和状态时，此时的内在水分达到了最高值，称为煤的最高内在水分。最高内在水分在一定程度上能表示煤的煤化程度及某些煤质特征，可较好地区分低煤阶煤。至于因为开采、洗煤、运输、贮存等客观因素引入的水分，则是外在水分的主要来源。

由于煤粒大小不同，单位重量的表面积也不同。因此，和大气的接触面不同，则水分蒸发的难易也不同。为了使煤中的水分能迅速、顺利地除去，必须将样品破碎至一定细度。但是，由于外在水分很容易失去。如果过度粉碎，水分就可能大量蒸发损失，结果造成测定数据远远不能表明煤中原有水分的实际含量。因此，为了测定数据能更接近实际情况，煤的工业分析规程规定的标准是先取小于13mm的煤样，测定外在水分，然后，再粉碎至小于3mm测定内在水分。外在水分和经过换算的内在水分之和，称为应用基全水分(以符号 W_0^y 表示)。但是，在生产实际中，也不一定全都分别测定，而可以在尽可能做到粉碎样品过程中，外在水分不致大量损失的条件下，将样品直接粉碎至3mm以下,然后,一次测定全水分。不论是经过上述哪种过程测定全水分,都因为样品粒度较大(3mm),水分不可能除尽。所以,为了精密测定及计算绝对干燥(或干燥基)样品的其他成分含量,还必须将风干样品粉碎至0.2mm以下,测定水分。测得的结果称为分析水分(以符号W^f表示)。因为测定条件不同,所以不能把分析水分解释为就是内在水分。通常分析水分必然稍高于内在水分。

1.8.3 灰分的分析

(1)来源:煤的灰分不是煤中原有的成分,而是煤中所有可燃物质完全燃烧以及煤中矿物质在一定温度下产生一系列分解、燃烧、化合等复杂反应后剩下的残渣。它的组成和质量均不同于煤中原有的矿物质,但煤的灰分产率与矿物质含量间有一定的相关关系,所以对所测的灰分常称为煤的灰分产率。

煤中矿物质的来源有三种:第一种是原生矿物质,即成煤植物中所含的无机元素,在煤中的含量很少;第二种是次生矿物质,它是在成煤过程中由外界混入或与煤伴生的矿物质,这种矿物质在煤中的含量一般也不多;第三种是外来矿物质,是煤炭开采和加工处理过程中混入的矿物质。原生矿物质和次生矿物质总称为内在矿物质,这两种矿物质通常很难靠选煤方法除去。外来矿物质可用洗选的方法除去。

(2)测定意义:灰分是降低煤炭质量的物质,在煤炭加工利用的各种场合下都带来有害的影响,因此,测定煤中灰分在对于正确评价煤的质量和加工利用方面都有重要意义,主要有以下几方面的作用:

1)是煤炭贸易计价的主要指标;2)在煤炭洗选工艺中作为评定精煤质量和洗选效率指标;3)在炼焦工业中,是评价焦炭质量的重要指标;4)在锅炉燃烧中,根据灰分计算热效率,考虑排渣量等;5)在煤质研究中,根据灰分可以大致计算同一矿井煤的发热量和矿物质等。

(3)世界主要工业国灰分测定的主要条件:为了测得可靠的灰分产率,就必须使黄铁矿氧化完全,碳酸盐分解完全,以及黄铁矿氧化生成三氧化硫和分解生成的氧化钙间的反应降低到最低程度。所以煤在加热初期升温速度的快慢直接影响在煤灰中固定下来的硫含量的多少,加热初期升温速度较慢,同时适当开启炉门,使煤中大量易挥发、易分解的有机物质(包括有机硫)和大部分黄铁矿硫在碳酸钙分解之前缓慢分解逸散出去。故大多数国家对烧灰的升温程序有明确规定(见表1-7),以确保得到可靠的灰分结果。

表1-7 各国对烧灰升温速度的要求

国别	升温速度要求	最终灼烧温度/℃	灼烧时间/h
中国	30min升到500℃,在500℃处停留30min,再升到815℃	815±10	至质量恒定
英国	30min升到500℃,再以60~90min升到815℃	815±10	至质量恒定
美国	60min升到450~500℃,再以60min升至750℃	750	2
日本	60min升至500℃,再以30~60min升至815℃	815±10	至质量恒定
ISO	硬煤:30min升至500℃,再以30~60min升至815℃ 褐煤、泥煤:30min升至250℃,再以30min升至500℃,最后以60min升至815℃	815±10	1

1.8.4 挥发分的分析

1.8.4.1 测定原理及意义

煤的挥发分的测定是把煤在隔绝空气条件下,在一定的温度下加热一定时间,煤中分解出来的液体(蒸汽状态)和气体产物减去煤中所含的水分,即为挥发分,剩下的焦渣为不挥发物。如测定条件不同,挥发分也不同。由此看来,煤的挥发分不是煤中固有的物质,而是在特定条件下煤受热分解的产物,因此应称为煤的挥发分产率。

煤的挥发分测定是一种规范性很强的试验,其结果受加热温度、加热时间、加热方式、所用坩埚的大小、形状、材质及坩埚盖的密封程度等影响。改变任何一种试验条件,都会对测定结果带来影响。

挥发分产率是煤炭分类的主要指标,根据挥发分产率可以大致判断煤的煤化程度。中国煤炭分类方法及美、英、法和国际煤炭分类方法均以煤的挥发分产率作为最重要的分类指标。此外,根据煤的挥发分产率和焦渣性状可初步判断煤的加工利用性质和热值的高低。所以测定煤的挥发分产率在工业上和煤质研究方面都有重要意义。

根据挥发分产率的高低,可以初步判别煤的种类,适用于何种工艺加工过程。挥发分产率高的煤,在干馏时的化学产品量必然较多,适用于煤焦油工业。根据残留焦渣的性质可以初步估计煤是否适于炼焦,同时还可以估计炼焦时的焦炭产量。所以,挥发分产率是判断煤质的重要指标之一。

试验研究表明,测定的挥发分产率,因为所使用坩埚的大小、形状、材料不同和加热的温度、时间等条件的差别而不同。我国规定使用带严密坩埚盖的瓷坩埚,在(900 ±10)℃的温度下,灼烧 7min 的测定方法。

1.8.4.2 测定方法

测定煤炭挥发分产率有复式法和单式法两种。目前我国多采用复式法。见《焦炭化验手册》。

1.8.5 硫分的分析

1.8.5.1 概述

所有的煤中都含有数量不等的硫。煤中硫含量高低与成煤时代的沉积环境有密切关系。我国煤中硫分含量总趋势是海陆交替相沉积的煤普遍较高,陆相沉积的煤一般较低。煤中硫对炼焦、气化、燃烧都是十分有害的杂质,所以硫是评价煤质的重要指标之一。为了经济有效地利用煤炭资源,国内外对煤中硫的成因、形态、特性、反应性、含硫官能团、脱硫方法及其回收利用途径等进行过广泛的研究。不同形态的硫对煤质有不同的影响,在选煤时脱硫效果也不相同。因此,除测定全硫外,还需测定各种形态硫。

煤中硫通常可分为无机硫和有机硫两大类。

煤中无机硫又可分为硫化物硫和硫酸盐硫两种,有时还有微量的元素硫。硫化物硫绝大部分是以黄铁矿硫形态存在,习惯上也称为黄铁矿硫,实际还有少量的白铁矿硫,分子式都是 FeS_2。黄铁矿是正方晶体,多以结核状、透镜状、团块状和浸染状等形态赋存在煤中;白铁矿是斜方晶体，多呈放射状存在，在显微镜下反光性比黄铁矿弱。在某些特殊矿床中还存在闪锌矿（ZnS）、方铅矿（PbS）、黄铜矿（$Fe_2S_3 \cdot CuS$）及砷黄铁矿（$FeS_2 \cdot FeAs_2$）等。黄铁矿常以极细的颗粒存在于煤中，在显微镜下可看到与有机质联在一起的黄铁矿，也有浸染在有机质中的黄铁矿，颗粒最小的只有1～2μm。

硫酸盐硫主要存在形态是石膏（$CaSO_4 \cdot 2H_2O$），少数为硫酸亚铁（$FeSO_4 \cdot 7H_2O$，俗称绿矾）及极少量的其他硫酸盐矿物。硫酸盐硫的增高可作为判断煤曾经受过氧化标志。

煤中有机硫含量一般较低，组成很复杂，主要由下列组分或官能团构成：

（1）硫醚或硫化物（R—S—R′）；（2）二硫化物（R—S—S—R′）；（3）硫醇或硫基化合物（R—SH）；（4）噻吩类杂环硫化物；（5）硫醌化合物。

其中硫醚或硫化物及二硫化物形态的有机硫均能与碘甲烷（CH_3I）反应。

煤中硫在炼焦过程中将发生化学转化和重新分配。硫的化学转化开始于煤的分解温度（300℃左右），到煤的第一次热分解结束（600℃左右）时基本上完成。在隔绝空气干馏过程中，一部分硫转变成挥发硫，如硫化氢，硫氧化碳COS等，其他部分硫经过内部转化变成热稳定性更高的固定硫。对每一种煤来说，挥发硫并不是固定不变的常数，而是随干馏温度、升温速度、干馏时间、煤质牌号、矿物质的数量以及各种形态硫的比例等因素而改变，其中硫的数量和形态则起决定的作用。在热解过程中，黄铁矿硫的化学转化能力比有机硫强，它在煤的分解温度就开始分解。除硫酸盐硫外，其他形态的硫均有可能形成挥发硫。干馏时的固定硫，是指除挥发硫以外残存在半焦和焦炭中的硫分。通常焦炭中硫含量是随着煤中硫的增高而增高。经验证明，配煤中的硫同焦炭中的硫之间的关系可用下列公式表示。

在600℃半焦时：$S_{t,d}=0.8S_{t,d}$（煤中）$+0.3$

在1000℃焦炭时：$S_{t,d}=0.8S_{t,d}$（煤中）$+0.8$

式中　$S_{t,d}$——干燥基全硫，%。

在燃烧过程中，煤中硫可分为可燃硫和不可燃硫（也称灰中硫）两种。煤中可燃硫的理论值是指煤中全硫减去不可燃烧的硫酸盐硫。一切有机硫化物、无机硫化物及元素硫均属于可燃硫，目前多把直接在800～900℃燃烧时所测得的硫分算为可燃硫。由于煤中可燃硫在燃烧后所产生的二氧化硫和三氧化硫气体有一部分能被煤灰的碱性成分吸收而被固定在煤灰中，因而，用燃烧法测出的可燃硫含量要比煤中的理论可燃硫低。

灰中硫是指煤燃烧以后残留在煤灰中的硫分，均以硫酸盐（主要为硫酸钙）的形态存在。这种硫的来源除小部分系煤中的天然硫酸盐外，其余大部分都是由有机硫或无机硫化物燃烧后被煤灰吸收并固定下来的新生成的硫酸盐。

1.8.5.2 煤中全硫的测定

在一般工业分析中不要求分别测定无机硫或有机硫，而只测定全硫。测定全硫量的方法很多，有艾氏卡法、燃烧法、弹筒法等，在此只介绍艾氏卡法。

A 测定原理

煤样与艾氏混合剂混合后，缓慢灼烧，使煤中硫分全部转化为硫酸盐，加热水溶解，在一定酸度下加入氯化钡溶液，使可溶性硫酸盐全部转变为硫酸钡沉淀，称出硫酸钡质量，即可算出煤中全硫含量。艾氏卡法是各国通用的测定煤中全硫含量的标准方法。本法的特点是准确度高，适用于成批测定，但速度慢。

艾氏卡测定煤中硫是用艾氏混合剂（简称艾氏剂，由碳酸钠和轻质氧化镁混合而成）与煤样混匀共同缓慢燃烧，煤中的硫转化成硫酸钠和硫酸镁。它们的反应机理虽然至今尚未完全搞清，但一般可作如下推测：煤被氧化的同时，煤中的有机硫也随煤炭结构的破坏被氧化成二氧化硫及少量三氧化硫，煤中的无机硫化物硫同样被氧化成二氧化硫及少量三氧化硫。上述硫的氧化物再与碳酸钠作用，转化为亚硫酸钠及硫酸钠，前者在空气中的氧的作用下又转化为硫酸钠。而原煤中的硫酸钙等也将与碳酸钠进行复分解，转化为硫酸钠。氧化镁的作用是防止硫酸钠在较低的温度下熔化，使煤样与混合剂保持疏松状态，从而增加煤样与空气的接触面积，把煤样逐渐氧化成二氧化碳和水等析出。此外，硫的氧化物也有可能直接与氧化镁作用，生成硫酸镁和亚硫酸镁,亚硫酸镁在空气中的氧的作用下氧化成硫酸镁。也有人认为氧化镁还有催化作用,能与氧作用而生成过氧化镁(MgO_2),过氧化镁再放出氧,使煤样得到充分燃烧。

B 艾氏法测定全硫的主要反应

主要反应有:

(1)煤的氧化作用:

$$煤 \xrightarrow{O_2,空气} CO_2\uparrow + H_2O\uparrow + N_2\uparrow + SO_2\uparrow + SO_3\uparrow$$

(2)氧化硫的固定作用:

$$2Na_2CO_3 + 2SO_2 + O_2(空气) \xrightarrow{\Delta} 2Na_2SO_4 + 2CO_2\uparrow$$

$$Na_2CO_3 + SO_3 \xrightarrow{\Delta} Na_2SO_4 + CO_2\uparrow$$

$$MgO + SO_3 \xrightarrow{\Delta} MgSO_4$$

$$2MgO + 2SO_2 + O_2(空气) \xrightarrow{\Delta} 2MgSO_4$$

(3)硫酸盐的转化作用:

$$CaSO_4 + Na_2CO_3 \xrightarrow{\Delta} CaCO_3 + Na_2SO_4$$

(4)硫酸盐的沉淀作用:

$$MgSO_4 + Na_2SO_4 + BaCl_2 \longrightarrow 2BaSO_4\downarrow + 2NaCl + MgCl_2$$

全硫测定的允许误差见表1-8。

表1-8 全硫测定的允许误差

全硫分/%	平行测定结果的允许绝对误差/%	全硫分/%	平行测定结果的允许绝对误差/%
<1	0.05	4~8	0.2
1~4	0.1	>8	0.3

1.8.6 发热量的分析

1.8.6.1 概述

发热量是供热用煤或焦炭的主要质量指标之一。燃煤或焦炭工艺过程的热平衡、煤或焦炭耗量、热效率等的计算,都以发热量为依据。在煤质研究中,可以根据发热量粗略推测煤的变质程度。

煤的发热量(或热值)是指单位质量的煤在完全燃烧时所产生的热量。在公制中用卡/克或千卡/公斤表示;在英制中以每磅英热单位表示。热量的国际制导出单位为“焦耳”。它们之间的换算关系是:

$$1cal/g = 1.8Btu/lb$$

$$1cal(20℃) = 4.1816J(绝对)$$

发热量可以直接测定,也可以由工业分析的结果粗略地计算。计算的发热量一般误差较大,但是适用于缺少仪器设备的小型化验室。实际测定的发热量则较为准确,但是必须有一定的设备条件。

1.8.6.2 发热量的测定

目前,测定发热量的通用方法是“氧弹法”。氧弹法的基本原理是使一定量的样品在充满高压氧气的弹筒(浸没在一定质量的水中)内完全燃烧,生成的热被水吸收,水温升高。由水的升高温度计算样品的发热量。

因为煤或焦炭在工业应用时,是在大气的恒压下燃烧,其中的氮生成游离氮、硫生成二氧化硫、水汽化为水蒸气。而在发热量的测定时,则是在固定容积(恒容)的高压氧气中燃烧,氮生成硝酸、硫生成硫酸、水成为液态水。两者的条件和化学反应都不相同,因此,产生的热效应也不一致。

一般在规定条件下实际测定的发热量,称为“弹筒发热量”。弹筒发热量只对测定本身进行了技术校正,而对生成酸或水的热效应则未做任何校正。所以远远不符合生产使用的实际情况,没有实用意义。对弹筒发热量进行生成酸的热效应校正后,称为恒容高位发热量。如果再进一步利用元素分析的数据,对生成水的热效应加以校正,则称为恒容低位发热量。最后,再换算为和工业应用时的实际燃烧情况一致的恒压低位发热量。

1.8.7 焦炭的分析

煤炭是冶炼中必不可少的燃料,它不仅起加热而且起还原剂的作用。焦炭还是高炉的主要炉料,用量大,质量要求高。它在高炉冶炼过程中除供热及作还原剂外、而且是保持炉内料柱具有良好透气性的骨架。冶炼用焦炭要求水分、挥发分、灰分及硫磷含量要低。强度要高,不易粉碎,有足够的气孔率。焦炭灰分中含二氧化硅约40% ~60% 。

焦炭是煤在隔绝空气的条件下,加热干馏后的不挥发部分。焦炭的组成和煤相似,只是挥发分的含量较低。焦炭的工业分析项目同煤基本一致,测定方法与原理基本相似但条件不同,详细内容见实验方法。

【思考题】

(1)煤中水分、灰分、挥发分、硫分、发热量是如何进行分析的?

(2)艾氏质量法测煤和焦炭中 S 含量,采用艾氏试剂组成和作用?

1.9 硅酸盐分析

1.9.1 概述

硅酸盐是硅酸($x SiO_2 \cdot y H_2O$)中的氢被铝、铁、钙、镁、钾、钠及其他金属取代所形成的盐。硅酸分子中 x、y 的比例不同,而形成偏硅酸、正硅酸及多硅酸。因此,不同硅酸分子中的氢被金属取代后,就形成元素种类不同、含量也有很大差异的多种硅酸盐。

自然界中的长石、黏土、滑石、云母、石棉等属于自然硅酸盐。许多矿石中都含有硅酸盐杂质。所以,冶炼金属的炉渣,实际上也是硅酸盐。水泥、玻璃、陶瓷制品、砖、瓦等则为人造硅酸盐。

二氧化硅是硅酸盐的主要组分。在地质学上,按 SiO_2 的含量,将自然硅酸盐岩石大致划分为四类:酸性岩含(质量分数)SiO_2 65% 以上,Al_2O_3 10% ~16% ,碱金属 7% ~8% ,碱土金属及钛的含量较低,通常不含铬、镍、锰等金属;中性岩含 SiO_2 52% ~65% ,铝、碱土金属及碱金属的含量均较高;基性岩含 SiO_2 45% ~52% ;超基性岩含 SiO_2 低于45% 。在基性岩和超基性岩中,碱土金属的含量较高并含有镍、铬及亚铁等,而铝及碱金属含量较低。

在冶金工业生产中常遇到的是耐火材料、冶金炉渣、燃料灰分及矿石原料中杂质的分析,其实质上也是硅酸盐分析的一部分。

耐火材料的组成(质量分数)为 SiO_2 50% ~ 60% , Al_2O_3

30% ~45%，Fe_2O_3约1.5%，CaO约2%，MgO约1.5%。

耐火材料中如黏土根据质量不同可分白陶器黏土、耐火黏土、陶器黏土、玻璃化黏土、砖土和强黏土等类。耐火黏土，其矿物组成应以高岭土或水云母——高岭土为主。高铝耐火材料，通常主要是指铝土、铝矾土等，其化学成分是铝的水化物，通常含铁、硅等杂质。在炼铝工业上要求Al_2O_3的品位应大于40%；铝硅比值的工业品位要求大于2.6~3（因SiO_2是制铝氧的主要有害杂质）。硅石（石英）是指SiO_2在90%以上的石英岩、石英砂岩、脉石英及呈透明晶体的石英——水晶而言。硅石也是冶金工业中不可缺少的耐火材料。一般要求测SiO_2、Fe_2O_3两个项目，在全分析中则还须测定Al_2O_3、CaO、MgO、K_2O、Na_2O、TiO_2、P_2O_5、MnO和烧失量。石棉是纤维状的含铁、镁、钙、钠、铝等的含水硅酸盐矿物，工业上常用的是蛇纹石石棉（即温石棉）。石棉进行化学分析的目的，主要是判别和确定其类型和组成，故在取样时应选取无脉石等杂质的纯净矿物进行分析。主要分析项目为SiO_2、Al_2O_3、Fe_2O_3、FeO、TiO_2、CaO、MgO、K_2O、Na_2O和水分。

冶金炉渣是冶炼过程中矿石杂质和各种熔剂等在熔炼过程中形成的，其化学成分很复杂，由SiO_2、Al_2O_3、Fe_2O_3、FeO、TiO_2、CaO、MgO、MnO、C、磷酸盐、硫化物、碳化物等组成，有时还有氟化物。在冶炼合金钢时，炉渣中有时还有镍、铬、钒、钼等合金元素。在冶炼有色金属时，炉渣有时还含有铜、铅、铋等有色金属元素。一般冶金炉渣的分析比较简单，但如遇到合金钢渣或有色金属炉渣，则稍复杂些。由于冶炼的炉子、品种和条件不同，所得到的合金钢渣或有色金属炉渣中所含各种成分之间的比例不同。因此，要求分析人员根据不同冶炼情况的炉渣，灵活地运用。

根据不同要求，碳酸盐岩石分析包括简项分析和全分析。简项分析只作CaO、MgO和酸不溶物或SiO_2、R_2O_3等项目；全分析通常要测定SiO_2、Al_2O_3、TiO_2、CaO、MgO、Fe_2O_3、MnO、P_2O_5、K_2O、Na_2O、S（或SO_3）、CO_2、吸附水、灼烧减量以及酸不溶物等项目。

另外还有一种炼钢时常用的熔剂萤石，有时也称为氟石、砩石，其主要成分为CaF_2，其含量可高达90%~95%，其他杂质主要为二氧化硅和少量的碳酸钙、氧化铝、氧化铁、硫、磷等。有时也含有一定量的重晶石($BaSO_4$)、锡石(SnO_2)及铀、钍、铌、钽等。基本分析项目为CaF_2、S、Pb、Zn、SiO_2。

1.9.2 试样的准备

实验室收到平均试样后,进行粉碎与缩分(方法原理与操作手续参阅矿石分析有关部分)。试样在不锈钢钵中磨后,放在一张大而光滑的纸上混匀,用四分法缩分,最后一次也可用划成小正方形法取出试样 25g 作分析试样用。将试样平铺在纸上,用磁铁吸出制样时混入的铁屑,然后根据规定研磨至全部通过 100~200 网目的筛,不得遗弃任何残渣,装入带磨口玻塞的玻璃瓶中。

1.9.3 水分及灼烧减量分析

自然硅酸盐岩石中的水分,以吸附水和化合水两种状态存在。吸附于岩石表面或孔隙中的水称为吸附水(以符号 H_2O^- 表示)。化合水(以符号 H_2O^+ 表示)包括结晶水和结构水。结晶水以 H_2O 分子状态结合于矿石的晶格中,但是稳定性较差,当加热至 300℃,即可以分解逸出。除少数岩石(例如云母、滑石)含化合水外,一般硅酸盐矿石很少含有化合水。人造硅酸盐都是高温煅制品,一般只含吸附水分。

在硅酸盐的分析中,通常是在 105~110℃ 温度下,用干燥法测定吸附水分。测定吸附水分的目的,是为了计算干燥基样品中其他组分的含量,不列入分析报告中。

灼烧减量主要包括化合水、二氧化碳及少量的硫、氟、氯和有机质等在高温下可以挥发的物质。在硅酸盐的分析中,通常考虑到氟、氯、硫、二氧化碳及亚铁等含量不高,因此可以视灼烧减量即为含水量。在灼烧过程中,除可挥发组分挥发,质量减轻外,矿石中某些组分可能发生氧化或还原反应,则质量可能增大也可能减轻。所以灼烧后质量的变化,应该视为相当于各种化学反应质量增加或减少的代数和。

1.9.4 硅酸盐的碱熔快速系统分析法

硅酸盐分析方法有重量法和快速分析法。重量法很少用。快速分析法采用了容量分析法、比色分析法、火焰光度法或原子吸收光谱法。

目前,最通用的是碱熔快速分析法,即将样品和碱性熔剂混合,经过高温熔融处理后,用动物胶沉淀重量法或高氯酸脱水重量法测定二氧化硅,其余组分大都改用容量法或比色法测定。碱金属含量则另取样品,以氢氟酸及过氯酸溶解,用重量法测定。此外,还有用氢氟酸,硫酸溶解样品后测定铁、铝、钙、镁等元素,另取样品用碱熔融后,以硅氟酸钾容量法测定二氧化硅的方法称为酸溶快速法。两种方法各有所长。

1.9.4.1　样品的分解及二氢化硅的测定

硅酸盐的溶解性和二氧化硅的含量及金属氧化物的性质有关,一般是二氧化硅的含量愈高或金属的碱性愈弱,愈难溶解。

难溶解于酸的物料,大都是晶格能较强,而水合能较弱的化合物,因为离子间力较大,不易形成水合离子。但是,如果能人为地转化为晶格能较弱、离子间力较小的化合物,则应较易形成水合离子进入溶液。这种转化,一般是在高温下,将难溶化合物和特定的试剂共同熔融来完成。这种高温熔融反应,实际上是在没有水参加的高温条件下进行的酸碱成盐反应。如酸性物料(例如含硅量较高的酸性硅酸盐),可以和碱性化合物(例如 NaOH、Na_2CO_3、K_2CO_3等)反应,转化为晶格能较小、水合能较大的可溶性钠盐:

$$SiO_2 + 2NaOH \xrightarrow{\Delta} Na_2SiO_3 + H_2O$$

$$SiO_2 + Na_2CO_3 \xrightarrow{\Delta} Na_2SiO_3 + CO_2\uparrow$$

硅酸盐是含硅量比较高、难溶性的酸性物料。所以可以使用碱性熔剂经过高温熔融处理,从而制成分析溶液。

有的硅酸盐中,可能含氟化物。氟化物在酸性溶液中与二氧化硅或硅酸盐反应生成挥发性的 SiF_4。有部分硅损失,因而造成分析结果偏低的误差:

$$SiO_2 + 4HF \longrightarrow SiF_4\uparrow + 2H_2O$$

如果有硼酸同时存在,则氟化物首先和硼酸反应生成 BF_3,不再和 SiO_2作用:

$$H_3BO_3 + 3HF \longrightarrow BF_3 + 3H_2O$$

过量的硼酸,可以和醇作用生成硼酸酯而挥发:

$$H_3BO_3 + 3C_2H_5OH \longrightarrow B(OC_2H_5)_3 \uparrow + 3H_2O$$

熔融处理,应视物料及熔剂的性质和分析目的不同,选用不同材料的坩埚。

二氧化硅常呈硅酸(H_2SiO_3)胶体存在于溶液中。必须经过凝聚、干燥脱水、高温灼烧,才能获得不含水的SiO_2。

含水硅酸质点$(xSiO_2 \cdot yH_2O \cdot zOH)^-$,带负电荷、亲水性很强,极容易形成胶体溶液。根据胶体破坏理论,研究发现,动物胶具有凝聚硅酸的作用。

动物胶是一种蛋白质,其分子中有多个氨基酸官能团结构。在pH值小于4.7的酸性环境中,吸附H^+,带正电荷。当向含有带负电荷的硅酸质点的溶液中加入动物胶溶液时,两种质点的电荷彼此中和,则胶体溶液被破坏,硅酸凝聚沉淀析出。但是,由于在硅酸的几种晶态中,只有当溶液的酸度在8mol/L以上时,才形成凝聚倾向最大的γ-硅酸,而且动物胶在温度高于80℃时分解破坏,低于60℃时活度及絮固效果降低。此外,溶液中动物胶过少不能充分凝聚硅酸,过多则硅酸又可能重新胶溶进入溶液。所以,只有当温度在75℃左右、酸度在8mol/L以上,每100mL溶液中动物胶的量不超过100mg的条件下,硅酸的凝聚沉淀才能实际上完全。

由以上分析,归纳出测定硅酸盐中二氧化硅含量的方法实质是使样品和碱性熔剂共同熔融,硅酸盐分解生成可溶性钠盐及金属的碳酸盐,以水及盐酸溶解,蒸干、脱水后,在70~80℃、8mol/L的盐酸溶液中,以动物胶沉淀硅酸。然后,过滤、洗涤、灼烧至恒重,获得纯净二氧化硅,反应历程可以用下列各式代表。

熔融:

$$SiO_2 + Na_2CO_3 \longrightarrow Na_2SiO_3 + CO_2 \uparrow$$

$$SiO_2 \cdot Al_2O_3 \cdot 2H_2O + 2Na_2CO_3 \longrightarrow 2NaAlO_2 + Na_2SiO_3 + 2H_2O + 2CO_2 \uparrow$$

$$MeSiO_3 + Na_2CO_3 \longrightarrow MeCO_3 + Na_2SiO_3$$

酸溶:

$$Na_2SiO_3 + 2HCl \longrightarrow H_2SiO_3 + NaCl$$

$$NaAlO_2 + 4HCl \longrightarrow AlCl_3 + NaCl + 2H_2O$$

$$MeCO_3 + 2HCl \longrightarrow MeCl_2 + H_2O + CO_2 \uparrow$$

脱水：$H_2SiO_3 \xrightarrow{\Delta} SiO_2 + H_2O$

高氯酸脱水重量法：试样以碱性熔剂分解，使硅转化为硅酸，然后用盐酸酸化，以高氯酸冒烟使硅酸脱水，经过滤洗涤后于一定温度下灼烧为二氧化硅，恒量，再用氢氟酸除硅，灼烧，恒量，由前后质量差计算硅的含量。

当分析试样中硅的质量分数大于10%时一般采用重量法测定较准确。矿石如莫来石，铝矾土，保护渣等硅含量都较高，一般采用动物胶脱水重量法来测定。重量法测定硅的关键在于脱水是否完全。一般脱水可以在盐酸、硫酸或高氯酸中进行。在试验中发现：(1)单用盐酸脱水效果较差，需进行二次脱水；(2)硫酸脱水比盐酸要好一些，但得到的二氧化硅沉淀不纯净，而且冒烟时易产生飞溅；(3)高氯酸脱水所得二氧化硅较纯净，在日常分析中，一次脱水即可。通过试验认为高氯酸脱水重量法测定高含量硅准确度高，而且稳定性好，便于分析。因此，高氯酸脱水重量法完全可以取代动物胶脱水重量法来测定高含量硅。

高氯酸脱水重量法优于动物胶脱水重量法的是：高氯酸冒烟脱水时很稳定，不会发生崩溅现象，确保了分析的准确。而动物胶法由于会发生崩溅，操作者要在脱水时不停摇动盛有试样的容器以防止崩溅损失。这无疑降低操作难度，减少劳动时间。

此方法用于测定硅溶胶及水玻璃中二氧化硅，效果也很好。方法如下：称样后加入20mL热水溶解试样，然后加10mL盐酸酸化，再加入30mL高氯酸置于电热板上冒烟。

氟硅酸钾容量法原理：硅酸盐试样用氢氧化钾在银坩埚（或镍坩埚）中熔融分解，使难溶性硅酸盐转化为易溶性硅酸盐：

$$SiO_2 + 2KOH = K_2SiO_3 + H_2O$$

在硝酸性溶液中，硅酸钾与HF作用（HF有剧毒，必须在通风橱中操作），转化成微溶的氟硅酸钾（K_2SiF_6）：

$$K_2SiO_3 + 6KF + 6HNO_3 = 6KNO_3 + K_2SiF_6\downarrow + 3H_2O$$

由于沉淀的溶解度较大，还需加入固体KCl以降低其溶解度，过滤，用氯化钾—乙醇溶液洗涤沉淀，将沉淀放入原烧杯中，加入氯化钾—乙醇溶液，以 NaOH 中和游离酸至酚酞变红，再加入沸水，使氟硅酸钾水解而释放出 HF，其反应如下：

$$K_2SiF_6 + 3H_2O \xlongequal{} 2KF + H_2SiO_3 + 4HF$$

用 NaOH 标准溶液滴定释放出的 HF，以求得试样中 SiO_2 的含量。

由反应式可知，1molK_2SiF_6 释放出 4molHF，即消耗 4molNaOH，所以试样中 SiO_2 的计量数比为 1/4。

在氟硅酸钾容量法测定 SiO_2 的过程中：(1) 为了使 K_2SiF_6 定量地沉淀，除保证有适当过量的 K^+、F^- 离子外，酸度对 K_2SiF_6 沉淀影响较大，当沉淀酸度（硝酸环境）大于 3mol/L 时，K_2SiF_6 的溶解增大，沉淀不完全，使结果偏低。当沉淀酸度小于 3mol/L 时，沉淀虽然完全，但有 K_3AlF_6 沉淀产生，致使结果偏高。所以要使 K_2SiF_6 定量沉淀而其他离子不产生沉淀，酸度最好维持在 3mol/L 左右的硝酸环境中，能得到满意的结果。(2) 中和游离酸是实验的关键，要把沉淀滤纸、杯壁所带的游离酸中和完全，但不能产生局部过浓现象，因为碱局部过浓，会使 K_2SiF_6 分解，致使结果偏低。(3) K_2SiF_6 水解反应是吸热反应，所以水解温度必须大于 70℃。水解温度低于 70℃，水解不完全，滴定终点易返回，找不到正确终点，致使结果偏低。水解温度高于 90℃，混合指示剂的颜色变化不明显，即指示不灵敏，终点难于观察，易滴过终点至结果偏高。(4) 铝干扰测定，但在本操作中采用钾盐不用钠盐，用硝酸而不用盐酸，这样在操作中就能消除铝的干扰。因为 K_2AlF_6 在盐酸中溶解度小在硝酸中溶解度大，而 Na_3AlF_6 在硝酸中溶解度小于 K_2AlF_6。所以，在操作中不要引入钠盐，在 3mol/L 硝酸中进行沉淀就能消除铝的干扰。(5) 因为 K_2SiF_6 水解产物有 HF（$K_a = 6.6 \times 10^{-4}$）和 H_2SiO_3（$K_{a1} = 1.7 \times 10^{-10}$，$K_{a2} = 1.6 \times 10^{-12}$），用 NaOH 滴定时，HF 首先被滴定，等当点 pH 值为 7.5～8.3，而 H_2SiO_3 在 pH 值大于 8 时才开始被滴定，因此最好选用 pH 值为 7.5～8 的变色点的指示剂，可消除硅酸对滴定的干扰。所以通常选用溴麝香草酚蓝——酚红为指示剂。当指示剂在酸性中为黄色，当 pH 值为 7.2 时为绿色，当 pH 值为 7.5 时为紫色。所以用碱滴定时试液为紫色即为终点。(6) 试液中加入浓硝酸时会产生硅胶白色沉淀。当加入氟化钾后硅胶很快就会转变为 K_2SiF_6 沉淀，对测定无影响。

1.9.4.2 三氧化二铁的测定

硅酸盐中含铁量(以 Fe_2O_3计)的变动范围较大。因此,为了保证测定的准确度,必须根据含量的高低,选择测定方法。一般含铁量高于10%的(分离二氧化硅后的溶液呈较深的黄色),应该选用容量分析法;而低于10%的(溶液呈色很淡或无色),则最好选用比色法。测定铁含量的容量分析法很多,但是,目前大都使用络合法,而比色分析则选用磺基水杨酸显色法。

络合法和比色法见铁矿石分析中全铁的测定。

1.9.4.3 二氧化钛的测定

硅酸盐中钛含量(质量分数,以 TiO_2计)一般约为0.1%~6%。

钛盐极易水解,当pH值大于0.5时即开始析出 $TiO(OH)_2$沉淀。只有在强酸性环境中才以 TiO^{2+}状态存在。

在0.5~1mol/L 硫酸溶液中,TiO^{2+}和 H_2O_2生成1:1的 $[TiO(H_2O_2)]^{2+}$黄色络合物。

$[TiO(H_2O_2)]^{2+}$不稳定,pK值约为4。因此,为了提高其稳定性,应使用过量的络合剂以抑制络离子的电离。但是 H_2O_2又不宜过多,因为过多的 H_2O_2会分解产生气泡附在比色皿内壁上,增大吸光度。

F^-和 TiO^{2+}生成更稳定的$(TiOF_4)^{2-}$,pK值为18.0,导致黄色减退甚至完全消失,干扰测定。钒、铈、钼等也和 H_2O_2生成有色络合物,干扰测定。但是硅酸盐中含这些元素很少,一般可以不必考虑。

Fe^{3+}的黄色干扰测定,虽然可以用磷酸掩蔽,但是过多的磷酸则和 TiO^{2+}络合,导致$[TiO(H_2O_2)]^{2+}$的黄色减弱。磷酸的浓度不同、络合程度不同,黄色减弱程度也不同,所以磷酸的用量必须一致而且精确。在盐酸溶液中,Cl^-浓度很大,磷酸的量又不能过多,因此,对 Fe^{3+}的掩蔽效果不好。为了完全消除 Fe^{3+}的影响,可以向标准溶液中加入和样品溶液相应量的盐酸、氯化钠及铁盐,以创造相同的条件。

$[TiO(H_2O_2)]^{2+}$的黄色只有当每100mL溶液中含 TiO^{2+}在0.1~2.0mg时,才和 TiO^{2+}的浓度成正比。溶液为黄色,应选用430nm波长测定。

1.9.4.4 三氧化二铝的测定

硅酸盐中铝含量(质量分数,以 Al_2O_3计)的变动范围很大,一般约为 2% ~50% 。

根据络合分析法的基本理论 $pK_{AlY^-}=16.13$,所以只有在 pH 值为 4 ~5 的接近中性的环境中,Al^{3+}离子才能和 EDTA 生成 1∶1 的稳定无色络合物。因为络合酸度较低,所以凡是 pK 值大于 16.13 的金属离子都干扰测定。甚至尽管 Ca^{2+}、Mg^{2+}等离子的 pK 值较小,但是当浓度较大时,也可能部分络合而干扰测定。至于 Zn^{2+}、Cu^{2+}、Pb^{2+}、Ti^{4+}等离子,因为 pK 值和 16.13 十分接近,则干扰更为严重。因此,在用络合法测定铝含量时,如果干扰离子浓度过大,最好是先行分离然后测定,如果浓度较小,则可以使用掩蔽剂掩蔽。

硅酸盐中,主要是 Fe^{3+}、Ti^{4+}等离子的干扰。其他离子含量很低,一般可以不考虑。在实际中,排除 Fe^{3+}、Ti^{4+}等离子的干扰有多种途径,基础分析化学中已经详尽阐述,这里不再讨论。在已经测得 Fe_2O_3、TiO_2含量的情况下,最简便的方法是,先调整溶液的 pH 值为 3 ~4,加入一定量(过量)EDTA 标准溶液,加热,使 Al^{3+}、Fe^{3+}、Ti^{4+}等离子全部络合。然后,再调整溶液的 pH 值为 5 ~5.5,以 PAN 为指示剂,用铜盐标准溶液回滴剩余的 EDTA。由 EDTA 的消耗量计算三者的总量。最后,减去 Fe_2O_3、TiO_2的量(经过换算为相当于 Al_2O_3的量),则得 Al_2O_3的含量。

溶液 pH 值的调整,是络合反应成败的关键之一,必须严密掌握。如果当调整 pH 值为 5 ~5.5,溶液发生浑浊,说明 Al^{3+}和 EDTA 反应未完全。其原因在于反应酸度过高(pH 值小于 3)或 EDTA 用量不足。应该重新调整酸度或补加若干量的 EDTA。

Al^{3+}和 EDTA 的络合反应较为缓慢。但是加热可以促进反应。当 pH 值为 3 ~4 时,沸腾 2 ~3min,反应可以达到实际上完全。如果 pH 值大于 4,则 Al^{3+}沉淀为 $Al(OH)_3$,不能再和 EDTA 发生正常的络合反应。

常见资料上介绍可以用铜盐,以 PAN 为指示剂,滴定终点是由黄色经过暗灰变为紫色。着重推荐以 PAN 为指示剂的铜盐回滴法。

$$Al^{3+}+H_2Y^{2-}(\text{过量})\longrightarrow AlY^{-}+2H^{+}$$

$$Cu^{2+}+H_2Y^{2-}(\text{剩余})\longrightarrow CuY^{2-}(\text{碧绿色})+2H^{+}$$

$$Cu^{2+}+PAN(\text{指示剂})\longrightarrow CuPAN(\text{紫红色})$$

用铜盐回滴时,溶液中 EDTA 过量的多少和指示剂 PAN 的用量与终点颜色变化有密切关系。因为 CuY^{2-} 为碧绿色;CuPAN 为紫红色。所以滴定终点是碧绿色中有少量紫红色的混合色——紫色。如果 EDTA 过量太多,指示剂用量又不够时,则绿色浓度过大,混合色为蓝色或蓝灰色。反之,如果 EDTA 过量不足,指示剂又过多,则为暗红色。因此,EDTA 过量及指示剂用量都必须适当,否则影响终点颜色。一般使用 0.02mol/L EDTA,以过量 10mL 为宜,指示剂用量以每 100mL 溶液中,加 0.2% PAN 溶液 5 滴为宜。

Cu^{2+} 和 EDTA 的络合反应较为缓慢,也需要加热以促进反应,而且临近终点时必须缓慢滴定,以防过量。一般滴定在 80℃ 左右进行。温度过高,络合物稳定度降低,终点不明晰。

1.9.4.5　氧化钙的测定

硅酸盐中钙含量(质量分数,以 CaO 计)一般约为 1% ~70%(注意溶液取用量)。

钙的测定通常选用络合法。根据络合分析法的基本原理,$pK_{CaY^{2-}}=10.96$,理论上 pH 值为 8 左右,钙可以和 EDTA 生成 1:1 的无色络合物:

$$Ca^{2+}+H_2Y^{2-}=CaY^{2-}+2H^+$$

但是为了提高络合物的稳定性,最好是能在较高 pH 值的条件下络合。特别是当 Ca^{2+}、Mg^{2+} 离子共存,而要求测定 Ca^{2+} 时,更必须创造强碱性环境,使 Mg^{2+} 沉淀为 $Mg(OH)_2$ 以排除 Mg^{2+} 的干扰。此外,所使用的钙指示剂(NN),也只有在 pH 值为 12 ~13 时才是本身呈蓝色,和 Ca^{2+} 络合后呈红色。如果 pH 值过小,本身即为紫红色,不能指示反应终点。

因为络合酸度较低,许多金属离子都干扰测定。干扰离子浓度较低时,还可以设法掩蔽,但当浓度较高时,则必须分离。

因此,络合法测定 Ca^{2+} 是在分离干扰离子后,在 pH 值为 12 ~13 的强碱性溶液中,以 NN 为指示剂,用 EDTA 标准溶液直接滴定。

1.9.4.6　氧化镁的测定

硅酸盐中镁含量(质量分数,以 MgO 计)一般约为 0.1% ~50%,也选用络合法测定。

$pK_{MgY^{2-}}=8.69$,必须是在 pH 值为 10 的环境中,Mg^{2+} 才能和 EDTA生成1:1 的无色络合物。如果pH值大于10,虽然理论上可以提高稳定度,但是当 pH 值为 10.4 时,$Mg(OH)_2$ 即开始沉淀析出,Mg^{2+} 不可能再有络合反应。因此,镁的络合法测定只能在 pH 值为10 的弱碱性溶液中,用 EDTA 直接滴定:

$$Mg^{2+}+H_2Y^{2-}\longrightarrow MgY^{2-}+2H^+$$

因为络合酸度很低,所以络合反应也受很多金属离子的干扰。一般也需要分离。但是 Ca^{2+} 未经分离,而在此条件下和 Mg^{2+} 同时与 EDTA 发生络合反应。

测定 Mg^{2+} 使用铬黑 T 做指示剂,因为铬黑 T 分子中有两个可以电离的酚羟基氨,是一个弱酸,在溶液中可以有三种不同结构而显不同颜色。当 pH 值小于 6.3 时,呈紫红色;pH 值为 6.3 ~11.55 时为蓝色;pH 值大于 11.55 时则为橙色。铬黑 T 和许多金属离子的络合物又都是紫红色。由此也说明以铬黑 T 做指示剂,用 EDTA 滴定 Mg^{2+},必须为 pH 值在 6.3 ~11.55 的弱碱性环境。否则酸度过大或过小,都会失去指示作用。

Fe^{3+}、Al^{3+}、Ti^{4+}、Cu^{2+}、Ni^{2+}、Co^{2+} 等离子和铬黑 T 形成的有色络合物十分稳定,以致 EDTA 不能取代,产生“指示剂封闭”作用。由此也决定了在测定 Mg^{2+} 时,必须事先分离这些干扰离子。

1.9.4.7　氧化钾的测定

硅酸盐中钾及钠含量(质量分数,以 K_2O、Na_2O 计)一般为 0 ~10%。氧化钾及氧化钠,可以分别测定也可以测定总含量。测定氧化钾、氧化钠方法也很多,这里介绍的是分别测定法。

钾或钠的化合物大都易溶解于水,但是和某些试剂反应也可以生成溶解度较小的三重盐或分子量较大的有机盐。

用碱性熔剂熔融,分离二氧化硅后的溶液中,已经引入钠盐,不能用来测定钾或钠的含量。因此,必须用另外的方法制备测定钾或钠的分析溶液,氢氟酸分解二氧化硅为挥发性的 SiF_4,而过氯酸是已知最强的氧化性强酸,所以可以用氢氟酸和过氯酸在铂器皿中,加热处理难溶性硅酸盐,则 SiF_4 逸出,硅酸盐分解,转化为可以溶解于水或酸的其余金属过氯酸盐。过氯酸是氧化性强酸,在加热条件下,接触有机物,则激烈反应甚至爆炸,故使用时应注意安全。

K^+在pH值为2的酸性环境中和有机试剂——四苯硼化钠反应生成四苯硼化钾白色晶形沉淀,溶解度为$(1.3\sim1.8)\times10^{-6}$mol/L,是质量法测定钾的依据。

四苯硼化钾很容易形成过饱和溶液而不能及时沉淀析出。因此在沉淀时,应缓缓加入沉淀剂并激烈搅拌,以促使沉淀析出。此外由于四苯硼化钾的溶解度仍较大,所以在洗涤时应使用四苯硼化钾的饱和溶液做洗涤剂。

也可以在碱性溶液中沉淀四苯硼化钾。其他金属离子生成氢氧化物的干扰,可以用EDTA掩蔽。铵离子和四苯硼化钠有相同反应,干扰测定,可以加入甲醛使其生成六次甲基四胺而清除。但是硅酸盐中不含铵盐,可以不必考虑。

1.9.4.8　氧化钠的测定

钠盐大都极易溶解于水,只有三重盐——乙酸铀酰锌(或镁)钠的溶解度较小。在乙酸的酸性溶液中,Na^+和乙酸铀酰锌(或镁)生成乙酸铀酰锌(或镁)钠黄色晶形沉淀:

$$Na^+ + Zn^{2+} + 3UO_2^{2+} + 9C_2H_3O_2^- + 6H_2O \longrightarrow NaZn(UO_2)_3(C_2H_3O_2)_9 \cdot 6H_2O \downarrow$$

虽然沉淀的溶解度仍较大。但由于乙酸铀酰锌钠的分子量较大(1538.5),而Na_2O(62.0)在其中所占比例很小,所以测定误差也较小。

乙酸铀酰是贵重试剂,应尽量回收再生后,继续使用。

硅酸盐分析的允许误差见表1-9。

表1-9　硅酸盐分析的允许误差

硅酸盐成分	含量(质量分数)/%	允许绝对误差/%	硅酸盐成分	含量(质量分数)/%	允许绝对误差/%
SiO_2	>60	0.6	CaO	>15	0.4
	40~60	0.5		5~15	0.3
	<40	0.4		<5	0.2
Fe_2O_3	>10	0.4	MgO	>1	0.2
	5~10	0.3		<1	0.1
	<5	0.2			

续表 1-10

硅酸盐成分	含量(质量分数)/%	允许绝对误差/%	硅酸盐成分	含量(质量分数)/%	允许绝对误差/%
TiO_2	>5	0.2	K_2O	>5	0.2
	<5	0.1		<5	0.1
Al_2O_3	>40	0.5	Na_2O	>5	0.2
	<40	0.4		<5	0.1

【思考题】

(1)硅酸盐的主要成分有哪些？需要分析的项目有哪些？

(2)二氢化硅的测定方法主要有哪些？写出它们的基本原理。

2 钢铁分析

2.1 概述

钢铁是应用最广泛的一种金属材料,是铁和碳的合金。就它的化学成分来说绝大部分都是铁,还含有碳及硅、锰、磷、硫等其他一些元素。生铁和钢由于含碳量的不同,而性质也不相同。一般生铁含碳高于1.7%,小于6.67%,含杂质总量约7%;钢含碳低于1.7%,含杂质为1%~3%。其他元素的含量虽有些不同,但对划分生铁和钢不起决定作用,只是使各种钢具有不同的特殊性质而已。

生铁质硬而脆,不便轧制及焊接。主要可分为:(1)灰口生铁(铸造生铁),含硅一般大于1.75%,具有很好的铸造性;(2)白口生铁(炼钢生铁):含硅0.6%~1.75%,性脆而硬,主要用作炼钢的原料。

钢的种类很多,性能也千差万别。但是它们都是用生铁炼成的。钢具有很好的韧性、塑性和焊接性,可以进行锻打和各种机械加工。钢的分类常见的有:

(1)按冶炼方法分类,可分为平炉钢、转炉钢(底吹转炉钢、侧吹转炉钢和氧气顶吹转炉钢)、电炉钢(电弧炉钢、感应电炉钢、真空感应电炉钢和电渣炉钢等)三类;

(2)按化学成分分类,可分为:

1)碳素钢,以碳含量不同可分为:

低碳钢(0.05%~0.25%C)

中碳钢(0.25%~0.60%C)

高碳钢(0.60%~1.40%C)

若以碳素钢内Si、Mn、P、S等杂质含量的不同又可分为:

	Mn	Si	P	S
普通碳素钢	≤0.8%	≤0.4%	≤0.1%	≤0.1%
优质碳素钢	0.8%	0.4%	0.04%	0.04%
高级优质碳素钢	0.35%	0.35%	0.030%	0.020%

若为易切削钢，硫、磷含量可以高达（S0.08%～0.30%，P0.06%～0.15%）。

2）合金钢，以钢中合金元素（镍、铬、钨、钒、钼、铍、钛、钴、硼等）含量的不同又可分为：低合金钢（合金元素含量小于5%）；中合金钢（合金元素含量5%～10%）；高合金钢（合金元素含量大于10%）。

（3）按质量分类，可分为普通钢、优质钢、高级优质钢。

普通钢，这类钢材含杂质元素较多，一般含磷不超过0.045%，含硫不超过0.055%。普通钢按标准又分为三类：1）甲类钢是保机械性能和P、S、N_2、Cu含量的钢；2）乙类钢是保化学成分C、Si、Mn、S、P和残铜含量的钢；3）特类钢是既保机械性能、化学成分，又保Cr、Ni、Cu、N_2的钢。

优质钢，可分为结构钢和工具钢。结构钢是一般含P、S均≤0.040%；工具钢是一般含P≤0.035%，含S≤0.030%。

高级优质钢，一般P、S含量均被限制在0.030%以下。

（4）按用途分类，可分为结构钢、工具钢、特殊钢三大类。

结构钢又分为碳素结构钢（普通碳素结构钢和优质碳素结构钢）与合金结构钢（渗碳钢、调质钢、弹簧钢和轴承钢）。

工具钢又分为碳素工具钢和合金工具钢。合金工具钢又分为刃具钢（低合金刃具钢和高速钢）、量具钢和模具钢等。

特殊钢又分为不锈钢、耐热钢和耐磨钢。

钢的分类只能把具有共同特征的钢种划分和归纳为同一类。不能将每一种钢的特征都反映出来，因此还必须采取钢号，对所确定的某一种钢的特征全部表示出来，有了钢的牌号，对所确定的某一种钢就有了共同的概念，这给生产、使用、设计、供销工作和科学技术交流及发展国际贸易方面，都带来很大的便利。

我国国家标准代号为“GB”。钢铁产品牌号表示方法的原则是：

（1）牌号中化学元素用汉字或国际化学符号来表示，如“碳”或“C”、“锰”或“Mn”、“铬”或“Cr”……。

（2）产品名称、用途、冶炼和浇注的表示方法，一般采用汉字和汉语拼音字母的编写，见表2-1。

（3）优质碳素结构钢牌号和合金钢牌号中含碳量的表示方法，一律以平均含碳量的万分之几表示,例如平均含碳量为0.1%或0.25%的钢,其钢号就相应为“10”或“25”。至于沸腾钢、半镇静钢的表示方法和普通碳素钢相同,只是在表示含碳量的两位数字后面加一符号如“10F”表示平均含碳量为0.1%的优质沸腾钢,而“50Mn”则表示平均含碳量为0.50%,含锰量为0.70%~1.00%的镇静钢(镇静钢不加符号)。

表2-1 产品名称、用途、冶炼和浇注的表示方法

名称	牌号表示		名称	牌号表示	
	汉字	采用符号		汉字	采用符号
平炉	平	P	滚动轴承钢	滚	G
酸性转炉	酸	S	高级优质钢	高	A
碱性转炉	碱	J	特类钢	特	C
顶吹转炉	顶	D	桥梁钢	桥	q
沸腾钢	沸	F	锅炉钢	锅	g
半镇静钢	半	b	钢轨钢	轨	U
碳素工具钢	碳	T	铆螺钢	铆螺	ML
焊条用钢	焊	H	铸钢(铁)	铸	Z

合金钢中主要合金元素的含量一般以百分之几表示。合金元素平均含量小于1.5%时,钢号中只标明元素而不标明含量。例如平均含碳量为0.36%,含锰量为1.50%~1.80%,含硅量为0.40%~0.70%的合金钢,其钢号应为36Mn2Si。不锈钢、高速钢等高合金钢一般含碳量大于1.0%时,不予标出。平均含碳量小于1.0%时,以千分之几表示。例如“2Cr13”表示含碳量为0.2%左右,铬量为13%的不锈钢。

专门用途的钢,则在钢号的前面或后面加上表示用途的符号。例如平均含碳量为0.20%的锅炉钢,其钢号为“20g”。平均含碳量为1.00%~1.10%,含铬量为0.90%~1.20%的滚动轴承钢,其钢号为GCr9。

钢铁中各化学元素,常以下列形式存在:(1)固溶态(或游离态);(2)碳化物;(3)氮化物;(4)氧化物;(5)硼化物;(6)硫化物;(7)硅化物;(8)磷化物等,一般说来,合金元素在钢铁中的分布形式主要是前两种情况。由于钢铁的质量是由其所含杂质或合金元素的成分来决定,下面简单介绍钢铁中的合金元素及杂质对钢铁质量的影响。

(1)碳:碳是钢的最主要成分之一,对钢的性能起着决定性的作用,钢中含碳量高时其硬度也随之增高(这是由碳化铁性能决定的);而延展性及冲击韧性则相应降低。

(2)硫:硫是钢铁中极有害的元素,它可使钢产生热脆现象,降低钢的力学性能和钢的耐蚀性。优质钢中硫的含量不超过0.04%,在碳素钢中也应在0.055%~0.07%之间,含硫在0.1%以上的钢实用价值很小,而钢中硫是由生铁中带来的,因此,碱性侧吹转炉所用的炼钢生铁含硫量不得超过0.08%。

(3)磷:磷在钢铁中也是有害杂质。当钢中含磷量超过1.2%时,钢的结构就有Fe_3P出现,如果含磷小于此值,则它以固定熔体存在,熔于纯铁中的磷,能使其硬度、强度及脆性增加,含磷高的钢,具有冷脆性。磷的偏析现象很严重,这对钢的危害性就更大了。

(4)硅:硅是钢中有益元素。硅在钢中的作用像碳一样,能增加钢铁的硬度和强度,硅量增加,则铁中游离碳的比率也增加,故硅与碳两者同时存在,可互相调节。若两者各单独存在,则使铁质硬而脆。含硅稍高的钢铁,流动性大,易于铸造,且能增加钢铁的弹性。因此,弹簧钢中常加入硅。硅又能增加钢的电阻及耐酸性;但硅能降低钢铁的延展性,在碳素钢中硅含量不能大于0.4%,因为大于0.5%时,冲击韧性便显著下降。

(5)锰:锰是钢铁中有益元素。在冶炼中锰的存在对除硫有显著效果,锰还能增加钢铁的硬度,但作用较碳差些,钢中锰之含量必须在0.3%~0.4%以上始能增加硬度。锰的作用与碳含量有关,碳低则锰的作用低,碳高则锰的作用高。锰能减少钢铁的延展性,锰的成分超过1.5%时则钢变脆,不能使用。锰含量在7%以上时,则钢的性质又变成抗磨性极优的材料。

(6)铝:铝与氧氮有很大的亲和力。铝在钢中作用,一是用作炼钢时脱氧定氮剂,且细化晶粒,减少或消除低碳钢的时效现象,提高钢冲击韧性,特别是降低钢的脆性转变温度,二是作为合金元素加入钢中,显著提高钢的抗氧化性,改善钢的电磁性能,提高渗氮钢的耐磨性和疲劳强度等,铝还提高钢在氧化性酸中的耐蚀性。但铝也有不良影响,如在某些钢中,脱氧时用量过多,将使钢产生反常组织降低韧性,并给浇注等方面带来困难。

(7)铬:铬作为残余元素时,它虽提高强度、硬度,但同时降低塑性和韧性。在碳素钢中,即使钢中含少量铬,也与镍一样能降低钢的冷冲性能,所以碳素钢一般对Cr、Ni都要求在0.3%以下。

(8)镍:镍作为残余元素,影响与铬同。

(9)铜:铜作为残余元素,如在钢中超过某一数值(一般规定为0.3%左右)并在氧化气氛中加热,在氧化铁皮下将形成一层熔点在1100℃左右的富铜合金层,加热温度超过1100℃,富铜金属层将熔化并浸蚀钢表面层的晶粒,在1100℃上进行煅轧热变形加工,将使钢的表面鱼鳞状开裂(此现象称为铜脆)。

(10)钒:钒是强的碳化物、氮化物形成元素,在钢中主要以碳化物的形态存在。它在钢中的主要作用是细化钢的晶粒和组织,提高钢的强度和韧性;在高温熔入奥氏体,增加钢的淬透性;增加淬火钢的回火稳定性,并产生二次硬化效应,提高耐磨性。

(11)钨:钨在钢中的作用主要是增加钢的回火稳定性,红硬性和热强性,以及形成特殊的碳化物而增加钢的耐磨性。

综上所述,可见钢铁的质量是由其所含杂质或合金元素的成分来决定,所以经常测定钢铁中各元素的含量及其中的杂质(碳、硅、硫、磷、锰五元素)含量是保证和帮助掌握冶炼过程的重要手段。

【思考题】

(1)钢与铁有何区别,如何分类?

(2)写出钢铁中的合金元素及杂质对钢铁质量的影响。

2.2 钢铁试样的采取与制备

钢铁跟其他金属材料一样,大部分是使用切削、钻孔、锯、锉或剪等方法采取试样。在特殊情况下,如铁合金、白生铁等常用粉碎法进行。若试样是从熔融状态液体金属中舀取,并把它加以粒化,则可得到相当好的结果。从呈块状、棒状或板状的固体中以及铸造或压延机件中采取试样时，带来的主要困难是各组分由于在冷却时的偏析而分配不均匀。由于偏析现象的产生，金属表面与内部的成分大不相同。虽然是同一块金属，但由于切削的地方不同，其成分也不同，所以对分析的可靠性也由此造成影响，所以在钢铁取样中必须加以考虑。

2.2.1 制样一般规定

制样一般规定如下：

(1)制样者应遵守试样制备规程、设备维护及安全规程等，以确保试样制备质量；(2)制样时，应防止油污、灰尘及其他杂质带入试样内。制样所用的工具、设备、场所等，都应保持清洁。(3)制备金属试样时，应除去表面锈垢、涂层及其他金属镀层。试样内应无气孔、夹渣。(4)试样制备前应将钢钵、捣杵、破碎和研磨机械清洗干净，并用此试样洗1~3次。(5)试样制备过程中，如需以四分法减少试样质量时，可将制备到一定粒度的样品，充分混匀，堆成圆锥形，然后压成圆饼，通过中心分成四等份。弃去任何一对角两份，余下两份收集在仪器，混匀。如需要可继续缩分。什么品种，多大粒度缩分到什么程度，均有规定。(6)试样收发要建账登记。制备好的试样，装袋或装瓶后，应注明名称，分析项目、编号、委托日期、单位等。(7)为备复查，加工剩余试样，应按月、日顺序保持一段时间。

2.2.2 化学分析用试样的制取

2.2.2.1 钢的化学分析用试样的制取

炼钢生产炉前分析是从钢水中取样，成品检验和钢材分析需要从钢锭、钢材上取样。

A 取样总则

(1)用于钢的化学成分熔炼分析和成品分析的试样，必须在钢液或钢材具有代表性的部位采取。试样应均匀一致，能充分代表每一熔炼号(或每一罐)或新批钢材的化学成分，并应具有足够的数量，以满足全部分析要求。

(2)化学分析用试样样屑，可以钻取、刨取，或用某些工具机制取。

样屑应粉碎并混合均匀。制取样屑时,不能用水、油或其他润滑剂,并应去除表面氧化铁皮和脏物。成品钢材还应除去脱碳层、渗碳层、涂层、镀层金属或其他外来物质。

(3)当用钻头采取试样样屑时,对熔炼分析或小断面钢材成品分析,钻头直径应尽可能的大,至少不应小于6mm;对大断面钢材成品分析,钻头直径不应小于12mm。

(4)供仪器分析用试样样块,使用前应根据分析仪器的要求,适当予以磨平或抛光。

B 熔炼分析取样

(1)测定钢的熔炼化学成分时,从每罐钢液采取两个制取试样的样锭,第二个样锭供复验用。样锭是在钢液浇注中期采取。

(2)当整个熔炼号的钢,用下注法浇注,且仅浇注一盘钢锭时,样锭采取方法为:如浇注镇静钢,则应在浇注钢液达到保温帽部位并高出钢锭本体约50~100mm时采取;如浇注沸腾钢,则应在浇注到距规定高度尚差100~150mm时采取。

(3)样锭浇注在样模内,模内应洁净、干燥。样模尺寸可为:下部内径30~50mm,上部内径40~60mm,高度70~120mm,或由工厂自行确定。

(4)往样模内浇注钢液时,钢流应均匀,不应使钢液流出或溢溅,样模不得注满。应使样模内钢液镇静地冷凝。沸腾钢可加入适量高纯度金属铝使其平静。样锭不应有气孔和裂缝。

(5)每个样锭应经检验员检查合格。样锭上应标明熔炼号和样锭号。

(6)必要时样锭应进行缓慢冷却,或在制取样屑前对样锭进行热处理,以保证容易加工制样。

(7)未能按(1)或(2)的规定取得样锭时,或在仅浇注一盘钢锭情况下需采用与(2)的规定不同的取样方法时,由工厂制订补充办法,并报上级公司或主管局批准。

(8)在此规定的熔炼分析取样,适用于平炉、转炉和电弧炉炼钢的熔炼分析。电渣炉、真空感应和真空自耗炉炼钢的熔炼分析,由工厂自行制订取样方法,或按有关技术条件的规定。

C 成品分析取样

成品分析用的试样样屑,应按下列方法之一采取。不能按下列方法采取时,由供需双方协议。

(1)大断面钢材。

1)大断面的初轧坯、方坯、扁坯、圆钢、方钢、锻钢件等,样屑应从钢材的整个横断面或半个横断面上刨取;或从钢材横断面中心至边缘的中间部位(或对角线1/4处)平行于轴线钻取;或从钢材侧面垂直于轴中心线钻取,此时钻孔深度应达钢材或钢坯轴心处。

2)大断面的中空锻件或管件,应从臂厚内外表面的中间部位钻取,或在端头整个横面上刨取。

(2)小断面钢材。小断面钢材包括圆钢、方钢、扁钢、工字钢、槽钢、角钢、复杂断面型钢、钢管、盘条钢带、钢丝等,不适用(1)项的1)和2)的规定取样时,可按下列规定取样。

1)从钢材的整个横断面上刨取(焊接钢管应避开焊缝);或从横断面上沿轧制方向钻取,钻孔应对称均匀分布;或从钢材外侧面的中间部位垂直于轧制方向用钻通方法钻取。

2)当本项1)条的规定不可能时,如钢带、钢丝,应从弯折迭合或捆扎成束的样块横断面上刨取,或从不同根钢带、钢丝上截取。

3)钢管可围绕其外表面在几个位置钻通管壁钻取,薄壁钢管可压扁迭合后在横断面上刨取。

(3)钢板。

1)纵轧钢板:钢板宽度小于1m时,沿钢板宽度剪切一条宽50mm的试料,钢板宽度大于或等于1m时,沿钢板宽度自边缘至中心剪切一条宽50mm的试料。将试料两端对齐,折叠1~2次或多次,并压紧弯折处,然后在其长度的中间,沿剪切的内边刨取,或自表面用钻通的方法钻取。

2)横轧钢板:自钢板端部与中央之间,沿板边剪切一条宽50mm、长500mm的试料,将两端对齐,折叠1~2次或多次,并压紧弯折处,然后在其长度的中间,沿剪切的内边刨取,或自表面用钻通的方法钻取。

3)厚钢板不能折叠时,则按(3)项1)或2)条所述相应折叠的位置钻取或刨取,然后将等量样屑混合均匀。

沸腾钢除在技术条件中或双方协议中有特殊规定外,不做成品分析。

2.2.2.2 生铁的化学成分试样的制取方法

铁样一般在出铁时从铁水中采取,进行成品检验时要在铁锭中取。

A 能用普通钻头钻取的试样

(1)用钢丝刷或砂轮将生铁试样表面清理干净,在试样底面中心或靠近中心的部位垂直钻孔。钻头直径不小于10mm,去掉试样表面约5mm,钻至孔底距离另一面5mm为止。在钻孔位置或钻孔内部如发现气孔加渣或其他杂质时,在原孔邻近的位置,平行于原孔重新钻取。钻孔时进钻速度和钻头速度不要太快,转速一般控制在200r/min以下。避免钻屑太厚或氧化变质。要注意保持钻头锋利,不使试样成粉引起飞散损失。对于样块较大的样品,可以在3个位置上钻取,钻孔离料块边缘不得小于5mm。从三处所得钻屑在乳钵中研混。若试样很硬,无法钻取,可将试样捣碎,用四分法缩分,最后用乳钵研磨,使全部样品通过100目筛孔。

(2)将试样混合后,收集试样屑于洁净的容器内。同一批的份样屑,各称相等质量,总重约45g,混匀后缩分出10~15g用于测定碳的成分,余下的30~35g在淬火的钢钵或其他制样设备中击碎。防止试样过细,要边击边过筛。试样过筛时必须用严密的筛盖盖好,以免试样细粉损失。试样要全部通过规定的筛孔。延展性较好的铸铁因为样屑被击成薄片而不能通过全部规定的筛孔时,待片样厚度冲击成小于规定的筛孔孔径或不影响分析溶样时,筛上试样可以按已通过规定的筛孔处理,直接混入筛下试样中。试样粒度根据测定方法和测定成分确定:标准法分析常规成分为60目;快速法分析常规成分为80~100目;燃烧法分析碳约为20目(不过筛)。

B 不能用普通钻头钻取的生铁试样

硬质生铁用工具钻头钻不动时,可用嵌有碳化钨刀片的硬质合金钻头钻取或用碳化硅砂轮片从试样纵向的中部切取薄片。薄片去掉表层后打碎到20目,同一批份样碎片各称取相等的质量,总重约40g。

制取的试样于淬火的钢钵内或其他制样设备内击碎并使之全部通过 100 目筛。硬脂生铁制样也可用热处理的方法，使试样退火软化（退火温度约为 850℃）。然后按钻孔制样的方法钻样。

应注意(1)硅、锰、磷仲裁分析试样粒度按 60 目。(2)灰口生铁禁止用磁性物吸引，以免使试样中的石墨碳损失。(3)成分试样质量的满足分析用量和保留试样用量的要求为宜，由一个份样组成的成分试样质量达不到要求时，可在试样上多钻几个孔，或采用 16mm 以上的粗钻头钻样。涉及外贸等重要用途的试样，要增加试样质量，一般不要低于 100g，混匀后缩分成两份，一份分析，一份密封保留，以便外贸随时调用。

C　验证分析试样

试样表面仔细清理后，垂直于底面钻孔。钻头直径不小于 10mm。钻孔数量按块铁大小确定。小块铁从中心钻一孔，大块铁钻三孔：中心一孔，中心到两底 1/2 处各钻一孔。试样屑加工、混匀、缩分等技术要求和满意事项按 A 条与 B 条规定。

铁水的取样：在高炉铁水流入沟中时，用长柄铁勺在铁水流出量达 1/4、1/2、3/4 时从铁水流中取样 3 次，分别倒入铸样模中，凝固后制样取样方法按照生铁的化学成分试样的制、取样方法进行。

2.2.2.3　铁合金化学分析用试样制取法

铁合金化学分析用试样的制备方法依据 GB4010—1994。

A　适用范围

本标准规定了用于化学分析的铁合金产品试样的采取和制备方法，适用于铁合金产品的复验和仲裁。

B　总则

(1)制备的铁合金试样必须干净、无油、无锈，不含其他夹杂物。

(2)制备的试样如湿润，必须干燥后再进行制备。

(3)钻或刨的试样，内部无气孔、无渣、要防止钻样过热发生氧化。

(4)铁合金化学分析用试样应保存 6 个月，对含碳量小于 0.01% 或有特殊要求的试样应保存在密闭玻璃器皿中。

(5)试样的破碎。

1)破碎时必须将全部试样破碎成所规定的粒度；2)破碎时要防止

破碎机磨损混入杂物;3)使用破碎机破碎同一产品不同牌号或破碎不同产品之前,必须先用适量需破碎的样品冲洗破碎机数次;4)破碎时应注意防止试样飞散;5)破碎后应注意将滞留于破碎机内的试样全部取出,合并到样品中去。

(6)试样的缩分。

1)执行GB4010—1994《铁合金化学分析用试样采取法》,所取样品在缩分时,按取样量破碎到规定的粒度方能进行缩分;2)缩分时应注意防止试样分散,混入杂物或其他产品;3)缩分样品应将试样放在平板上,用不同规格缩分板进行;4)缩分前必须将样品经过多次混匀,堆成锥形料堆,然后从上垂直平压,使料堆高度降低1/2,用四分法缩分,取其对角扇形合并为缩分试样。

(7)试样的研细。

1)制样所用工具和设备,必须无油、无锈;2)所用研磨机或钢钵对各种产品应专用,或进行严格的清洗后使用;3)研细样品前,必须先用少量需研细的样品冲洗1~2次后方可研细正式样品;4)在研细过程中应注意防止样品飞散;5)研细试样时间要短,多次过筛。要防止机械磨损和过热使样品发生氧化;6)研磨困难时,筛分后筛网上样品不允许抛掉,必须研磨至使样品全部过筛;7)试样筛分时,必须有盖有底,并要轻轻摇动。

C 试样的制备

a 小样的制备

(1)将2~3kg试料全部破碎至1.5mm以下,用四分法缩分,保留1.0~1.5kg试料;(2)将1.0~1.5kg试料全部破碎至1mm以下,用四分法缩分,保留0.5~0.7kg;(3)将0.5~0.7kg试料全部破碎至0.35mm以下,用四分法缩分,保留0.3kg试料。

注意:取样量不足2kg按(2)条进行操作。取样量不足0.5kg时按(3)条进行操作。根据试样多少决定缩分或不缩分。

b 粉状化学分析试样的制取

(1)钨铁、铌铁、硼铁、磷铁、氧化钼块。将所取试料,研磨或砸碎,使全部试料通过0.88mm筛孔,混匀后用四分法缩分,一份作为分析用试样,其余作保管样;(2)钼铁、高碳铬铁、硅锰合金、硅铬合金、硅钙合金、硅铁、稀土硅铁、钛铁、高炉锰铁、碳素锰铁。将所取试料研磨或砸碎，使全部试料通过0.125mm筛孔，混匀后用四分法缩分，一份作为分析试样，其余作保管样；(3)低碳锰铁、中碳锰铁、稀土锰铁镁合金。将所取试料研磨或砸碎，使全部试料通过0.149mm筛孔，混匀后用四分法缩分，一份作为分析用试样，其余作保管样；(4)钒铁、金属锰。将所取试料研磨或砸碎，使全部试料通过0.177mm筛孔，混匀后用四分法缩分，一份作为分析用试样，其余作保管样。

c　块状化学分析试样的制取

(1)钻取试样应在试样断面钻取，深度为15～25mm，保持每钻孔取样量大致相等，每点试样量不少于10g；(2)钻好的试样用0.149mm筛孔或磁性吸附的办法除去灰渣；(3)钻取或刨取的试样，全部砸碎混匀至一定粒度，总取样量一般不少于150g；(4)钻取试样湿润时必须烘干，温度控制在100℃以下；(5)真空铬铁。砖形块状试样用水浸泡后取出，从上或下面以钻孔法，在每块试样对角线上钻取三点，砸碎混匀，使全部通过0.84mm筛孔，用四分法缩分，一份作为分析用试样，其余作保管样；(6)微碳铬铁、低碳铬铁、中碳铬铁。在用蒸馏水流水冷却钻头的情况下，每块试样上钻取一点，烘干、砸碎混匀，全部通过1.68mm筛孔，用四分法缩分，一份作为分析用试样，其余作保管样；(7)金属铬。钻取试样断面，并离开表面5mm，钻取三点，砸碎混匀，全部试样通过1.68mm筛孔，用四分法缩分，一份作为分析用试样，其余作保管样。

2.2.3　光谱分析用试样的制备

2.2.3.1　原子吸收光谱分析用试样的制备法

制样方法与规则，同化学分析用试样的方法与规则。

2.2.3.2　发射光谱分析用试样的制取

A　炉前采样

(1)生铁样模取样。高炉、化铁炉铁水一般用样勺采取倒入样模。大型高炉在铁水流出量达一次出铁量的1/4时采取，由铁水沟中取出倒入样模中。中小高炉可在铁水流出1/2时采样，可采一次。图2-1

所示是脱模后的生铁试样。小型高炉有用取片样作为成分分析样品。混铁炉和化铁炉的铁水样品取法基本上与高炉相同。在铁水罐中取样一般在罐中心深200mm处掏样。

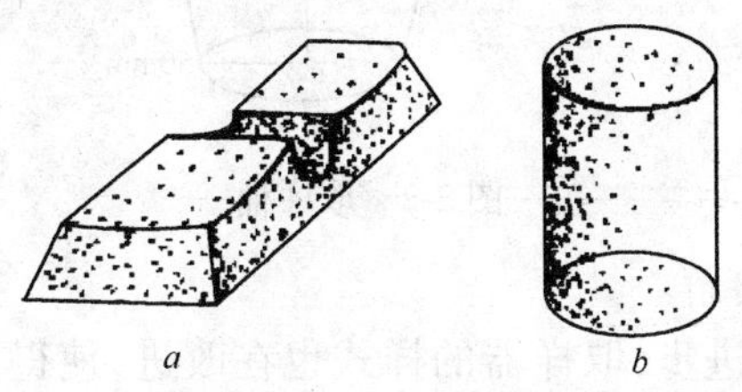

图2-1 脱模后的生铁试样
a—枕状;*b*—便于风动输送的试样

(2)钢铁样模取样。钢铁取样用样勺伸入炉内,经沾渣后插入钢水中取出一勺钢水,钢液表面应覆盖有渣液。如果样品用来测定[C]、[O]的,应带渣刺铝脱氧,然后迅速拨去渣皮把钢液倒入模中。若作为分析[Mn]、[P]、[S]的试样,应先拨去渣皮,在钢液上刺铝脱氧倒入模中。脱氧用铝丝用前应用砂纸磨去表面氧化膜。用量为样重的1%。

(3)甩片取样。用样勺从炉内取出钢水,拨去渣皮,不经脱氧慢慢地倾倒在斜面干净的钢板上,凝成薄片,浸水冷却即可。或直接用钢板片横切从样勺中倒出的钢水,成为薄片状入水冷却,烘干待用。这种取样方法快而简便,不必经过脱氧,可防止勺面熔渣中MnO、P_2O_5等由于刺铝脱氧还原进入钢液,使[Mn]、[P]分析偏高。但此法取得的试样表面积大,表面氧化膜会影响分析结果;样品表面积大,不宜保存。所以严格的试验研究不宜用此法采样。

(4)样桶取样。转炉副枪上装有样桶或样杯,可以在冶炼过程中进入钢水连续取样,这是研究冶炼规律所需要的采样方法。有时可在倒炉时在炉内直接用样桶采样。样桶为铸铁制带柄圆锥形,模底直径50mm,见图2-2。当从炉中取样时,每一勺钢水铸入样品中,应保证铸造样品均匀,无缩孔和裂纹。用铝脱氧时脱氧剂含量一般不应超过0.3%。

凝固后,从模中倒出,用冷水冷却至尚有余热,用砂轮清理表面,由试样块侧面中部垂直方向钻取。钻取时用12mm钻头,以免钻屑太

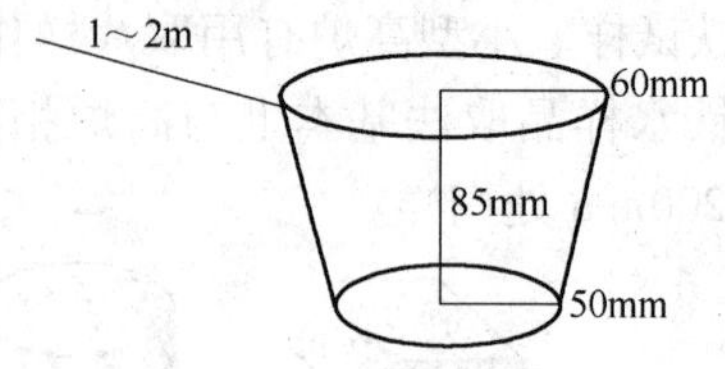

图 2-2　取样桶

厚,不易为酸所溶解。

随着科技的进步,取样器的样式也在改进,使得更适用于炉前取样。目前,大部分工厂都采用下面两种样取样器来取样:

(1)样模。高炉钢铁水通过自动控制流出装置流入样模(见图 2-3)中,冷却后即送化验室。

图 2-3　样模的结构

(2)渗入式铁水或钢水取样器。钢铁水的渗入式取样器样品尺寸规格见表 2-2。

表 2-2　钢铁样样品尺寸

名　称	型　号	规　格	钢样尺寸(外径 × 厚度)/mm × mm	钢样进样口尺寸(直径 × 长度)/mm × mm
钢水取样器	KQN-001G	无脱氧剂	ϕ34 × 12	ϕ7 × (20 ~ 45)
钢水取样器	KQN-002G	无脱氧剂	ϕ30 × 14	ϕ7 × (20 ~ 30)
钢水取样器	KQN-003G	无脱氧剂	ϕ36 × 17	ϕ6 × (20 ~ 30)
钢水取样器	KQN-004G	无脱氧剂	ϕ(32 ~ 36) × (65 ~ 75)	
钢水取样器	KQY-101G	有脱氧剂(低氧用)	ϕ34 × 12	ϕ7 × (20 ~ 45)

续表 2-2

名称	型号	规格	钢样尺寸(外径×厚度)/mm×mm	钢样进样口尺寸(直径×长度)/mm×mm
钢水取样器	KQY-201G	有脱氧剂(高氧用)	ϕ34×12	ϕ7×(20~45)
铁水取样器	KQN-001T	无脱氧剂	ϕ34×14	ϕ10×1.5mm
铁水取样器	KQN-002T	无脱氧剂	ϕ6×50	

当炉前取样时,将渗入式钢水或铁水取样器(见图 2-4,图 2-5)倾斜 60°~65°插入钢水或铁水中,插入深度 350mm 以上,取样时间 4~6s,钢水或铁水进入杯壳中。取样器从金属熔炉、钢水或铁水中取出后,在地上轻轻敲动,钢铁样便会落在地上,即成样块,送入化验室进行化验。

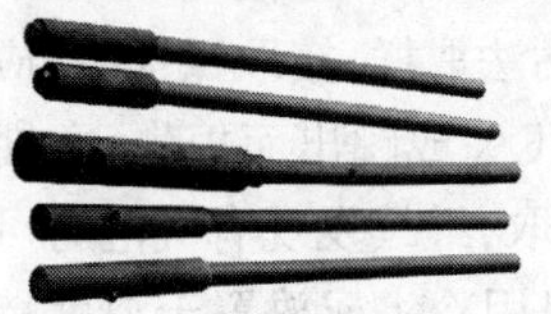

图 2-4 渗入式铁水取样器

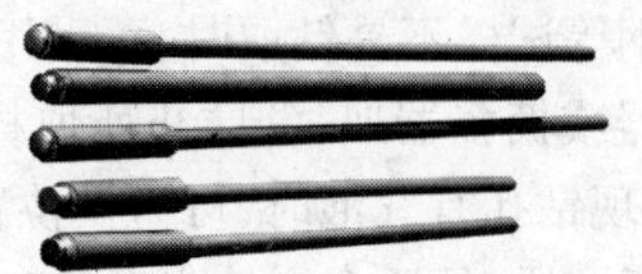

图 2-5 渗入式钢水取样器

钢铁水的渗入式取样器注意事项:(1)取样器在保存期间必须防止受潮;(2)钢铁水温度必须在 1500℃以上取样;(3)避免强烈震动,以防止石英管破碎;(4)使用时取样器的绝缘值不小于 5MΩ;(5)钢铁水取样器插入钢水中的深度、停留时间严格按规定执行。

B 样品的制备

从模具中取出的炉中样品,一般在高度方向的下端 1/3 处截取样品,未经切割的样品,其表面必须去掉 1.5mm 的厚度。分析样品在同一条件下研磨,保证样品表面平整,无气孔、明显夹杂、裂纹和油污。

2.2.3.3 红外法分析样品的制备

红外法分析一般以红外碳硫仪分析碳硫为主。分析样品的制备方法与规定,按照化学分析用样品的方法与规定制取。

2.2.4 试样采取与制备时注意事项

取样的长柄勺应保持洁净，注意敲掉上面的氧化铁，否则，可能使试样中碳被氧化，影响碳的测定；取铁水试样时先扒开炉渣，铁勺伸到铁水中层以下舀取；钢水试样要搅匀后才舀取，试样倒入模时应预先加铝丝脱氧，否则，有气孔不易钻取，而且偏析大；制取试样时不得使油脂、污物或其他杂质混入试样中。因此制样者的双手、钻头工具、盛器等均需洁净干燥，表面不沾油垢，未曾使用过的切削工具，用前必须用热水，酒精洗净，并用干净布拭干除去油垢；制样工具专用。钻头工具等应为特种钢所制，用前须小心磨制锋利，不得有缺口；钻孔或车取试样时，绝对不能用水、油或其他润滑剂；进刀速度不宜太快，否则易使样品受热氧化；钻孔或车取试样，不宜太厚，为 0.1 ~0.2mm，应避免卷成长条；如样品太硬不便于切削，可用退火处理后再制取，即将试样置入马弗炉内在 650 ~900℃灼烧约 1h 后，取出缓慢冷却，如果是轧辊高锰钢等试样不易钻取时，可采用红钻法取样；接取试样时，应用清洁之铁器或搪瓷器皿，并防止所取样品飞失或跳出而损失；在钻取试样时，发现钻孔有气泡时，可另换位置钻取，继续发现有气泡时可通知现场另行取样；硬质合金钻头发热时不得用冷水或放置于温度特别低的地方；所需试样量，一般五元素分析需 30g 以上，如增加合金元素分析，则需 50 ~60g；制好之样品一律用磨口玻璃瓶盛装，贴上标签注明试样名称、委托单位、分析项目、制样日期、原号及制样号等；化验后的试样应保存 3 ~6 个月(炉前分析样为一星期)。

【思考题】

(1)钢铁制样的一般规定和试样采取与制备时注意事项是什么?

(2)写出化学分析用试样和光谱分析用试样的制取方法。

2.3 碳的分析

碳是钢铁的主要成分之一。钢中碳绝大部分是由生铁中带来的，但也有因需要而加入的(如碳粉、石墨粉等)。生铁中碳主要是由冶炼原料带入的。碳在钢中大部分以化合态存在。例如，以 Fe_3C、Mn_3C、

WC、TiC 等状态存在的称为化合碳。在铁中碳呈铁的固溶体和夹杂固体如无定形碳、结晶形碳、退火碳、石墨碳等,称为游离碳。化合碳与游离碳之和称为总碳量。

碳含量的高低显著地影响到钢铁的力学性能。碳在钢中可以作为硬化剂和加强剂。当碳含量增加时,其硬度和强度也随之增加。但是其熔点、塑性和延展性都随之降低,使钢难于加工,而铁中的石墨碳能使生铁变脆,减少抗拉力;也可以使铁粒粗大,易于加工切削。另外,因石墨碳密度小,容积大,在铸造方面可以减少其收缩性,故在铸造生铁中含有较多的游离碳。

2.3.1 测定方法简介

一般钢样通常只测定总碳量,但生铁类(包括铸造铁)试样,除测定总碳量外,常需要测定游离碳和化合碳的含量。

钢中测定总碳量方法很多,主要分目测法、物理法、化学法及物理化学法四大类:

(1)目测法。根据炼钢炉口的火焰,钢样的火花及表面等,以判断钢中的碳含量。

(2)物理法。此类方法有光谱法和结晶定碳法。光谱法是根据钢样在高温激发时所发射的光谱线的强弱,直接测出钢中碳的含量;结晶定碳法是钢水由高温冷却固化结晶时,其冷却曲线的形状与钢中的碳含量有函数关系,将钢水注入特制结晶定碳仪中,根据自动记录下来的冷却曲线,可确定钢中碳含量。

(3)化学法及物理化学法。这两类方法都是首先在高温下通氧,先将钢样中的碳燃烧生成二氧化碳,然后用适当方法测定二氧化碳的量,从而算出试样中碳的含量。

1)将钢中的碳转化为二氧化碳的方法。在 1150~1300℃的高温下,并在富氧的条件下,将碳化物氧化为二氧化碳。在高温条件下可采用下述三种方式进行。

①高温管式燃烧炉。系以硅碳棒作发热元件,加热一瓷管,调节电压和电流,以控制瓷管内的温度,最高可达 1350℃。高温管式燃烧炉一般常用卧式,是应用最为广泛的一种高温设备,其缺点是升温时

间较长，耗电量大。

②高频炉。又称高频感应加热器，它是利用电子管自激振荡产生高频磁场。金属试样在高频磁场作用下产生涡流而发热，在富氧的条件下，一分钟便可由室温升至1400~1600℃，高频炉使用方便，升温快（只需预热3~5min），省电，温度高，但设备构造比较复杂，使用高压电（3000V），应注意安全。

③电弧引燃燃烧炉，简称电弧炉，是我国首创的一种钢铁中定碳（及硫）的燃烧炉。它是将试样置于两电极（交流电压36~45V）间，在富氧的条件下，利用电弧炉的电极与试样的虚联，形成瞬息短路，发出温度很高的弧光，使助熔剂和试样着火，由试样本身剧烈燃烧所发的热，使试样熔融，并使其中的碳化物转化为二氧化碳，其测定温度可达1500℃左右。这种方法，设备简单，可自行加工制作，操作方便，升温快，省电，但影响碳的转化率稳定的条件较为复杂。

2）测定二氧化碳含量的方法。测定二氧化碳含量的方法有多种，如气体容量法、吸收重量法、电导法和红外线法等。

气体容量法分析准确度高、稳定，应用广泛，适用于测定含碳量在0.1%~5%的钢铁及合金钢试样，现已列为国内外标准方法。

吸收重量法系用已知重量的碱石棉吸收二氧化碳，根据碱石棉增加的重量，求出碳的含量，适用于碳含量在0.100%~6.00%的碳钢及硅钢等试样。但操作繁琐费时，现已很少应用。不过，在标准试样分析时，有时也用重量法进行检验。

电导法是在盛有氢氧化钠或氢氧化钡的电导池中，通入二氧化碳后，由于生成碳酸盐而使溶液的电导率发生改变，因电导率的变化与通入的二氧化碳的量有一定的比例关系，故可由仪器所测电导率的前后变化，计算出碳的含量。

红外线法利用某些气体对不同波长的红外辐射线具有选择性吸收的本领，其吸收强度取决于被测气体的浓度。利用红外线通过被测气体后的能量变化，经薄膜微音电容器检测转变为电的讯号，放大后用记录仪表指示，为保证仪器对被测气体的选择性，在检测器中充入一定浓度的被测气体及采用滤波气室，使仪器只对被测气体有反应。

在上述方法中，目前厂矿常用方法是燃烧——气体容量法和红外吸收法。至于游离碳和化合碳的测定,化合碳含量通常是由总碳量和游离碳量的差求得。而钢铁中的游离碳则不与稀硝酸起反应,当用稀硝酸溶解试样后,就可以用过滤(抽滤)的方法,将游离碳滤出,洗净、烘干,然后在高温氧气流中将这些游离碳燃烧成二氧化碳,以后步骤与测总碳量的步骤相同。

2.3.2 燃烧—气体容量法

2.3.2.1 方法原理

将试样在1150~1350℃高温炉中,通氧气燃烧,此时钢铁中的碳都被氧化而生成二氧化碳,其化学反应为:

$$C + O_2 = CO_2 \uparrow$$

$$4Fe_3C + 13O_2 = 4CO_2 \uparrow + 6Fe_2O_3$$

$$4Mn_3C + 13O_2 = 4CO_2 \uparrow + 6Mn_2O_3$$

$$4Cr_3C_2 + 17O_2 = 8CO_2 \uparrow + 6Cr_2O_3$$

生成的二氧化碳与过剩的氧,导入量气管中,然后通过装有氢氧化钾的吸收器,吸收其中的二氧化碳,其化学反应如下:

$$CO_2 + 2KOH = K_2CO_3 + H_2O$$

吸收前后体积之差,即为二氧化碳所占据的体积,由此可以算出碳的含量。

2.3.2.2 试样的燃烧(即碳的氧化)

当试样在高温氧气流中燃烧时,其中的碳化物都能被氧化而转化为二氧化碳。但由于钢铁试样的种类及其结构不同,各种碳化物转化为二氧化碳所需的温度也就不同。如一般碳素钢,生铁及低合金钢等在1150~1250℃,就可使其碳化物完全转化为二氧化碳。而难熔的高合金钢(如高铬钢)则需在1300℃左右才能使其碳化物完全转化为二氧化碳。因此,应控制好燃烧温度。若燃烧时温度低,试样则燃烧不完全,易使分析结果偏低;反之,温度高,瓷舟易与瓷管黏结,常常使瓷管损坏。在实际分析过程中,为了降低试样的燃烧温度,促使碳化物的转化,可采用减少取样量或加入助熔剂的办法。

助熔剂在氧气中氧化时,将释放出大量的热,使温度局部升高,促进试样燃烧。另外,当助熔剂与试样熔化时,生成易熔合金,亦能促使试样熔点降低。常用的助熔剂有纯锡、纯铜、纯铅、铅的氧化物、氧化铜及五氧化二钒等。其中以纯锡为最好,并最常使用。因其空白值低,黏度小。

通氧速度是保证分析准确度的关键,通氧过快,可能燃烧不完全,结果偏低;通氧过慢,影响分析速度,有时由于供氧不足,也会使结果偏低,通氧速度不均匀,由于管内气流紊乱,还可能使二氧化碳残留于燃烧管中使结果偏低。上述影响当碳含量高时最为明显。因此,在实际分析工作中,通氧速度一般是先慢后快,最后赶尽残余的二氧化碳。

2.3.2.3　硫的干扰及其消除

试样在高温燃烧时,不但其碳化物转化为二氧化碳,而且试样中的硫也转化为二氧化硫,其化学反应式如下:

$$4FeS + 7O_2 = 2Fe_2O_3 + 4SO_2\uparrow$$

$$3MnS + 5O_2 = Mn_3O_4 + 3SO_2\uparrow$$

如果不把生成的二氧化硫在吸收前除去,将会被 KOH 吸收,干扰测定:

$$SO_2 + 2KOH = K_2SO_3 + H_2O$$

除去混合气体中的二氧化硫,常用偏钒酸银、二氧化锰。化学反应如下:

$$MnO_2 + SO_2 = MnSO_4$$

$$2AgVO_3 + 3SO_2 + O_2 = Ag_2SO_4 + 2VOSO_4$$

2.3.2.4　结果计算

燃烧—气体容量定碳法是使用一种专门设计的仪器(见测定方法中 C、S 的联合测定)来测定试样中碳的含量。

定碳仪量气管上的标尺,其刻度有时以毫升表示,读数是被 KOH 液吸收的 CO_2 体积(mL),其计算公式为:

$$C\% = \frac{CO_2\text{毫升数}\times\text{校正系数}}{\text{试样称重(克)}}\times 0.0500\% = \frac{V\times f}{G}\times 0.0500\%$$

有些定碳仪量气管上的标尺,刻度直接表示为含碳量(%)。其计算公式为:

$$C\% = \frac{\text{读数}\times\text{校正系数}}{\text{试样称重(克)}}$$

刻度分度的依据是在16℃和760mmHg大气压下（1mmHg = 133.3Pa）CO_2相当于0.000500g碳。其计算方法如下：已经知道1mol纯CO_2在标准状况下（即0℃和760mmHg压力）所占体积为22.26L（体积不等于22.4L的原因，在于CO_2是一种真实气体。CO_2在−56.6℃和5.2大气压下即成为易流动的无色液体，固体CO_2升华温度为−78.5℃。故在标准状况下CO_2和理想气体相比，有较大偏离）。

根据气态方程式：

$$\frac{PV}{T}=\frac{P'V'}{T'}=\text{常数}$$

可以算出在16℃和760mmHg压力下，在水面上的1molCO_2所占的体积（注意16℃时饱和水蒸气压为毫米汞柱）：

$$V=\frac{760\times 22260}{273.2}\times\frac{(273.2+16.0)}{(760-13.6)}=24000\text{mL}$$

所以，和1.00mLCO_2气体所相当的碳的质量等于：12.0/24000 = 0.000500g。当称样为1.000g时，每毫升CO_2（在16℃和760mmHg压力下）相当于含碳0.0500%。

在实际分析时，由于条件改变，需进行温度和压力校正。校正系数f的计算公式亦可用气态方程式求得。求法如下：

令16℃和760mmHg压力下，在水面上的$n$molCO_2的体积为V_1 mL；在温度t℃和大气压等于BmmHg条件下，同样质量的CO_2在水面上所占的体积为V_2mL。根据气态方程式：

$$\frac{PV}{T}=\frac{(760-13.6)\times V_1}{273.2+16.0}=\frac{(B-b)\times V_2}{273.2+t}$$

式中，13.6和b分别为16℃和t℃时饱和水蒸气（mmHg），因此校正系数：

$$f=\frac{V_1}{V_2}=\frac{(273.2+16.0)}{(760-13.6)}\times\frac{(B-b)}{273.2+t}=0.3875\times\frac{(B-b)}{273.2+t}$$

例如，求17℃（水蒸气压为14.5mmHg）和大气压750mmHg时的校正系数为多少？

$$f=0.3875\times\frac{750-14.5}{273.2+17}=0.9321$$

气体容积法测定碳的气压温度校正表见附录4。

2.3.3 红外吸收法

见铁矿石中硫的分析。

【思考题】

(1)气体容量法测碳的原理是什么,在测定过程中应注意哪些关键问题?

(2)燃烧气体容量法定碳仪量气管标尺上刻度分度的依据是什么,有几种表示方法?

(3)燃烧气体容量法中为什么要除S,除S的方法有哪些?

2.4 硫的分析

硫在钢铁中常以FeS、MnS及其他硫的夹杂物存在。FeS易与α-Fe形成低熔点(988℃)的共晶体,促使钢在热状态下变脆,降低钢的强度及冲击韧性。同时硫也易于在钢凝固时形成严重的偏析。因此,硫被认为是钢铁中极有害的杂质。

2.4.1 测定方法简介

硫的测定方法大体上可分为两大类型。

2.4.1.1 高温燃烧法

将试样在高温(1250~1350℃)下通氧燃烧,使其中的硫化物转化为二氧化硫,然后再以适当的方法测定二氧化硫的量。测定硫的方法有:

(1)碘量法。此法手续简便,准确度能满足一般要求,应用较普遍,适用于测定含硫量在0.01%~0.35%的钢样试样。

(2)碘酸钾法。本法系用盐酸酸性淀粉溶液吸收二氧化硫以后,再以碘酸钾—碘化钾标准溶液滴定,根据碘酸钾—碘化钾消耗的毫升数计算硫的含量。主要反应如下:

$$SO_2 + H_2O = H_2SO_3$$

$$KIO_3 + 5KI + 6HCl = 3I_2 + 6KCl + 3H_2O$$

$$I_2 + H_2O + H_2SO_3 = 2HI + H_2SO_4$$

此法所用碘酸钾标液较碘标液稳定,不易挥发分解,灵敏度高,适于微量硫测定。

(3)中和法。本法系用过氧化氢水溶液吸收二氧化硫,二氧化硫被氧化,最后成为硫酸:

$$SO_2 + H_2O \xlongequal{} H_2SO_3$$

$$H_2O_2 + H_2SO_3 \xlongequal{} H_2O + H_2SO_4$$

用标准氢氧化钠溶液滴定所生成的硫酸,计算硫的含量,此法终点十分敏锐,操作方便,适用于碳硫连续测定。

2.4.1.2 红外吸收法

见铁矿石中硫的分析。

目前钢铁中硫的测定,应用最普遍的仍为燃烧—碘量法和红外吸收光谱法。

2.4.2 燃烧—碘量法

2.4.2.1 基本原理

试样在高温下(1250~1350℃)通氧燃烧,其中的硫化物,则被氧化为二氧化硫:

$$3MnS + 5O_2 \xlongequal{} Mn_3O_4 + 3SO_2\uparrow$$

$$3FeS + 5O_2 \xlongequal{} Fe_3O_4 + 3SO_2\uparrow$$

生成的二氧化硫导入吸收液中,被水吸收,生成亚硫酸:

$$SO_2 + H_2O \xlongequal{} H_2SO_3$$

用碘标准溶液滴定亚硫酸:

$$I_2 + H_2O + H_2SO_3 \xlongequal{} 2HI + H_2SO_4$$

用淀粉作指示剂,过量的碘与淀粉作用,溶液由无色变蓝色,即到达终点。

2.4.2.2 结果计算

用本法定硫,不能用理论值计算,否则会得到偏低的结果。这是由于试样中的硫没有全部变成二氧化硫,同时生成的二氧化硫又部分被氧化为三氧化硫等原因所造成的。因此,在计算时,应该用与试样组分相近,含量相近的标准样品,按分析操作,先求出标准溶液的滴定度,然后,再计算试样中硫的质量分数。

2.4.2.3　关于二氧化硫生成率的讨论

二氧化硫生成率，也称为转化率或燃出率，是指试样中硫变成二氧化硫的多少。在反应中，影响二氧化硫生成率的主要因素有以下几方面：

(1)燃烧温度的影响。一般说来，燃烧炉的温度愈高，二氧化硫的生成率也愈高，由此可见，要使试样中的硫尽可能地燃烧释放出来，就应该提高燃烧温度。根据一般试验室的条件，当采用电阻炉时，若温度过高，则容易烧穿瓷管，所以一般规定炉温为1250～1350℃，铸铁为1250～1350℃，高速钢、耐热钢为1300～1350℃。

(2)氧气流速的影响。氧气流速最好能保持吸收液水平升高至30～40mm。氧气流速过小，样品不易燃烧完全，甚至使吸收器内的溶液发生倒吸；氧气流速过大，易使燃烧管出口处的橡皮塞燃烧而放出大量的二氧化硫，其熔渣易生成气泡，降低硫的生成率；此外，在滴定时少量的碘和二氧化硫也有逃逸的可能。

(3)助熔剂的影响。加入适当的助熔剂，降低试样的熔点，但必须事先检查助熔剂的空白值。常用的助熔剂有锡、五氧化二钒、电解铜及其氧化物。铜的助熔作用较强，但在燃烧过程中，飞溅利害，使燃烧管的寿命降低。不能用铅及其氧化物做助熔剂，因它可使硫生成硫酸铅而停滞在燃烧管中，也有人认为用五氧化二钒做助熔剂最好。

(4)试样的种类和形状的影响。试样制成薄屑状，易于熔化，但应考虑到与标定所用的标准样品的屑状相当。试样应均匀铺于磁舟底部中段。若集中放置于磁舟一点，不但不易全熔，且会产生气泡包住二氧化硫。

(5)预热时间的影响。一般预热30s～1min，不能预热过久，否则由于氧化铁的催化作用，使二氧化硫变成三氧化硫而不能被碘所滴定。在燃烧铸铁试样时，预热时间应延长至1.5～2min。燃烧铁合金试样时，应延长至2～3min，否则将会大量地带走氧化铁，堵塞及弄污导管和吸收器。一般的碳素钢可不预热而直接燃烧。

2.4.2.4　关于二氧化硫回收率的讨论

二氧化硫的回收率，是指被碘标准溶液所滴定到的数值，和二氧

化硫的生成率的含义不同。二氧化硫生成以后,不是全部被回收,而是有一部分被损失掉了。损失掉的部分包括以下三方面:

(1)由氧化铁催化而使部分二氧化硫转化为三氧化硫,只要有氧化铁和氧存在,这种作用总是可能发生的。还有人认为,中温区域是接触氧化区域,气流通过金属氧化物易使二氧化硫与氧结合为三氧化硫。因此,为了提高二氧化硫的回收率,在测定硫时,燃烧管应保持干净,还应加大氧气流速,使混合气体尽快通过中温接触区,以降低二氧化硫转化为三氧化硫的生成率。

(2)二氧化硫被管路中的粉尘吸附,这种吸附主要是由于试样燃烧后,生成的氧化物粉尘在气流的管路上停滞下来而造成的。粉尘很细,疏松多孔,表面积大,容易产生表面吸附。又因为粉尘是弱碱性(SnO_2、Fe_2O_3),对酸性的二氧化硫气体有一定的化学作用,特别是当试样中含有铬时,这种粉尘对于二氧化硫的吸附就更为严重。所以,提出了使用三氧化钼作为反吸附剂。因为采用三氧化钼以后,它可改变粉尘的组成或性质,增强粉尘的酸性,降低二氧化锡对二氧化硫的吸附。另外,有人认为二氧化硫在管路中容易凝集,因此,可采用将管路加热的办法,以提高二氧化硫的回收率。

(3)二氧化硫在吸收器中逃逸。二氧化硫在水中的溶解度是较大的,1 体积的水可以溶解 40 体积的二氧化硫,所以,按正常的氧气流速和滴定方法,二氧化硫是不会逃逸的。但如果气流过大,气泡过大,则有可能逃逸。这种情况,在测定生铁等高含量试样时,应尤其注意,滴定速度也应控制好。如果改用酸碱滴定,以过氧化氢吸收,二氧化硫逃逸的可能性就会大大减少。

【思考题】

(1)碘量法定硫的原理如何?其结果为何不能按理论因素计算?

(2)如何提高硫的转化率?

2.5 磷的分析

钢铁中都含有磷,通常由冶炼原料或燃料带入。磷在钢中主要以固溶体磷化物(Fe_2P 或 Fe_3P)形态存在,有时呈磷酸盐夹杂物形式。

Fe_3P是一种很硬的物质,使钢不易加工。钢中含磷量高时,会减弱钢的冲击韧性,影响钢的锻接性能。含磷量高达0.1%时,还会使钢发生冷脆现象,或自裂。在凝结过程中,又容易产生偏析,因此,磷在钢中是一种有害元素。通常在炼钢时需将磷除至很低,一般含量限在0.05%以下。磷在钢中有时也能起好的作用。例如,含磷量高的钢铁,其熔点低,流动性大,既便于翻砂铸造,又便于改善切削性能。而像轧辊之类含磷量高达0.4%~0.5%,在轧辊过程中可避免和钢板黏合。

2.5.1 测定方法简介

在测定磷的所有方法中,一般都是使磷(正磷酸)与钼酸铵组成磷钼杂多酸络合物。然后分别用质量法、容量法、光度法等不同的方法测出磷的含量:

(1)质量法。以磷钼酸铵形式,使磷沉淀而与大多数干扰元素分离。再将沉淀溶于氨水,重新释出PO_4^{3-},在有柠檬酸铵存在下,加入氯化镁和氯化铵,使其成为磷酸铵镁沉淀析出。于1000~1100℃下灼烧,得焦磷酸镁,然后,称重计算含量。此法操作繁琐,在日常应用中,颇感不便。

(2)容量法(酸碱中和法)。将生成的磷钼酸铵沉淀,用过量的氢氧化钠标准溶液溶解后,剩余的氢氧化钠用硝酸标准溶液回滴,根据氢氧化钠的消耗量,计算磷的含量。本法列为国内外的标类法。

(3)光度法。铋磷钼蓝法是在酸性溶液中,Bi^{3+}和Mo^{6+}与磷形成黄色三元杂多酸,可在水相用抗坏血酸还原为铋磷钼蓝,利用光度法测定其含量;其他钼蓝法是选择适当还原剂,将所生成的磷钼杂多酸(磷钼黄)在适当条件下还原为磷钼蓝。由于形成杂多酸条件以及所用还原剂种类的不同,故衍生出各种钼蓝法。

2.5.2 氟化钠—氯化亚锡直接光度法

2.5.2.1 *方法原理*

试样以氧化性酸(如稀硝酸)溶解后,磷大部分生成正磷酸,小部分生成亚磷酸:

$$3Fe_3P + 41HNO_3 \longrightarrow 3H_3PO_4 + 9Fe(NO_3)_3 + 16H_2O + 14NO\uparrow$$

$$Fe_3P + 13HNO_3 \longrightarrow H_3PO_3 + 3Fe(NO_3)_3 + 5H_2O + 4NO\uparrow$$

加入高锰酸钾氧化碳化物及亚磷酸:

$$5H_3PO_3 + 2KMnO_4 + 6HNO_3 \longrightarrow 5H_3PO_4 + 2KNO_3 + 2Mn(NO_3)_2 + 3H_2O$$

过量的高锰酸钾用酒石酸(或亚硝酸钠)还原。在适当的条件下,正磷酸与钼酸铵生成磷钼杂多酸(磷钼黄):

$$H_3PO_4 + 12(NH_4)_2MoO_4 + 24HNO_3 \longrightarrow H_7[P(Mo_2O_7)_6] + 24NH_4NO_3 + 10H_2O$$

加入氯化亚锡将磷钼杂多酸还原为磷钼蓝($H_3PO_4 \cdot 8MoO_3 \cdot 2Mo_2O_5$ 或 $H_3PO_4 \cdot 10MoO_3 \cdot Mo_2O_5$)。借此利用光度法测定磷含量。

本法简便、快速,适用于普通钢及低合金钢。

2.5.2.2 试样的分解

一般不用非氧化性酸溶样,不可单独使用盐酸或稀硫酸,因磷易生成磷化氢逸出。根据钢种的不同,可选用硝酸(1+3)、王水、硝酸加氢氟酸或王水加高氯酸等溶样。否则,磷会生成气态 PH_3 而挥发损失。

2.5.2.3 反应条件

A 磷钼杂多酸的组成及其形成条件

(1)磷钼杂多酸的组成。杂多酸的结构比较复杂,例如磷钼杂多酸可认为是1个磷酸分子中结合4个三钼酸酐(Mo_3O_9)而生成的。分子式为 $H_3[P(Mo_3O_{10})_4]$。其磷与钼原子数的比例等于1:12,因此,又称为12-磷钼杂多酸。

随着溶液的酸、温度、试剂用量或配位酸酐数量的不同,则杂多酸的组成可能不同,中心原子和配位酸酐的比例可能是1:11,1:10……1:6等而不是1:12。不同组成的杂多酸,在性质上是不同的。所以,在应用杂多酸做定量分析时,必须严格控制形成所需杂多酸或其盐类的条件。

(2)磷钼杂多酸的形成条件。杂多酸一般是强酸,比它的原酸要强得多,它只能存在于酸性或中性溶液中,因此,采用杂多酸的光度法均在酸性介质中进行。适宜酸度为0.7~1.4mol/L,但是过高的酸度也会影响杂多酸的形成。如果在碱性溶液中,杂多酸会遭到破坏,而分解成原来的酸根离子。

要使磷定量生成杂多酸，钼酸铵必须过量。磷钼杂多酸还原的机理非常复杂，直到现在仍无一致的看法。杂多酸在氧化还原能力上，比原来简单的酸，有较大的差异。例如，钼酸铵中钼的电极电位为0.5V，当其形成磷钼杂多酸时，它的电极电位提高到0.63V。原来钼酸铵中的6价钼不易被还原剂还原，而磷钼杂多酸中的6价钼，因其电位提高后，就比较容易被还原剂还原成蓝色络合物。蓝色络合物称为杂多蓝，一般认为组成为 $H_3PO_4 \cdot 10MoO_3 \cdot Mo_2O_5$ 或 $H_3PO_4 \cdot 8MoO_3 \cdot 2Mo_2O_5$。当用氯化亚锡还原12-磷钼酸时，其反应分四步进行。每一步还原杂多酸分子中的两个钼原子为5价，其反应式为：

$$[PMo_{12}(\mathrm{VI})O_{40}]^{3-} + 2e \rightleftharpoons [P^{Mo_{10}(\mathrm{VI})}_{Mo_2(\mathrm{V})}O_{40}]^{5-}$$

$$[P^{Mo_{10}(\mathrm{VI})}_{Mo_2(\mathrm{V})}O_{40}]^{5-} + 2e + 2H^- \rightleftharpoons [P^{Mo_8(\mathrm{VI})}_{Mo_4(\mathrm{V})}O_{38}(OH)_2]^{5-}$$

$$[P^{Mo_8(\mathrm{VI})}_{Mo_4(\mathrm{V})}O_{38}(OH)_2]^{5-} + 2e + 2H^- \rightleftharpoons [P^{Mo_6(\mathrm{VI})}_{Mo_6(\mathrm{V})}O_{36}(OH)_4]^{5-}$$

$$[P^{Mo_6(\mathrm{VI})}_{Mo_6(\mathrm{V})}O_{36}(OH)_4]^{5-} + 2e + 2H^- \rightleftharpoons [P^{Mo_4(\mathrm{VI})}_{Mo_6(\mathrm{V})}O_{34}(OH)_6]^{5-}$$

B　酸度是反应的重要条件

确定适宜的酸度时，应考虑生成磷钼黄的反应必须完全，而不能形成硅钼黄；还原剂只还原磷钼杂多酸中的部分钼原子，而不致还原未反应的钼酸铵。如酸度太低，硅钼黄可能形成而干扰，过量的钼酸铵也可能被还原；酸度太高，磷钼黄形成不完全。因此，在室温反应的适宜硝酸酸度一般规定在0.7～1.6mol/L范围。但是，酸度与温度、钼酸铵浓度等是相互制约的，反应温度高，适宜酸度提高；钼酸铵浓度愈大，酸度也愈高。本方法系在热溶液中反应，因此控制硝酸酸度可高至2mol/L，比其他室温中进行反应测定磷的比色法的酸度高。

本法虽然控制较高酸度，可抑制硅钼酸的形成，但是当硅含量高时仍有可能形成少量硅钼酸，并被还原成钼蓝。与钼酸铵同时加入酒石酸钾钠，使其生成较稳定的配合物而不致生成硅钼杂多酸，从而消除高硅的干扰。如试样中硅含量低（小于0.6%）时，酒石酸钾钠也可不加。

基体铁对测定有影响，一方面含铁与不含铁时，形成的钼蓝吸收曲线不一样；另一方面铁的存在，要消耗氯化亚锡。加 NaF 可使 Fe^{3+} 生成稳定的 FeF_6^{3-}，抑制 Fe^{3+} 与 $SnCl_2$ 反应。F^- 又可与反应生成的

Sn^{4+}配合,增加 $SnCl_2$ 的还原能力。

加尿素是防止可能存在的低价氮氧化物使钼蓝褪色或转绿色。

在钢铁分析中,还常采用正丁醇—三氯甲烷萃取钼蓝比色法。即用正丁醇—三氯甲烷萃取磷钼杂多酸,然后用氯化亚锡溶液反萃取钼蓝于水相进行比色测定。因为萃取分离后,溶液中已无过量钼酸铵存在,排除了它被还原的可能,使还原反应简单化,而且条件易于掌握,方法稳定,重现性较好。

2.5.3 抗坏血酸钼蓝光度法

抗坏血酸又称丙维酸,由于内酯环容易通过去氢作用而形成二酮醛,所以具有还原作用,以抗坏血酸还原二元磷钼杂多酸,常温下极其缓慢,必须在100℃水浴中加热5min。此法手续较繁,但重现性及稳定性好。

如果在形成杂多酸时,有一定量的锑盐或铋盐存在,则可大大加速还原过程,灵敏度也有所提高。有人证实 Sb^{3+} 在此过程中反应形成新的三元杂多酸。这种三元杂多酸不仅易在常温条件下被还原,而且其最大吸收波长以及吸收光谱曲线的形状也发生改变。

锑盐—抗坏血酸法和铋盐—抗坏血酸法,两者的显色酸度、稳定性和干扰情况都较相似。数年来,铋盐—抗坏血酸钼蓝光度法在国内得到广泛的应用。在使用抗坏血酸钼蓝光度法时,砷对测定有干扰。因为硫代硫酸钠对 As^{5+} 有较好的还原能力,几乎在瞬间便可将 As^{5+} 还原。所以,可采用硫代硫酸钠将 As^{5+} 还原为 As^{3+} 以消除其干扰。但用量过大会使磷的显色灵敏度大大降低。试验结果证明,如有20mg以下的五水合硫代硫酸钠存在,对磷的显色灵敏度影响不大。

采用此方法时,如磷的显色酸度不大于0.3mol/L,并相应减少钼酸铵的用量,控制时间和温度使其不具备生成硅钼杂多酸的条件时,还可避免硅的干扰。

【思考题】

(1)试述氟化钠—氯化亚锡直接光度法测定磷的原理。

(2)磷钼杂多酸的组成如何？形成磷钼杂多酸时应注意哪些问题(反应条件)？

2.6 硅的分析

硅在钢中主要以 Fe_2Si、FeSi 或更复杂的 FeMnSi 的形式存在。高碳硅钢中，也有部分生成 SiC，另外少部分生成硅酸盐状态的夹杂物。

硅是钢中的有益元素。它能增强钢的抗张力、弹性、防腐性、耐酸性和耐热性，又能增大钢的电阻系数。因为硅和氧的亲和力仅次于铝和钛，而强于锰、铬和钒，所以，在炼钢过程中硅用作还原剂、脱氧剂和脱硫剂，在工艺上尚能增加流动性，减少收缩。

钢中含硅量一般不超过1%，而硅钢中含硅量可达4%，是良好的磁性材料。作为一种合金元素来考虑，一般不低于0.40%，在铸铁中，硅是重要的石墨化元素。

2.6.1 测定方法简介

一般测硅的方法有质量法、容量法、光度法。质量法、容量法见硅酸盐一章。

(1)硅钼黄光度法。此法用于较高硅含量的测定，其灵敏度和选择性较差，现在很少应用；(2)硅钼蓝光度法。与磷钼杂多酸相似，以形成硅钼杂多酸为基础的钼蓝光度法，在硅的测定中，占主要地位。其中以草酸—硫酸亚铁铵法为最常用。因该法灵敏度高，故使用广泛；(3)发射光谱法。本法适用于合金钢中质量分数为0.005%～1.20%的硅含量的测定。由于此方法必须配备电感耦合等离子体的发射光谱仪，仪器昂贵，只适用于大型钢铁厂分析。

2.6.2 草酸—硫酸亚铁铵光度法

2.6.2.1 *方法原理*

试样用稀酸溶解。使硅转化为可溶性硅酸：

$$3FeSi + 16HNO_3 \longrightarrow 3Fe(NO_3)_3 + 3H_4SiO_4 + 2H_2O + 7NO\uparrow$$

在弱酸溶液中，硅酸与钼酸铵作用生成硅钼杂多酸(硅钼黄)：

$$H_4SiO_4 + 12H_2MoO_4 \longrightarrow H_8[Si(Mo_2O_7)_6] + 10H_2O$$

在草酸存在下,加入硫酸亚铁铵,将硅钼黄还原为硅钼蓝:

$$H_8[Si(Mo_2O_7)_6] + 4FeSO_4 + 2H_2SO_4 = H_8[SiMo_2O_5 \cdot (Mo_2O_7)_5] + 2Fe_2(SO_4)_3 + 2H_2O$$

根据硅钼蓝颜色的深浅,可用光度法测定硅的含量。

2.6.2.2 试样的分解

试样分解方法的选择,主要决定于试样本身的组成与性质。碳素钢、生铁、铸件,一般低合金钢及高合金钢可用稀硫酸、稀盐酸、稀硝酸、稀王水等分解样品。碳素钢和低合金钢常用稀硫酸,稀硝酸溶解。高合金钢则常用稀王水溶解。但含铬量较高者,若首先用氧化性的酸分解试样,则试样表面被氧化生成 Cr_2O_3 的薄膜,反而使试样难溶。所以应先采用稀盐酸分解试样,然后再进行氧化。氢氟酸也可作为溶样酸在70℃以下温度时,硅不致损失,如遇高碳铬铁、硼铁等试样,它们不溶于以上几种酸时,可用强碱过氧化钠熔融。总之,在使用酸分解样品时,既要注意使样品分解好,但又要不影响下一步的分析操作和被测元素的测定。

2.6.2.3 反应条件

A 硅钼杂多酸的形成

只有单分子硅酸才能和钼酸铵络合成硅钼杂多酸。为了达到单分子硅酸状态,溶样时可使酸度小于2mol/L。

硅钼杂多酸有 α 型和 β 型两种同分异构变体。虽然两者的组成一样,分子式都是 $H_4[SiMo_{12}O_{40}]$,但很多性质却不相同。α 型硅钼酸在较低酸度(pH 值为 3 ~ 4)的溶液中生成,很稳定。但 β 型硅钼酸在较高酸度(pH 值为 1 ~ 2)的溶液中生成,很不稳定,能自发地逐渐转化成为 α 型的稳定结构。在一般分析硅的条件下,α 型和 β 型两种变体总是同时存在,而且 β 型会不断地自发转变成 α 型,所以硅钼黄的吸光度会随时间而变。

当溶液中有 1mol/L 钼酸盐时,其酸度小于 1.5mol/L,pH 值约为 4.5 时,形成 α 型硅钼杂多酸。如酸度大于 2mol/L,pH 值为2.9 ~ 1.5 时,形成 β 型硅钼杂多酸。当 pH 值大于 6.5 时,不生成硅钼杂多酸。

在实际分析过程中,正硅酸与钼酸铵的络合酸度始终互不统一。酸度的适用范围,随溶液温度的增高,以及加入钼酸铵后放置时间的延长而增大。

适宜的pH值是根据溶液中的铁含量和钼酸铵加入量的不同而有所不同。因为分析液中含铁量不同,则钼酸铵用量也不同。根据实验得知,在黄色的钼酸铁中,铁和钼之比为5∶11,由计算得到,每100mg铁会消耗10%钼酸铵溶液7mL。由于钼酸铵有一定的缓冲作用,对pH值稍有影响。同时过多的钼酸铁也要消耗一部分酸,所以根据计算而得到的总酸度也就不同。

钼酸铵的加入量根据铁的含量而变动。假使钼酸铵加入量不够,会使结果偏低。一般多加5%溶液1~3mL为合适。如果加入过多时,则开始测得的吸光度比较高,不稳定。以后逐渐降低,达到稳定。其数值与加入适量钼酸铵的数值相同。

实验证明:5%钼酸铵5mL加5%草酸3.5mL络合。显色时,加入草酸溶液的量应多于消耗于铁及钼的量。并多加5%溶液2~5mL。

完全形成硅钼络离子所需的时间,受温度的影响很大。温度会影响水溶液中杂多酸α和β变体之间的平衡。另外,反应速度随温度升高而加快。在夏天室温,只需2min,而在冬天需要10min以上。在低于5℃时,即使延长放置时间,也不能完全形成。

B 硅钼杂多酸的还原

硅钼酸在一定条件下,可以被还原剂还原为硅钼蓝,其中,有两个钼被还原到4价:

$$[SiMo_{12}O_{40}]^{4-} + 4e^{-} + 4H^{+} = [H_4Si(Mo_2O_5)(Mo_2O_7)_5]^{4-}$$

常用的还原剂有氯化亚锡、抗坏血酸、亚硫酸钠、硫酸亚铁等。选择还原剂和确定反应条件,主要考虑避免溶液中过量钼酸铵被还原。一般采用下列两种方案:

(1)在高酸度下,用氯化亚锡还原。硅钼酸只能在弱酸介质中生成。但一旦生成后,却极为稳定,酸度提高到4mol/L也不分解。又根据实验得知,在高酸度下,钼酸盐不被氯化亚锡还原。因此选用氯化亚锡作还原剂。但使用氯化亚锡作还原剂时,要5min后才能得到稳定的色泽。而且该色泽只能稳定30min,因此该法未被广泛采用。

(2)在低酸度下,用较弱的还原剂硫酸亚铁铵还原是目前我国钢铁分析中广泛应用的方法,已被定为部颁标准方法。

2.6.2.4 干扰元素及其消除

钢铁中磷、砷也能与钼酸铵生成络合物，同时被还原成钼蓝，故应消除其影响，否则使结果偏高。消除磷、砷的干扰，可通过控制酸度来解决。因硅钼酸在较低酸度下形成以后，具有较高的稳定性，即使增高酸度至2.5mol/L以上，磷、砷杂多酸都分解了，而硅钼酸却分解得很慢，此时加入还原剂还原，磷、砷不干扰硅的测定。另外，还可以利用它们对络合剂作用的差异性来消除干扰。在络合剂如草酸、酒石酸、氢氟酸等存在下，硅不能生成硅钼酸。但当硅钼杂多酸生成以后，再加入络合剂，则磷、砷络离子迅速分解。因磷、砷络离子为5价结合，比较不稳定。而硅为4价结合，比较稳定。所以硅钼酸分解极慢。借此可消除磷、砷的干扰。由于草酸仍能分解硅钼酸（硅钼黄），因此，在实际操作中，当草酸加入后，应在2min内，加硫酸亚铁铵还原。否则，结果会随间隔时间的增长而降低。

加草酸还能与Fe^{3+}络合生成浅黄色络合物$[Fe(C_2O_4)_3]^{3-}$，从而能溶解钼酸铁。同时因Fe^{3+}的有效浓度大大降低，使Fe^{3+}/Fe^{2+}电对的电极电位降低，相对地提高了Fe^{2+}的还原能力。铁的存在，会降低灵敏度。虽然增加钼酸铵的用量，但仍不能避免其干扰。显色液中含0.1g铁时，灵敏度降为85%，当含0.05g铁时，灵敏度降为90%。因此，在绘制工作曲线时，显色液中，也应含有相当量的铁，并应尽可能保持与试样中含铁量相近，以保持条件一致，抵消误差。

钢铁中除磷、砷、钒等元素外，其他元素都不干扰硅的测定。溶液中有色离子的干扰，可配制适当的空白溶液来消除。

2.6.3 电感耦合等离子体发射光谱法

2.6.3.1 方法原理

试样以盐硝混酸溶解后，稀释至一定体积。在电感耦合等离子体发射光谱（ICP-AES）仪器上以钇为内标元素，于所推荐分析线的波长处测量其发射光强度比，由工作曲线查出硅的浓度进行测定。

2.6.3.2 标准溶液的配制

（1）钇内标溶液。称取一定量的三氧化二钇（Y_2O_3，质量分数大于99.9%），精确至0.0001g。加入盐酸（1+1）加热溶解。冷却至室温后，用水稀释至刻度，混匀，定容。

（2）硅标准溶液。称取一定量的在1000℃马弗炉中灼烧过1h的二氧化硅（质量分数大于99.95%），精确至0.0001g。置于加有无水碳酸钠的铂坩埚中，先于低温处加热，再置于950℃高温处加热熔融至透明，然后再继续熔融3min，取出冷却。置于塑料烧杯中，用热水浸出熔块，加热至完全溶解，以热水洗净坩埚，冷却至室温，移入一定体积的容量瓶中，定容，得到所需要的标准溶液。如果一次定容不够，尚需多次定容。

2.6.3.3　反应条件

（1）电感耦合等离子体的发射光谱仪器有顺序型或同时型两种，但必须有同时测定内标线的功能，若无此功能，则不能使用内标法测定。

（2）光谱仪的实际分辨率。对所选用的分析线，计算光谱带宽，其带宽必须小于0.030nm，实际分辨率优于0.010nm。

（3）测定待测元素最大浓度溶液绝对强度或强度比的标准偏差，相对标准偏差应小于0.4%。

（4）工作曲线的线性通过相关系数来检验，相关系数应大于0.999。

（5）本方法没有特别规定分析线。在表2-3中列出推荐分析线。在选择分析线时，必须仔细检查干扰情况，必要时采用基体匹配法及干扰系数校正法进行校正。

表2-3　推荐分析线

元　素	波长/nm	检出限/mg·L^{-1}	波长/nm	检出限/mg·L^{-1}
Si	251.611	0.037	212.412	0.016
Y（内标）	371.029			

（6）在仅含有待测元素的溶液中对所选分析线计算其背景等效浓度和检出限。其值应小于表2-4所列值。

（7）当测定元素中有干扰元素时，应备干扰系数校正法软件，对干扰元素进行校正。

【思考题】

(1)试述草酸—硫酸亚铁铵法测定硅的原理。

(2)磷、砷对硅的测定有无干扰,如何消除?

2.7 锰的分析

锰是钢铁中基本元素之一,一是部分来自原料矿石中,二是在冶炼过程中作为脱氧、脱硫剂,或作为合金元素而特意加入的。锰在钢铁中以 MnS、Mn_3C、MnSi、FeMnSi 等状态存在。锰和硫作用生成熔点较高的 MnS,可使钢的热脆性减少,并由此提高钢的可锻性。含锰量超过 10% 以上的合金钢,因含锰量高,其强度、硬度和耐磨性都有所增加。锰在钢中一般含量为 0.3% ~0.8%,超过 0.8% 时即称为合金钢。在生铁中,一般含量为 0.5% ~2%。

2.7.1 测定方法简介

锰的测定方法主要有氧化还原法、光度法和原子吸收法。

2.7.1.1 氧化还原法

将 2 价锰氧化为 7 价锰,再将 7 价锰还原为 2 价锰。其所使用的氧化剂有:过硫酸铵(硝酸银存在下)、铋酸钠、高碘酸钾等。其中最常用的是过硫酸铵。另外,也有将 2 价锰氧化为 3 价锰,再将 3 价锰还原为 2 价锰的。常用的有以下几种:

(1)过硫酸铵容量法。此法已使用多年,方法完善,应用广泛,适用于含锰量在 0.500% ~2.50% 的钢铁试样。其缺点是不能用理论值计算结果。

(2)磷酸三价锰法。在浓磷酸介质中,以硝酸铵或高氯酸作为氧化剂,将 2 价锰氧化为 3 价锰,然后,再以亚铁标准溶液滴定。本法适用于含锰量大于 2%,钒小于 1.5% 的各种钢样和锰铁。

2.7.1.2 光度法

光度法有高锰酸钾法和三乙醇胺—3 价锰法等。

(1)高锰酸钾法。将 2 价锰氧化为高锰酸,高锰酸显紫红色,借以进行光度测定。作为氧化剂的有过硫酸铵、高碘酸盐和铋酸盐等。铋酸盐现已很少采用。

(2)高碘酸钠(钾)氧化光度法。在硫酸、磷酸介质中,用高碘酸钠(钾)将2价锰氧化至7价锰,测其吸光度。作为氧化剂的有过硫酸铵、高锰酸盐等。本法适用于生铁、铁粉、碳钢、合金钢、高温合金和精密合金。测定范围为0.01%~2.0%。

2.7.1.3 原子吸收法

将溶解好的试液喷入空气—乙炔火焰中,用锰空心阴极灯作光源,于原子吸收光谱仪279.5nm处测定吸光度。此法仪器昂贵,但操作简便,目前原子吸收光谱法已成为测定微量锰的一种好方法。

2.7.2 过硫酸铵容量法

2.7.2.1 原理

试样用氧化性的酸溶解:

$$3MnS + 14HNO_3 = 3Mn(NO_3)_2 + 3H_2SO_4 + 8NO\uparrow + 4H_2O$$

$$MnS + H_2SO_4 = MnSO_4 + H_2S\uparrow$$

$$3Mn_3C + 28HNO_3 = 9Mn(NO_3)_2 + 10NO\uparrow + 3CO_2 + 14H_2O$$

以硝酸银为催化剂,用过硫酸铵将2价锰氧化为7价锰:

$$2AgNO_3 + (NH_4)_2S_2O_8 = Ag_2S_2O_8 + 2NH_4NO_3$$

$$Ag_2S_2O_8 + 2H_2O = Ag_2O_2 + 2H_2SO_4$$

$$5Ag_2O_2 + 2Mn(NO_3)_2 + 6HNO_3 = 2HMnO_4 + 10AgNO_3 + 2H_2O$$

继续加热破坏过剩的氧化剂:

$$2(NH_4)_2S_2O_8 + 2H_2O = 2(NH_4)_2SO_4 + 2H_2SO_4 + O_2\uparrow$$

加氯化钠破坏催化剂:

$$NaCl + AgNO_3 = AgCl\downarrow + NaNO_3$$

用亚砷酸钠—亚硝酸钠标准溶液滴定:

$$5Na_3AsO_3 + 2HMnO_4 + 4HNO_3 = 2Mn(NO_3)_2 + 5Na_3AsO_4 + 3H_2O$$

$$5NaNO_2 + 2HMnO_4 + 4HNO_3 = 2Mn(NO_3)_2 + 5NaNO_3 + 3H_2O$$

2.7.2.2 试样的分解

一般碳素钢、低合金钢和生铁试样,常用硝酸(1+3)或硫磷混酸溶解,难溶的高合金钢可用王水($HCl:HNO_3=1:1$)溶解,再加高氯酸或硫酸蒸发冒烟。在溶样酸中加入磷酸,其作用如下:

(1)磷酸能与 Fe^{3+} 生成无色可溶性络合物 $[Fe(PO_4)_2]^{3-}$,这样消除了 Fe^{3+} 颜色干扰,使滴定终点易于判别。其反应式为:

$$Fe(NO_3)_3 + 2H_3PO_4 = H_3[Fe(PO_4)_2] + 3HNO_3$$

或 $$Fe_2(SO_4)_3 + 4H_3PO_4 = 2H_3[Fe(PO_4)_2] + 3H_2SO_4$$

(2)磷酸的存在,可使锰的氧化范围扩大,防止二氧化锰的生成和高锰酸的分解。其原因可能是:在用过硫酸铵氧化 Mn^{2+} 时,常有部分 Mn^{2+} 只被氧化成 MnO_2 而生成沉淀,从而使锰氧化不完全。当有磷酸存在时,它可使在反应中生成的中间价态的水溶性3价锰,由于形成磷酸盐络合物 $[Mn(PO_4)_2]^{3-}$ 而稳定下来,此络合物在强氧化剂和催化剂作用下,易于氧化至7价。

加入硝酸破坏碳化物后,必须驱尽氮的氧化物。否则,一氧化氮在硝酸溶液里生成亚硝酸而还原高价锰,使结果偏低。

2.7.2.3 反应条件

A 锰的氧化

在氧化时,反应在酸性溶液中进行。经实验证明,锰氧化时应在2~4mol/L的酸度下进行,按体积为8%~12%(硝酸、硫酸、磷酸、高氯酸)。超过此酸度,锰氧化不完全或完全不能氧化;但酸度也不宜过小,否则有二氧化锰沉淀析出。

氧化时,反应应在加热(煮沸)的条件下进行,过硫酸铵的用量一般为2.5g,约为锰的1000倍为宜。过量的过硫酸铵可煮沸除去。煮沸的时间要严格控制。如煮沸时间不足,锰氧化不完全,同时过硫酸铵剩余过多,它能与滴定剂起反应;反之高锰酸会部分分解为低价,使结果偏低。经过实验证明:加热煮沸时间以溶液中产生不连续大气泡为准。在溶液中剩余的少量过硫酸铵,经冷却并加氯化钠除去硝酸银后,氧化2价锰的速度极慢,此时如立即滴定高锰酸,不会造成明显的误差。

氧化时,硝酸银的用量以每100mL0.019g或15倍于锰量为宜。但氧化后,必须用氯化钠除去硝酸银。因 Ag^+ 变成氯化银沉淀以后,残余的少量过硫酸铵才不干扰滴定;另外,滴定剂中的亚砷酸也不会和 Ag^+ 生成沉淀而干扰滴定。用氯化钠沉淀硝酸银时应在冷却时进行,沉淀后应立即滴定,以免氯离子在热的酸性溶液中还原高锰酸。

氯化钠的加入量应控制合适，根据与 $AgNO_3$ 起化学反应量而定，可使 Cl^- 稍许过量。若加入量过多时，则氯离子也能使高锰酸还原，使分析结果偏低。其反应式为：

$$2NaCl + H_2SO_4 = Na_2SO_4 + 2HCl$$

$$2HMnO_4 + 14HCl = 2MnCl_2 + 8H_2O + 5Cl_2\uparrow$$

若氯化钠加入量不足，则硝酸银会连续起催化作用，使滴定过程中被还原的 2 价锰再被氧化，并且所得氯化银会很快结团沉淀，使滴定不易找到正确的终点。

B 锰的还原

本法是采用亚砷酸钠与亚硝酸钠混合溶液作标准溶液。这是因为若单独使用亚砷酸钠溶液作滴定剂，Na_3AsO_3 虽然能和 $HMnO_4$ 起反应，但实际滴定时，MnO_4^- 不是全部还原为 Mn^{2+}，而有部分被还原为 Mn^{4+} 和 Mn^{3+}，平均为 $Mn^{3.3+}$，使溶液呈现黄绿或棕色，终点难以确定，不过，试剂本身较稳定。若单独使用亚硝酸钠溶液作滴定剂，虽能将 MnO_4^- 还原成 Mn^{2+}，但在室温下反应速度缓慢，不适用于容量法测定，同时试剂本身也不够稳定。实验证明：将 1∶1 亚硝酸钠和亚砷酸钠混合液作为滴定剂，它们就可以互相取长补短，使滴定反应足够快，可以在室温下进行滴定，滴定终点由淡红色突然转为白色（如含铬则呈淡黄色）易于判别。不过，此混合滴定剂仍不能将 7 价锰全部还原为 2 价锰，且还原的程度与条件有关。所以本法必须用标钢或锰标准溶液求得标准溶液的实际滴定度，并用以计算结果。

滴定速度是本法的关键，滴定速度不能过快，因亚硝酸钠与高锰酸的作用较缓慢，而亚硝酸钠在酸性溶液中形成亚硝酸，亚硝酸可能挥发，而使结果偏高；另外，滴定过快，易滴定过量，特别在近终点时（溶液呈淡红色），滴定速度更应慢，每两滴之间相隔不得少于 2s。滴定时溶液的酸度应该比氧化过程中的酸度稍高，如在滴定前增加硫酸量，可使终点易于判别。

2.7.2.4 干扰元素及其消除

含铬在 2% 以上的试样，滴定终点为橙黄色，不易判别。因此必须将铬进行分离。其分离方法有：

（1）用固体氯化钠“飞铬”。试样溶解后，加入固体氯化钠使成氯

化铬酰(CrO_2Cl_2)挥发除去。常称为"飞铬"。其反应如下:

$$H_2Cr_2O_7 + 4HClO_4 + 4NaCl = 2CrO_2Cl_2\uparrow + 4NaClO_4 + 3H_2O$$

(2)用氧化锌分离,在微酸性溶液中,加氧化锌使溶液的 pH 值增至 5.2 时,可使铬、铁、铝、钒、铜、钼、钨、钛等元素完全沉淀,而全部锰、镍、钴则留在溶液中,借此将铬分离。

当大量钴存在时,由于钴离子本身呈粉红色,使滴定终点难以判别。因此在滴定前必须将钴分离或消除,其消除方法有:

(1)取已用氧化锌分离其他干扰元素后的滤液(含全部锰、钴和镍),在氯化铵存在下,用过硫酸铵将锰氧化为二氧化锰沉淀,而与钴镍分离。然后,将二氧化锰用水洗净,在亚硝酸钠存在下将二氧化锰溶解在硝酸内。煮沸驱尽氮氧化物,再进行锰的氧化及滴定:

$$MnO_2 + 2NO_2^- + 4H^+ = Mn^{2+} + 2NO_2\uparrow + 2H_2O$$

(2)在氧化前的溶液内,按钴与镍为 1∶4 的比例加入镍溶液(硫酸镍 10g 溶于 96mL 水中,加 1∶1 硫酸 4mL)使镍的翠绿色与钴的粉红色互补,而使终点易于判别。

含钨量高时(大于 4%),则在溶样时,将生成黄色的钨酸沉淀,干扰终点的观察,可用磷酸溶样,使钨络合为 $H_3PO_4 \cdot 12WO_3$,以消除其干扰。

镍存在时,对测锰并无影响,只是滴定到终点时,溶液呈镍离子的翠绿色。

2.7.3 过硫酸铵光度法

2.7.3.1 方法原理

试样经酸溶解后,以硝酸银为催化剂,用过硫酸铵将 2 价锰氧化为高锰酸。其色泽与锰含量成正比,在 530nm 波长处进行光度测定。

用过硫酸铵氧化锰时,可在加热或室温下进行。因此又可分为加热和室温显色法两种。

(1)加热显色法。本法是在 2~3mol/L 左右硫磷酸介质中,在加热煮沸的条件下,用过硫酸铵—银盐将 2 价锰氧化为高锰酸。加热煮沸时间以 15~45s 为宜。若煮沸时间不足,锰氧化不完全,煮沸时间过长,高锰酸会部分分解成低价,使结果偏低。本法适用于锰含量在

0.010%～2.00%的普碳钢,低合金钢和生铁等试样。

(2)室温显色法。本法是在低酸度0.4～0.8mol/L硝酸介质中,在温度与时间一定下,用过硫酸铵—银盐将2价锰氧化为高锰酸。酸度的改变不仅影响显色时间,而且影响色泽稳定性。试验表明,在室温30℃下,当在硝酸介质中酸度为0.4～0.8mol/L时显色3min后,吸光度即可稳定;而在0.2mol/L时,显色20min后吸光度方才稳定,且重现性差。当酸度提高到1～1.5mol/L时,显色后需放置20min才能稳定,但吸光度略高。同样,温度对显色速度的影响也很大,室温高于28℃一般放置3min即可稳定。室温低时,放置时间需延长,本法稳定性较好,适用于锰含量(质量分数)在0.05%～1%的钢铁试样。

2.7.3.2 干扰元素及其消除

铬、铜、镍、钴等元素因其离子或酸根有色,故干扰测定。

(1)铬。铬在锰氧化时也被氧化成$Cr_2O_7^{2-}$,对530nm光波有吸收,故干扰锰的测定。铬含量小于2%时,可用参比液法予以消除。铬含量高时(如高铬镍钢、不锈钢等),则必须事先除去。除去的方法有高氯酸“挥发”法和氧化锌法。一般常用高氯酸“挥发”法。

(2)镍、铜、钴。可借参比液法消除其干扰,即在锰的显色液中用亚硝酸钠或EDTA使MnO_4^-的颜色褪去,并以此溶液作参比液,可消除上述元素的干扰。

2.7.4 高碘酸钾(钠)光度法

2.7.4.1 方法原理

试样经酸溶解后,在硫酸、磷酸介质中,用高碘酸钠(钾)将锰氧化至7价,在分光光度计上于波长530nm处测其吸光度。

2.7.4.2 酸度的影响

酸浓度低时颜色为棕色,不是高锰酸钾颜色,影响测定准确度。加入磷酸可消除3价铁的干扰,还可防止氧化过程中形成不溶性二氧化锰沉淀。磷酸加热时生成焦磷酸,具有很强的络合能力,可以分解合金钢和难溶矿物。但单独使用H_3PO_4分解试样的主要缺点是不易掌握,如果温度过高,时间过长,H_3PO_4会脱水并形成难溶的焦磷酸盐沉淀,使过滤困难。因此,H_3PO_4常与$HClO_4$同时使用,既可提高反应的温度条件,又可以防止焦磷酸盐沉淀析出。

高氯酸具有较强的脱水和氧化能力,可溶解 Fe、Co、Ni 等金属及一些碱性氧化物和弱酸盐,除去低沸点酸 HF、HCl、HNO_3等酸及氮的氧化物,破坏有机物。

2.7.4.3 分解时间对过滤时间的影响

如果分解时间太长,溶液几乎蒸干时,磷酸会脱水并形成难溶的焦磷酸盐沉淀,液体呈浓稠状,使过滤困难;而加热时间如果过短,试样分解不够完全,硝酸驱逐不完全,影响了测定结果。因此,加热蒸发至冒高氯酸烟为好。

2.7.4.4 共存离子和基体元素的干扰和消除

经过多次试验表明,矿石中常见的某些有色的金属元素如 Cr、Ni、Cu、Co 等,可用亚硝酸钠褪色作参比消除其影响;当 SiO_2 含量大于 12%时,分解试样时可加入几滴 HF 形成 SiF_4逸去;试样中的还原性物质如 Fe^{2+}、Cl^-、Br^-、S^{2-}以及氮氧化物等,在磷酸高氯酸混酸冒烟处理后,可消除影响;大量的基体铁元素,在充足的磷酸中可被完全络合,不影响测定。

【思考题】

(1)试说明过硫酸铵容量法定锰的原理,并写出主要反应式。在滴定以前加入氯化钠的作用是什么?加入氯化钠的量的多少对测定有何影响?在氧化和滴定时应注意哪些问题?

(2)为什么要用亚砷酸钠—亚硝酸钠混合液作高锰酸的还原滴定剂,而不单独采用其中之一?采用亚砷酸钠—亚硝酸钠混合液还原 Mn^{7+}为 Mn^{2+}时,为什么必须采用标钢所标定的滴定度计算结果,而不能根据浓度计算结果?

(3)过硫酸铵在过硫酸铵容量法测定锰中起何作用?为什么剩余的过硫酸铵必须煮沸除去?

(4)过硫酸铵容量法定锰的主要干扰元素有哪些?如何消除?

2.8 铬的分析

铬是合金钢中应用最广的元素之一,铬能提高钢的力学性能,增加钢淬火后的变形能力,增加钢的硬度、弹性、抗磁性、耐蚀性和耐热性等。铬在钢中的状态比较复杂,有金属状态(存在于铁固溶体中)、碳化物(Cr_4C、Cr_7C_3、Cr_3C_2、Cr_5C_2)、硅化物(Cr_3Si、CrSi、$CrSi_2$)、氮化物(CrN、Cr_2N)及氧化物(Cr_2O_3)等。其中以碳化物(Cr_3C_2、Cr_5C_2)和氮化物状态较为稳定。普碳钢中,由于原料带入的铬质量分数一般在0.3%以下。合金钢中含铬1%~5%。而不锈钢含铬达20%。

2.8.1 测定方法简介

铬的测定方法主要有:容量法和光度法,其中常用的是容量法。

2.8.1.1 *铬的容量法*

有氧化还原法和络合滴定法。其中以氧化还原法应用最广。

(1)氧化还原法。本法是将3价铬氧化为6价,再以还原剂将其还原为3价,根据消耗还原剂的量来计算铬含量。此法常用的氧化剂有过硫酸铵、高氯酸、高锰酸钾等。其中应用最多的是过硫酸铵,其次是高氯酸、高锰酸。常用的滴定剂(还原剂)为亚铁盐溶液。滴定方法有直接滴定和间接滴定。此法快速、准确,在生产实践中应用广泛。

(2)络合滴定法。本法是加入过量的金属离子形成铬酸盐沉淀,再以络合剂滴定过量金属离子的方法。或加入过量EDTA溶液,进行返滴定。此法在钢铁分析中应用很少。

2.8.1.2 *铬的光度法*

主要用于低含量铬的测定,大都是应用有机试剂来进行。按照铬的显色反应可分为两类:一类是根据高价铬氧化有机试剂而显色的方法,如二苯基碳酰二肼;另一类是用有机试剂和3价铬生成络合物的显色法,如铬天青S法,干扰元素多。目前国内外普遍采用二苯基碳酰二肼光度法。其测定方案有两种:(1)二苯基碳酰二肼直接光度法,本法简单、快速。其缺点是稳定性和准确度稍差,若严格控制试验条件,也可得到准确的结果;(2)铜铁试剂——三氯甲烷萃取分离,二苯基碳酰二肼光度法。本法采取了萃取分离铁基和其他干扰元素后,准确度较好。适用于低含量铬的测定。其缺点是操作较复杂,成本稍高。

2.8.2 过硫酸铵容量法

2.8.2.1 *方法原理*

用硫磷混酸溶解试样,以硝酸破坏碳化物:

$$2Cr_3C_2 + 9H_2SO_4 = 3Cr_2(SO_4)_3 + 4C + 9H_2\uparrow$$

$$Cr_4C + 12H_3PO_4 = 4Cr(H_2PO_4)_3 + C + 6H_2\uparrow$$

$$3C + 4HNO_3 = 3CO_2 + 4NO\uparrow + 2H_2O$$

以硝酸银作催化剂,用过硫酸铵氧化铬:

$$Cr_2(SO_4)_3 + 3(NH_4)_2S_2O_8 + 7H_2O = 3(NH_4)_2SO_4 + H_2Cr_2O_7 + 6H_2SO_4$$

用硫酸亚铁铵滴定 6 价铬,根据所消耗硫酸亚铁铵标准溶液的量,计算铬的含量:

$$H_2Cr_2O_7 + 6(NH_4)_2Fe(SO_4)_2 + 6H_2SO_4 = Cr_2(SO_4)_3 + 3Fe_2(SO_4)_3 + 6(NH_4)_2SO_4 + 7H_2O$$

2.8.2.2 试样的分解

一般处于固溶体中的铬易溶于盐酸,稀硫酸或高氯酸中,但是铬的碳化物或氮化物,通常要用浓硝酸或加热至冒硫酸或高氯酸烟时才能破坏;有时甚至要在冒硫酸烟的同时滴加浓硝酸时才能破坏。但浓硝酸能使其表面生成一层氧化膜而钝化,使样品难溶,因此不能单独用浓硝酸溶解钢样,在一般情况下,普通钢、低合金钢、高速钢等采用硫磷混酸溶解,硝酸分解氧化。高铬钢及高铬镍钢等,采用王水溶解,高氯酸氧化。生铁采用稀硝酸硫酸溶解,过硫酸铵等分解氧化;低碳铬铁采用稀硫酸溶解,硝酸分解氧化。高碳铬铁采用过氧化钠熔融,硫酸酸化等。

2.8.2.3 反应条件

A 铬(Ⅲ)的氧化

试样溶解时,铬一般以 3 价状态转入溶液中。为了进行测定,首先必须将其定量地转化为 6 价铬:

$$Cr_2O_7^{2-} + 6e + 14H^+ = 2Cr^{3+} + 7H_2O \quad E^{\ominus} = 1.33V$$

从上式可以看出,6 价铬在酸性溶液是很强的氧化剂,欲把 3 价铬定量地氧化为 6 价,必须应用更强的氧化剂。过硫酸铵在酸性溶液中,是一个极强的氧化剂。它可以定量地氧化 3 价铬,但是它的氧化速度很慢,一般要加入少量 Ag^+ 作为催化剂,以加快反应速度。其反应机理可能是在反应过程中,有中间产物过氧化银生成,降低了反应时所需的能量,这样,Ag^+ 的存在就大大加快了反应速度。其反应式如下:

$$2Ag^{+} + S_2O_8^{2-} \longrightarrow Ag_2S_2O_8$$

$$Ag_2S_2O_8 + 2H_2O \longrightarrow Ag_2O_2 + 4H^{+} + 2SO_4^{2-}$$

$$3Ag_2O_2 + 2Cr^{3+} + H_2O \longrightarrow Cr_2O_7^{2-} + 6Ag^{+} + 2H^{+}$$

在氧化时,溶液的酸度对铬的氧化很重要。硫酸浓度大,铬氧化迟缓;硫酸浓度小,锰易析出二氧化锰沉淀。经实验证明:一般认为硫酸浓度在 1~1.5mol/L 为宜。

硝酸银的用量也必须足够,否则氧化不完全。每 10mg 铬需 2.5mg 硝酸银。

过硫酸铵的用量一般为 2~2.5g,约为铬量的 1000 倍,过量的过硫酸铵应当煮沸分解除去。过硫酸铵是强氧化剂,它可以氧化滴定剂。

氧化时,反应应在加热(煮沸)的条件下进行,因加热可加速 Cr^{3+} 氧化。不过,其加热(煮沸)的时间和温度应控制一定。因为温度过高,过硫酸铵的分解速度加快;煮沸时间过长,铬酸也易分解。一般煮沸至铬完全氧化(即溶液呈高锰酸的紫红色)后,再继续煮沸约 5min 至冒大气泡,使过量的过硫酸铵完全分解为宜。由于 MnO_4^-/Mn^{2+} 电对的标准电极电位(1.51V)比 $Cr_2O_7^{2-}/2Cr^{3+}$ 电对的标准电极电位(1.33V)高,Mn^{2+} 离子在 Cr^{3+} 被过硫酸铵氧化后才被氧化,因此,当溶液呈紫红色时,就表明 Cr^{3+} 离子已全部被氧化成 Cr^{6+}。

B 铬(Ⅵ)的还原

在酸性溶液中,以标准亚铁溶液滴定 6 价铬,反应式为:

$$Cr_2O_7^{2-} + 6Fe^{2+} + 14H^{+} \longrightarrow 2Cr^{3+} + 6Fe^{3+} + 7H_2O$$

从标准电极电位知:在酸性溶液中,重铬酸根是强氧化剂,Fe^{2+} 是强还原剂,因此 Fe^{2+} 可以定量地将 Cr^{6+} 还原为 Cr^{3+}。

在还原时,反应应在酸性溶液中进行,酸度宜高一些。这是因为 $Cr_2O_7^{2-}/2Cr^{3+}$ 电对的标准电极电位与酸度有关。在 8mol/L 硫酸介质中,Fe^{3+}/Fe^{2+} 的标准电极电位为 0.658V,远小于 $Cr_2O_7^{2-}/2Cr^{3+}$ 的标准电极电位,有利于亚铁滴定 6 价铬,因此,亚铁滴定铬时酸度宜高些。一般认为2.5~3mol/L硫酸为宜。另外,在滴定液中还应有磷酸存在,因为磷酸可与 Fe^{3+} 形成稳定的络合物,使溶液的 Fe^{3+} 离子浓度减少,Fe^{3+}/Fe^{2+} 电对的电极电位减低,增强 Fe^{2+} 的还原能力。

在还原时，常用于亚铁滴定铬的指示剂有：二苯胺、二苯胺磺酸钠、二苯基联苯胺、二苯胺磺酸钡、N-苯基邻氨基苯甲酸等，其中以N-苯基邻氨基苯甲酸用得最多。它是一种氧化还原指示剂，在酸性溶液中，氧化形为紫红色，还原形为无色。

它的标准电极电位为 +0.89V，比重铬酸的标准电极电位(+1.33V)低，所以，当亚铁溶液滴定时，标准电极电位高的重铬酸先被还原；当重铬酸被还原后，标准电极电位低的指示剂才被亚铁还原为还原形，达到终点时为3价铬的黄绿色。滴定时，指示剂的用量不能过多，因为指示剂本身具有氧化性，它可以显著地消耗亚铁标准溶液，同时指示剂颜色变化也不很明显，使终点观察较为困难。经实验证明，一般加入浓度为0.2%的指示剂2～3滴即可。还原时，滴定速度不宜过快，特别是将近终点时，应在剧烈摇荡下滴定。

2.8.2.4 干扰元素及其消除

主要的干扰元素为钨、锰及钒。

A 钨

钨的干扰系由于生成钨酸沉淀，吸附影响终点变色。可加入磷酸与钨结合，消除干扰。经实验证明，高钨试样用二苯胺磺酸钠为指示剂时有明显的终点。

B 锰及钒

以硝酸银作催化剂，过硫酸铵氧化铬时，锰钒同时被氧化：

$$2MnSO_4 + 5(NH_4)_2S_2O_8 + 8H_2O$$
$$=\!=\!=2HMnO_4 + 5(NH_4)_2SO_4 + 7H_2SO_4$$
$$(VO)_2(SO_4)_2 + (NH_4)_2S_2O_8 + 6H_2O =\!=\!= 2H_3VO_4 + (NH_4)_2SO_4 + 3H_3SO_4$$

当溶液中含有数种还原剂时，加入氧化剂首先与溶液中最强的还原剂作用。首先氧化钒，然后铬，最后锰。

又当用亚铁标准溶液滴定铬时，V^{5+} 和 Mn^{7+} 也同时被滴定。其反应式为：

$$2H_3VO_4 + 2(NH_4)_2Fe(SO_4)_2 + 3H_2SO_4$$
$$=\!=\!=(VO)_2(SO_4)_2 + Fe_2(SO_4)_3 + 2(NH_4)_2SO_4 + 6H_2O$$
$$2HMnO_4 + 10(NH_4)_2Fe(SO_4)_2 + 7H_2SO_4$$
$$=\!=\!=2MnSO_4 + 5Fe_2(SO_4)_3 + 10(NH_4)_2SO_4 + 8H_2O$$

a　消除锰的干扰的方法

一般采用还原剂将 MnO_4^- 还原为 Mn^{2+} 除去之,其方法有:

(1)用氯化钠或盐酸在煮沸的条件下,将 $HMnO_4$ 分解除去:

$$2MnO_4^- + 10Cl^- + 16H^+ = 2Mn^{2+} + 5Cl_2 + 8H_2O$$

由电极电势比较可知,反应向右进行。值得注意的是,加入氯化钠溶液后,煮沸时间不可太长,而且当 MnO_4^- 还原后,应立即冷却,以免使少量 $Cr_2O_7^{2-}$ 被 Cl^- 还原,使分析结果偏低。一般煮沸时间为5~8min,可煮至氯化银下沉为止。另外煮沸时温度也不宜过高,由于氯化银沉淀存在,会产生暴沸而引起溅失。加入氯化钠的量应恰当,若加入量不足时,MnO_4^- 破坏不完全;加入量太多时,易将6价铬还原为3价,使结果偏低。

(2)用亚硝酸钠除去高锰酸,其反应式为:

$$2HMnO_4 + 5NaNO_2 + 2H_2SO_4 = 2MnSO_4 + NaNO_3 + 3H_2O$$

过量的亚硝酸钠以尿素分解,其反应式为:

$$(NH_2)_2CO + 2NaNO_2 + H_2SO_4 = CO_2\uparrow + 2N_2\uparrow + Na_2SO_4 + 3H_2O$$

因为过量的亚硝酸钠能将 Cr^{6+} 还原为 Cr^{3+},造成误差:

$$H_2Cr_2O_7 + 3NaNO_2 + 3H_2SO_4 = Cr_2(SO_4)_3 + 3NaNO_3 + 4H_2O$$

为了消除锰的干扰,也可采用锰、铬连续滴定。即先以亚砷酸钠—硝酸钠标准溶液滴定 MnO_4^-,然后以亚铁标准溶液滴定 $Cr_2O_7^{2-}$,可在同一溶液中同时测定锰和铬。

b　消除钒的干扰的方法

(1)校正法。用亚铁标准溶液滴定铬和钒的合量,然后用其他方法测得钒的含量,最后按1% V相当于0.34% Cr在结果中减去校正值(即钒的含量乘以0.34%)即得铬的含量。

(2)用高锰酸钾返滴定。先加入过量的亚铁标准溶液将铬还原,再以高锰酸钾标准溶液滴定过量亚铁。这种滴定方式钒无干扰。用亚铁还原铬时,V^{5+} 同时被还原成4价:

$$2H_3VO_4 + 2(NH_4)_2Fe(SO_4)_2 + 3H_2SO_4$$
$$= (VO)_2(SO_4)_2 + Fe_2(SO_4)_3 + 2(NH_4)_2SO_4 + 6H_2O$$

而当用高锰酸钾返滴过量亚铁时,4价钒又被氧化成 H_3VO_4,而 Cr^{3+} 在低温的条件下,不被高锰酸钾氧化:

$$5(VO)_2(SO_4)_2 + 2KMnO_4 + 22H_2O = 10H_3VO_4 + K_2SO_4 + 2MnSO_4 + 7H_2SO_4$$

在实际工作时应注意 MnO_4^- 氧化 VO^{2+} 的速度较慢，所以应滴定至溶液呈微红色并保持 2min 不褪色为终点。在滴定时，若采用邻菲罗啉作指示剂，用无水醋酸钠调节酸度以提高指示剂的氧化还原电位后，可使高锰酸钾返滴定的终点容易观察。

2.8.3 碳酸钠分离—二苯基碳酰二阱光度法

2.8.3.1 方法原理

试样溶解时，铬以 3 价形式存在于溶液中。为了进行测定，必须将 3 价铬氧化至 6 价。最常用的方法是在酸性溶液中以高锰酸钾氧化 3 价铬至 6 价，反应为：

$$5Cr_2(SO_4)_3 + 6KMnO_4 + 11H_2O = 5H_2Cr_2O_7 + 6MnSO_4 + 3K_2SO_4 + 6H_2SO_4$$

加入碳酸钠使一些干扰元素形成沉淀而分离除去。过量的高锰酸钾加入亚硝酸钠还原，过量的亚硝酸钠加入尿素分解。

以高锰酸钾氧化时，适宜的酸度为 0.5mol/L。然后 6 价铬与二苯基碳酰二肼反应生成紫红色络合物，其最大吸收为 540nm。借此可以进行铬的光度测定。

A 试剂的性质

二苯基碳酰二肼为白色结晶，微溶于水，较易溶于醇、酮及冰醋酸中。试剂固体在放置时逐渐变为粉红色，可能部分被空气氧化为二苯基偶氮碳酰肼（橙红色针状结晶，难溶于水，易溶于醇、三氯甲烷和苯）。二苯基碳酰二肼和二苯基偶氮碳酰肼在弱酸性介质中，可与一些重金属离子生成蓝色或紫色络合物，最重要的是测定 Cr^{6+}。

B 络合物的生成及其条件

6 价铬与二苯基碳酰二肼的反应必须在酸性溶液中进行，适宜酸度为 0.012～0.145mol/L 硫酸。酸度低，铬显色慢；酸度高，色泽不稳定。在硫酸溶液中颜色可稳定 30min 至 1h。一般不用盐酸溶液，因其与 Fe^{3+} 生成黄色络合物，干扰铬的测定。

显色时显色剂必须过量，否则当二苯基碳酰二肼量不足时，过量的 $Cr_2O_7^{2-}$ 将进一步氧化紫红色络合物而生成无色化合物。一般 1mol

铬需加入 1.5 ~2mol 二苯基碳酰二肼。

2.8.3.2 干扰元素及其消除

当用碳酸钠做沉淀分离剂，把共存 200mg 铁、60mg 镍、40mg 钴经分离后，对测定 25μg 铬无影响；当共存 1mg 铜、钒，2mg 钼、铝，12mg 钨经分离后，对测定 1mg 铬不干扰。

【思考题】

(1)试说明过硫酸铵容量法测定铬的原理，在氧化和还原时应注意哪些反应条件。

(2)怎样判断试样中铬已全部氧化了，为何钒的氧化在铬之前锰的氧化在铬之后。

(3)过硫酸铵容量法测定铬的主要干扰元素有哪些，如何消除？

(4)碳酸钠分离—二苯基碳酰二阱光度法测铬的原理是什么，哪些元素干扰测定。

3 炉渣分析

3.1 概述

一般情况下,炉渣是冶金生产的副产品,是矿石杂质和各种熔剂等在熔炼过程中形成的,其化学成分很复杂,由 SiO_2、Al_2O_3、CaO、MgO、Fe_2O_3、FeO、MnO、C、TiO_2、磷酸盐、硫化物、碳化物等组成,有时还有氟化物。在冶炼合金钢时,炉渣中有时还有镍、铬、钒、钼等合金元素。在冶炼有色金属时,炉渣有时还含有铜、铅、铋等有色金属元素。

由于各种炉渣的成分和性质不同,大致可分成三类。

(1)高炉渣:主要成分是 SiO_2、CaO、Al_2O_3;碱度(CaO/SiO_2)常在0.9~1.3之间。一般由炉渣断口观察可大致判断其成分。如锰含量高呈绿色,铁含量高呈釉黑色,铝含量高断口有浅蓝色,石状断口且易风化破碎则碱度高,玻璃状断口则酸性高。这类炉渣常不含磷。

(2)炼钢炉渣(氧化性渣):包括除电炉还原期炉渣以外的各种钢渣。它的特点是含 FeO 和 MnO 高,因而断口呈黑色,所以又称黑渣。碱性钢渣的碱度常在1.5~4.5之间,不但比高炉渣碱度高,而且波幅也大;一般熔化初期的渣碱度低而铁、锰高,后期精炼时的渣碱度较高。酸性炼钢的炉渣中除铁和锰外几乎全是 SiO_2,且不含磷。

(3)电炉还原性炉渣:低锰、低铁和高碱度,且常含有较多的氟化物。通常分成三种:1)白渣:以石灰、萤石、硅砂为主要造渣材料,以碳粉、硅铁粉为还原剂而生成;2)电石渣:造渣材料同上。但由于高温和大量的碳粉作用,生成2%~5%的 CaC_2。有显著的乙炔(C_2H_2)气味,很易辨别;3)火砖渣:以石灰、火砖块(SiO_2和 Al_2O_3)或铁矾土为主要造渣材料而生成。常见的炉渣成分见表3-1。

根据炉渣中氧化钙和氧化镁质量分数之和与二氧化硅和三氧化二铝质量分数之和的比,即碱性率(碱性率 $=\dfrac{wCaO+wMgO}{wSiO_2+wAl_2O_3}\times100\%$)

来划分,又可分为三类:碱性率大于 1 称为碱性炉渣;碱性率小于 1 称为酸性炉渣;碱性率等于 1 称为中性炉渣。

表 3-1 常见的炉渣成分及含量

炉渣类型	化 学 组 成(质量分数)/%								
	SiO_2	CaO	Al_2O_3	MgO	FeO 和 Fe_2O_3	MnO	P_2O_5	CaS	F
高炉渣	33.00	38.00	10.04	2.00	0.50	0.50	—	5.0	—
酸性转炉渣	58.00	0.30	3.00	0.20	20.00	18.00	—	—	—
碱性平炉渣	22.00	43.00	3.00	3.00	10.00	12.00	1.50	0.50	0.25

人们把冶金过程中形成的以氧化物为主要成分熔体称为冶金炉渣,主要分为以下四类:(1)还原渣:以矿石或精矿为原料,焦炭为燃料和还原剂,配加溶剂 CaO 进行还原,在得到粗金属的同时,形成的渣称为高炉渣或还原渣;(2)氧化渣:在炼钢过程中,给粗金属(一般为生铁)中吹氧和加入溶剂,在得到所需品质的钢的同时形成的渣称为氧化渣;(3)富集渣:将精矿中某些有用的成分通过物理化学方法富集于炉渣中,便于下道工序将它们回收利用的渣称为富集渣。例如:高钛渣、钒渣、铌渣等;(4)合成渣:根据冶金过程的不同目的,配制的所需成分的渣为合成渣,例如:电渣、重熔用渣、连铸过程的保护渣。

炉渣的主要作用在于使矿石中的脉石熔化,去除有害元素和夹杂物,使金属具有一定的成分等。为此,要求炉渣有合格而又稳定的化学成分。例如,只有这样才能使脉石熔化成物理性能合格的液体,保证高炉顺行、高产和长寿;才能有利于生铁去硫、钢液去硫和磷,并达到较高的合金元素回收率。冶金工作者们常说:"炼好钢就是要炼好渣"。

一般冶金炉渣的分析比较简单,但如遇到合金钢渣或有色金属炉渣,则稍复杂些。由于冶炼的炉子、品种和条件不同,所得到的合金钢渣或有色金属炉渣中所含各种成分之间的比例,往往也有较大波动。因此,要求分析人员根据不同冶炼情况的炉渣,灵活地运用,必要时正确地改变各有关元素的分析方法(包括试样的处理和干扰元素的分离等),以免处于被动和发生错误。

炉渣分析方法应适合炉渣成分特点。如氧化渣中铁高锰高,须用碱性醋酸盐分离法分离;而含氟炉渣就要先用硫酸将氟赶走,并且注意分析 SiO_2时硅的挥发。另外还要注意各种成分的可能波动范围:SiO_2为 12% ~65%;Al_2O_3为 1% ~5%;FeO 为微量 ~60%;CaO 为 0.5% ~50%;MnO 为微量 ~18%;MgO 为微量 ~15%;P_2O_5为微量 ~15%;S 为微量 ~1.5%。

现就一般无氟时的系统分析,简述如下:

(1)一般的炉渣都可用酸来分解(酸性炉渣则不易溶于酸,必须经过熔融)。将 1g 左右的试样磨细过筛后溶于 HCl 中,蒸干,加水稀释、过滤、沉淀、灼烧后称量。沉淀以氢氟酸及硫酸处理,所失之重为 SiO_2的质量。

(2)滤液用 NH_4Cl 饱和,再加 NH_4OH,使 Fe^{3+}、Al^{3+}、Cr^{3+} 和 Ti^{4+} 沉出;Cr^{3+} 及 Ti^{4+} 最好用比色法测定;Fe^{3+} 和 Al^{3+} 则分别用容量法和减差法求出。

(3)滤液经溴水和氨水处理,使 Mn^{2+} 沉出为 MnO_2,再行测定。

(4)钙、镁的测定是基于同时沉淀的方法,钙成为草酸盐沉淀,镁成为砷酸盐沉淀或者磷酸盐沉淀,最后用容量法滴定。

(5)以前像 Cr_2O_3、MnO 和 P_2O_5要用单独称样来完成,现时这些氧化物的含量可在硅酸分离后的溶液中取等份部分来测定。

特种炉渣(即渣中含有镍、铬、钒、钼等元素)一般难溶于酸,因此渣样在分析之前须经过下列任一方法处理:(1)用碳酸钾和碳酸钠混合剂熔融;(2)将渣样先溶于盐酸,不溶的残渣再用碳酸钾和碳酸钠熔融;(3)溶于硝酸和氢氟酸的混合酸中。

其化学组成的大约含量,见表 3-2。

表 3-2 特种炉渣化学组成的大约含量

成 分	SiO_2	Cr_2O_3	Al_2O_3	Fe_2O_3	NiO	CaO	MgO
含量	3.2	3.2	1.5	0.5	0.26	61.8	10.8
(质量分数)	3.1	3.1	2.5	0.57	0.27	16.5	49.5
/%	2.9	2.9	2.4	—	0.40	33.6	5.6

【思考题】

(1)炉渣的成分及炉渣化学组成的大约含量?

3.2　炉渣试样的制备

高炉炉渣可在出渣时用样勺从渣沟中接取。出渣过程中可以取二三次,即出渣 1/3 时取一次,出 1/2 时取一次,出 2/3 时再取一次。

平炉炼钢冶炼时间长,渣层上下成分不匀,一般通过炉门用长勺在渣层中间采样。

转炉冶炼周期短,生产过程炉渣成分变化较大。一般利用副枪样杯取渣样。转炉倒炉时可用洁净的长钢棒伸入渣中粘取,在钢棒的头、中、尾黏附的渣壳中,采用厚度均匀而不带石灰块的渣壳混合物作为渣样。

电弧炉氧化期取样同平炉。还原期的白渣因其中正硅酸钙冷至 675℃时发生晶变,体积膨胀而自行粉化;而电石渣中 CaC_2 遇空气中水分形成 C_2H_2 也迅速粉化。因此,电炉还原期采取的渣样应立即包装放入干燥器中,并尽快调制送样分析。

将送来的炉渣试样,用手锤轻轻砸碎,取数块,置于钢钵中捣成,让其通过 100～140 目筛,用磁铁吸去金属铁,所得的试样装入样袋或瓶中,即可供分析用。而电炉还原渣在捣碎后应迅速置于磨口玻璃瓶中。

【思考题】

(1)如何进行炉渣试样的制备?

3.3　二氧化硅的分析

3.3.1　概述

硅在炉渣中呈 $FeO \cdot SiO_2$、$MnO \cdot SiO_2$、$CaO \cdot SiO_2$ 等状态存在。其含量(质量分数)范围(一般为 22%～58%)较大。易溶于酸的炉渣可以用酸溶解,这时硅即生成硅酸,难溶于酸的硅酸盐则必须用 NaOH 熔融,使转化为硅酸钠,再以热水和盐酸浸取。

炉渣中硅的测定方法,多用重量法。重量法中的硫酸脱水法其手续繁杂,但准确度高,可作为标类法使用。还可以用硅钼蓝光度法。

3.3.2 测定方法

二氧化硅的测定方法,主要有动物胶重量法和硅钼蓝光度法两种。下面主要介绍动物胶重量法。

3.3.2.1 动物胶重量法

碱性炉渣易为酸所分解,其反应如下:

$$Ca_2SiO_4 + 4HCl = 2CaCl_2 + H_4SiO_4$$

$$Ca_2SiO_4 + 2HCl = 2CaCl_2 + H_2SiO_3$$

加酸生成的硅酸为水溶胶,因各种不同条件的影响,其含水率不一定,一个分子 SiO_2 最高与 30 个水分子结合。

各种硅酸的性质也不一样,例如 H_4SiO_4 以胶体状态存在于溶液中,过滤时可以穿过滤纸,加热后可转化为 H_2SiO_3,在 100 ~110℃脱水即可生成 $H_2Si_3O_7$ 不溶于水及酸,过滤后,在 1000℃灼烧,即变成不含水的 SiO_2。

为了增加分析速度,硅酸的水溶胶在强酸性溶液中与带有相反电荷的动物胶相遇,便失去电荷而凝聚为沉淀析出,聚沉以在 60 ~70℃及 8mol/L 盐酸为最好,且应不断搅拌,但千万不可煮沸。

析出的硅酸沉淀在高温(1000℃)灼烧,灼烧的温度愈高,SiO_2 的吸水性愈小,这样就便于称量。

3.3.2.2 硅钼蓝光度法

见钢铁分析中硅的分析一节。

【思考题】

(1)炉渣中的硅大多以何种形态存在?叙述分析测定 SiO_2 两种方法的基本原理?

3.4 倍半氧化物的分析

3.4.1 概述

在经典的系统分析中,测定 SiO_2 后的滤液,在加热的情况下加氨水沉淀铁、铝、钛等的氢氧化物，以便与钙、镁分离。过滤后，灼烧至恒重，所得的混合氧化物以 R_2O_3 表示，称为倍半氧化物（或二、三氧化物，即 Fe_2O_3、Al_2O_3、TiO_2 等）。

测定 R_2O_3 后，将其用焦硫酸钾熔融，使成可溶性硫酸盐，用重铬酸钾法测定其中 Fe_2O_3 的含量。并将 R_2O_3 经 $K_2S_2O_7$ 熔融后的熔块用水浸取，加 H_2O_2 则生成黄色，以比色法测出其中 TiO_2 含量。如 R_2O_3 中锰、磷等杂质极少时，Al_2O_3 的测定则用减量法求得：

$$Al_2O_3\% = R_2O_3 - (Fe_2O_3\% + TiO_2\%)$$

3.4.2　测定方法

炉渣中倍半氧化物的测定方法以重量法为主。它的基本原理如下：

分离 SiO_2 后的滤液，用氨水中和至微碱性，Fe^{3+}、Al^{3+}、Ti^{4+} 等离子即形成氢氧化物沉淀：

$$FeCl_3[AlCl_3] + 3NH_4OH = Fe(OH)_3\downarrow[Al(OH)_3\downarrow] + 3NH_4Cl$$

$$TiCl_4 + 4NH_4OH = Ti(OH)_4\downarrow + 4NH_4Cl$$

过滤后，灼烧至恒重，此混合氧化物以 R_2O_3 表示，即倍半氧化物的总量：

$$2Fe(OH)_3[2Al(OH)_3] = Fe_2O_3[Al_2O_3] + 3H_2O$$

$$Ti(OH)_4 = TiO_2 + 2H_2O$$

沉淀时如所加氨水过量，则 $Al(OH)_3$ 会重新溶解，所以必须控制溶液的 pH 值，$Al(OH)_3$ 完全沉淀所需的 pH 值与甲基红变色比较一致（pH 值为 4.4～6.2）。因此在加氨水之前，可加入甲基红指示剂以便控制 pH 值。

炉渣中常含有一定量的 Ca、Mg，溶液中应有适量的 NH_4Cl 降低 OH^- 不至沉淀析出。在 $R(OH)_3$ 沉淀时，常有少量 Ca、Mg 与之共沉淀，为得到准确结果，应沉淀两次。

洗涤用 NH_4NO_3 溶液，以防少量 $R(OH)_3$ 形成胶体溶液，NH_4NO_3 对灼烧沉淀并无妨碍，但不可用 NH_4Cl，因为灼烧时形成的 $FeCl_3$ 会挥发，影响分析结果。

【思考题】

(1)什么是倍半氧化物,重量法测定炉渣中倍半氧化物的基本原理是什么?

3.5 铁的分析

3.5.1 概述

铁在炉渣中包括全铁,氧化亚铁,金属铁,三氧化二铁,但大部分均以2价状态存在。用铝金属脱氧前部分铁可能和2价铁形成 $x Fe_2O_3 \cdot y FeO$ 型中间氧化物;因此在炉渣中只测定2价铁就不能表示出金属的氧化程度,所以通常先分别测定全铁量、2价铁和金属铁,然后由计算求出 Fe_2O_3 的含量。

炉渣的黏度是炉渣一个很重要的性质,对酸性渣来说,基本组成是 SiO_2、FeO 和 MnO。一般 SiO_2 含量过多时,黏度增加;反之,FeO 含量过多,可以降低黏度。要使炉渣和钢水之间的反应进行得活跃,必须使反应物质迅速地达到反应区和迅速地从界面移开,而这个反应能力主要为 FeO 所决定。

3.5.2 测定方法

一般测定铁的方法多采用重铬酸钾法,其方法原理见铁矿石分析中铁的分析一节。

【思考题】

(1)炉渣中的铁大多以何种形态存在?

3.6 氧化钙的分析

3.6.1 概述

氧化钙是炉渣中的主要组分,因为它直接影响炉渣的熔点、黏度和碱度。为了控制冶炼过程,必须经常测定炉渣中 CaO 含量。

目前生产中所用以测定 CaO 的方法是 EDTA 络合滴定法,而部颁标准方法中所规定的标类法则用高锰酸钾法。

3.6.2 测定方法

一般测定氧化钙的方法,多采用高锰酸钾法,也用钢铁分析中钙的测定方法。其高锰酸钾法是试样经溶解和滤去二氧化硅以后,硅酸已经去掉而其他杂质如铁、铝、锰和磷仍旧存在于溶液中。

由于在一定酸度(pH 值为 3.6~4.2)溶液中用草酸铵沉淀钙时,铁、铝、锰和钛不沉淀,并且过量的草酸铵可使镁形成络合物而保留在溶液中。所以可直接用测定 SiO_2 的滤液测定钙,无需事先分离以上各种杂质。

在盐酸溶液中草酸铵和钙的沉淀反应如下:

$$CaCl_2 + (NH_4)_2C_2O_4 = 2NH_4Cl + CaC_2O_4$$

但在这种情况下 CaC_2O_4 结晶析出较慢,同时,溶液内有过量 $C_2O_4^{2-}$ 存在,使 CaC_2O_4 的溶解度大大降低,因此生成的沉淀是极细的结晶。结晶太细的缺点有三:(1)过滤时容易通过滤纸的孔隙而损失;(2)堵塞滤纸的孔隙使过滤迟缓;(3)不易洗涤干净。

为了使 $CaCl_2$ 溶液中把钙沉淀为比较粗粒的结晶,可采用下列的措施:先在 $CaCl_2$ 溶液中加入 HCl 酸化,再加入草酸,最后再用氨水中和游离的酸类。

草酸的酸性是中等强度的酸,它的电离常数为 3.9×10^{-2}。$H_2C_2O_4$、H^+、$C_2O_4^{2-}$、$C_2O_4^-$ 这四种存在形式中 $C_2O_4^{2-}$ 是沉淀所必需的,但是从它的电离常数可以看出,$C_2O_4^{2-}$ 的浓度是很小的,溶液中因有盐酸的存在使 $C_2O_4^{2-}$ 浓度更加降低。这样可使得到的 CaC_2O_4 结晶大一些。但不可能使所有的钙全部沉淀。加入氨水中和过剩的盐酸,然后再中和草酸:

$$H_2C_2O_4 + 2NH_4OH = 2H_2O + (NH_4)_2C_2O_4$$

溶液中 $C_2O_4^{2-}$ 的浓度逐渐增加,留在溶液中的钙离子也逐渐形成 CaC_2O_4 沉淀析出。在这种情况下,既可使钙离子沉淀完全,而且,沉淀出来的结晶具有较大的颗粒:

$$CaCl_2 + H_2C_2O_4 + 2NH_4OH = CaC_2O_4 + 2NH_4Cl + 2H_2O$$

滤出 CaC_2O_4 的沉淀,溶解于稀硫酸中,用高锰酸钾溶液滴定:

$$CaC_2O_4 + H_2SO_4 = CaSO_4 + H_2C_2O_4$$

$$5H_2C_2O_4 + 2KMnO_4 + 3H_2SO_4 = K_2SO_4 + 2MnSO_4 + 10CO_2\uparrow + 8H_2O$$

【思考题】

(1)写出高锰酸钾法测定钙的主要原理及其反应式?

(2)用草酸沉淀钙时,为什么不必预先分离铁、铝、锰和镁等杂质?

3.7 氧化镁的分析

3.7.1 概述

炉渣的熔点通常和它的黏度有关,SiO_2能降低炉渣的熔点,但增加炉渣的黏度。FeO 和 MgO 能升高它的熔点,但却降低它的黏度。同时 CaO 和 MgO 的含量还决定去硫量的多少。故氧化镁也是炉渣分析中经常测定的项目之一。

3.7.2 测定方法

一般快速法最常用的是 EDTA 络合滴定法,而标类法则采用焦磷酸盐法或中和法。以标类法为主。

当氯化铵及氨水存在的时候,用磷酸氢二钠或磷酸氢二铵沉淀为磷酸镁铵 $NH_4MgPO_4 \cdot 6H_2O$,加热灼烧到这种沉淀转变为焦磷酸镁 $Mg_2P_2O_7$称量,由焦磷酸镁重计算 MgO 的含量。其反应式:

$$Na_2HPO_4 + MgCl_2 + NH_4OH = NH_4MgPO_4 + 2NaCl + H_2O$$

$$2NH_4MgPO_4 = Mg_2P_2O_7 + 2NH_3 + H_2O$$

用磷酸氢二钠沉淀镁时必须在氨水中进行,但溶液中的镁遇氨水则将沉淀为 $Mg(OH)_2$,为了避免镁沉淀成 $Mg(OH)_2$必须加入大量的氯化铵,为了使溶液中的镁完全沉淀成磷酸镁铵必须加入足够的氨水。磷酸镁铵的洗涤普通用的洗液为稀氨水或硝酸铵与稀氨水的混合溶液而不用纯水,因磷酸镁铵对水稍有溶解性。

【思考题】

(1)用磷酸氢二钠沉淀镁时的必要条件是什么?试详述之。

(2)磷酸镁铵晶形沉淀对水有微溶性,在分析步骤中如何防止?

3.8 氧化锰的分析

3.8.1 概述

炉渣中大部分锰是以硅锰酸的形态存在,少量的以硫化锰的形态存在。各种炉渣中锰的含量范围是从微量~18%。

3.8.2 测定方法

常用过硫酸铵银盐法,含量较少时也可用比色法,即比较生成高锰酸紫色的深浅。

过硫酸铵银盐法和比色法见钢铁分析中锰的分析。

3.9 硫的分析

硫在炉渣中主要以硫化物(CaS,FeS)状态存在。各类炉渣中的含硫量范围可以从0.5% ~5%,一般多采用燃烧法(碘量法)进行测定(基本原理、试剂、仪器装置以及分析步骤全同于实验七,钢铁中硫的测定)但要注意含硫量的多少以决定称取试样的多少,如炉渣的称样一般称取0.2000g,而硫含量在0.03%以下时则称取2.0000g试样。

S的分析同钢铁分析中硫的分析一节。

3.10 炉渣系统分析

3.10.1 概述

在炉渣的系统分析中,为了适应生产的需要,多广泛采用EDTA络合滴定法进行铁、铝、钙、镁的连续测定,它与在炉渣总概述中所介绍的经典系统分析法比较分析时间可以缩短2/3,化验费用可以节约1/3,并能达到与经典法相同的准确度,所以络合滴定法是符合多快好省的原则,结合生产实际的分析方法。

3.10.2 测定方法

3.10.2.1 炉渣系统分析简表

炉渣系统分析简表:

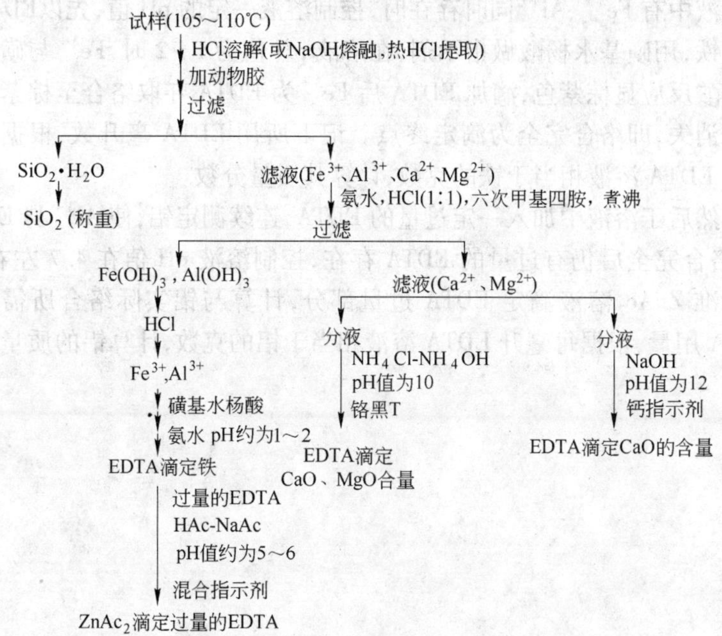

3.10.2.2 分离钙、镁后铁、铝的连续滴定

于过滤 SiO_2后所得的滤液中,加入六次甲基四胺,使水解生成氨及甲醛,铁、铝离子便在氨性溶液中形成氢氧化物沉淀:

$$(CH_2)_6N_4 + 10H_2O = 4NH_4OH + 6HCHO$$

$$FeCl_3 + 3NH_4OH = Fe(OH)_3\downarrow + 3NH_4Cl$$

$$AlCl_3 + 3NH_4OH = Al(OH)_3\downarrow + 3NH_4Cl$$

沉淀反应控制在一定的 pH 值范围内进行,使金属氢氧化物的沉淀速度降低,对溶液中其他离子的吸附作用可减弱,避免共沉。沉淀过滤后,可使铁、铝与钙、镁分离。以适量酸溶解所得铁、铝氢氧化物沉淀,用 EDTA 溶液进行滴定。

利用 Fe^{3+}、Al^{3+} 与 EDTA 生成络合物的稳定性不同,可用 EDTA 连续络合滴定铁、铝。当溶液的酸度在 0.1mol/L 以下时(pH 值大于 1),Fe^{3+} 即与 EDTA 定量络合,$\lg K \geqslant 25.1$,而 EDTA 与 Al^{3+} 要在溶液酸度 pH 值等于 4.7 时,才能定量络合,$\lg K \geqslant 16.3$。由于 Fe^{3+} 与 EDTA 生成络合物的稳定性大于 Al^{3+} 与 EDTA 生成络合物的稳定性,所以可

在溶液中有 Fe^{3+}、Al^{3+} 同时存在时，控制溶液一定的 pH 值，先以EDTA滴定铁，用磺基水杨酸做指示剂，在溶液 pH 值为 1～2 时，Fe^{3+} 与磺基水杨酸反应显棕紫色，滴加 EDTA 后 Fe^{3+} 为 EDTA 夺取络合至棕紫色完全消失，即络合完全为滴定终点。记下所用 EDTA 毫升数，根据每毫升 EDTA 溶液相当于铁的克数，计算其质量分数。

然后于溶液中加入一定过量的 EDTA，连续测定铝，使 Al^{3+} 与 EDTA 络合完全后仍有过量的 EDTA 存在，控制溶液 pH 值在 4.7 左右，以标准 $ZnAc_2$ 溶液滴定 EDTA 过量部分，计算与铝实际络合所需的 EDTA 用量，根据每毫升 EDTA 溶液相当于铝的克数，计算铝的质量分数。

4 化验室基本知识

4.1 坩埚器皿的使用规则

坩埚器皿的种类很多，有铂、金、银、镍、铁、石英、刚玉、瓷和石墨坩埚等。

4.1.1 铂坩埚

铂坩埚又称白金坩埚，因其贵重使用时必须遵守下列规则，以避免铂器皿的损坏：

(1)铂是软金属，熔点1774℃，耐高温，1200℃时质软，使用时应十分小心。不能用硬的不带有橡皮头的玻璃棒擦脱黏附的熔融残渣及其他固体物质；在取出熔瓶时不能压捏坩埚；带有熔融物烧红的坩埚，不能浸入冷水中去冷却；如果发现坩埚有微小的变形时，常采用适当的木模矫正外形；铂器皿应经常保持清洁、光亮及正常外形。

(2)铂器皿的加热和灼烧均应在垫有石棉板或陶瓷板电炉（或电热板）上进行，不能与电炉丝、铁板接触。在铂皿中灰化滤纸时，不可使滤纸着火。热的铂器皿，只许用铂坩埚钳（钳的尖端包有一层铂）夹取。不能使用冒火花的灯焰，对铂器皿进行加热，因为这种火花是由制造灯头用的金属产生的氧化物微粒所组成，它们会紧密地黏附在铂上面难以除去。

(3)为了避免损坏，未知成分的物质不能在铂器皿中进行灼烧和处理。不能在铂器皿中处理游离的卤素及能析出卤素的物质，例如王水、溴水和盐酸与氧化剂（氯酸钾、硝酸钾、高锰酸盐、二氧化锰、亚硝酸盐）的混合物。因为游离的卤素即使在冷却状态也能侵蚀铂。

(4)在铂皿中不允许用过氧化钠、苛性碱、碱和硫的混合剂、硫代硫酸钠及硝酸盐、亚硝酸盐、氰化物以及有侵蚀作用和能同铂产生化合物的其他熔型进行熔融。

(5)不能在铂器皿中加热和灼烧易还原的重金属化合物如铅、锌、铋、锡、锑、砷、银、汞、铜等氧化物及其盐类,以及含硫、磷、砷(如磷酸镁铵)等的化合物,因为这些元素在还原时能与铂作用,可生成脆实的磷酸铂等,即使极微量的磷对铂坩埚也有破坏性。当含重金属样品与碳酸盐熔融时,须加入少量的氧化剂(硝酸钾),以防重金属还原。高硅铁不在铂坩埚内熔融,在熔融高铁试料前,预先把试料溶解在酸内将铁除去;多金属矿试样,先用盐酸、硝酸处理,其残渣在瓷坩埚内灰化,然后转入铂坩埚内熔融。

(6)铂坩埚只可架于石英或黏土的三脚架上加热。在高温炉上加热时需注意高温炉膛底部的清洁,决不允许有其他熔剂抛撒在高温炉内,损坏铂器皿,为了避免铂器皿的损坏可在高温炉内铺上石棉板或耐火瓷板,或将铂坩埚放于较大的瓷坩埚中灼烧。

(7)使用过的铂器皿,可用下述方法清洗:用盐酸(1 +1)煮沸清洗,洗涤后的盐酸可连续使用,但必须单独存放,并加有明显的标志。如用盐酸不能洗净时,可用碳酸钠、焦硫酸钾或硼砂熔融。若有少量不易洗净的污点,也可用加水润湿100筛目以上的细石英砂,以棉花或手指沾上擦洗,使表面恢复正常光泽。

(8)铂坩埚虽能抵抗很多熔剂的侵蚀,但在每次熔融后,仍能把铂坩埚熔融一部分,熔下铂之数量虽然极小,对于铂坩埚说来可以认为未受到任何损坏,但对于试验本身来说由于铂的微量引入可能引起显著的干扰作用。焦硫酸钾在铂坩埚中每熔融一次,能引入甚至数毫克之铂。碳酸钠对铂之侵蚀较少,每次熔融仅能引入十分之几毫克铂。

(9)各种物质对铂的影响见附录3。

4.1.2 其他坩埚

4.1.2.1 金坩埚

金也是贵金属,耐腐蚀性很强,但因其熔点较低(1063℃),使用温度不超过800℃,限制了它的使用范围。熔融的碱金属氢氧化物对金不侵蚀,做这种熔融用金坩埚较好。金在高温煤气灯上加热时会熔化,不宜用于重量法高温灼烧,不用于熔融操作。要注意决不可使黄金接触王水,因为金遇王水会很快被腐蚀。金器皿可用(1 +1)盐酸溶液短时间煮洗。

4.1.2.2 银坩埚

银也比较贵重,不受氢氧化钾或氢氧化钠的侵蚀,在熔融状态下仅在接近空气的边缘略起作用。但银的熔点为960℃,加热温度不超过780℃,不能在火上直接加热,银加热后表面生成一层氧化银,氧化银在高温下不稳定。银易与硫作用生成硫化银,不可在银坩埚中分解和灼烧含硫的物质,不许使用碱性硫化熔剂。熔融状态时铝、锌、锡、铅、汞等金属盐都能使银坩埚变脆。银坩埚不可用于熔融硼砂、浸取熔融物时不可使用酸,特别是不可接触浓酸。银坩埚的质量经灼烧会变化,所以不适于沉淀的称量。银器皿可在热稀盐酸中洗涤。刚取下的红热坩埚不能用水冷却,以免产生裂纹。

4.1.2.3 镍坩埚

镍的熔点较高为1450℃,强碱与镍几乎不起作用,镍坩埚可用于铁合金、矿渣、黏土、耐火材料、过氧化钠等熔融。镍坩埚熔样温度一般不超过700℃。镍在空气中生成氧化膜,加热时质量有变化,所以镍坩埚也不能作恒重沉淀分析用。不能在镍坩埚中熔融含铝、锌、锡、铅、汞等的金属盐和硼砂。镍易溶于酸,浸取熔块时不可用酸。镍坩埚使用前可放在水中煮沸数分钟,以除去污物,必要时可加少量盐酸煮沸片刻。新的镍坩埚使用前应先在马弗炉中灼烧成蓝紫色或灰黑色,除去表面的油污并使表面氧化,延长使用寿命,然后用稀盐酸煮沸片刻,用水冲洗干净。镍坩埚中常含有微量铬,使用时应注意。

4.1.2.4 铁坩埚

铁的熔点1535℃,虽然易生锈,耐碱腐蚀性不如镍,但是因为它价格低廉,仍可在做过氧化钠熔融时代替镍坩埚使用。铁坩埚使用前,应按下面方法进行钝化处理:先用稀盐酸洗涤,后用细砂纸将坩埚擦净,用热水洗涤。然后将它置于稀 H_2SO_4(5%)和稀 HNO_3(1%)的混合液浸泡数分钟,用水洗净,烘干后在300~400℃的马弗炉中灼烧10min。清洗铁坩埚时,一般用冷的稀 HCl 即可。

4.1.2.5 石英坩埚

石英玻璃的化学成分是二氧化硅,线膨胀系数很小(5.5×10^{-7}),可耐急冷急热。软化温度是1650℃。由于它具有耐高温性能,能在

1100℃下使用,短时间可用到1400℃。耐酸性能非常好,除氢氟酸和磷酸外,任何浓度的有机酸和无机酸甚至在高温下都极少和石英玻璃作用。因此,虽然其价格较贵,但在化验室蒸发浓酸、制取高纯水、燃烧法分解样品等仍常要用到石英制品。此外,在环境分析中,为避免玻璃中痕量离子进入溶液,也较多使用石英容器。但石英玻璃不能耐氢氟酸的腐蚀,磷酸在150℃以上也能与其作用,强碱溶液包括碱金属碳酸盐也能腐蚀石英,在常温时腐蚀较慢,温度升高腐蚀加快。因此,石英坩埚应避免用于上述场合。另外,石英质脆,碰撞时极易破损,所以应与一般玻璃仪器分别存放,妥加保管。清洗时,除氢氟酸外,普通稀无机酸均可用做清洗液。

4.1.2.6 玛瑙坩埚

玛瑙是一种胶体矿物,在矿物学中,它属于玉髓类。玛瑙一般为半透明到不透明,硬度6.5~7度,密度为2.55~2.91g/cm^3,折光率为1.535~1.539,其化学成分是二氧化硅,但其硬度超过水晶,与很多药品不起作用。在精细的、不许带进杂质的操作中常使用玛瑙坩埚,如发射光谱分析等。使用时要注意,不可用力敲击,用后洗净。不作反应物。不能研磨易爆物、装物最多占容积的1/3;不宜放置在烘箱或电炉上高温处理,可以自然干燥或低温(60℃)慢慢烘干;可用少量稀盐酸洗或用少许食盐研磨。玛瑙研钵适用于化验室、制药厂的高级研磨用,耐压强度高,耐酸碱。

4.1.2.7 刚玉坩埚

刚玉坩埚由多孔性熔融氧化铝制成,质坚而耐熔,耐高温,熔点2045℃,是一种难熔氧化物的坩埚。适用于无水碳酸钠等一些弱碱性熔剂熔融样品,不适于Na_2O_2、NaOH和酸性熔剂($K_2S_2O_7$等)样品。而同样是难熔氧化物的二氧化锆坩埚能耐Na_2O_2的腐蚀。

4.1.2.8 塑料器皿坩埚

塑料是高分子材料的一类,由于塑料具有一些它特有的物理和化学性质,在实验室中可以作为金属、木材、玻璃等的代用品。如聚四氟乙烯是热塑性塑料,色泽白,有蜡状感觉,耐热性好,最高工作温度为250℃,除熔融态钠和液态氟外能耐一切浓酸、浓碱、强氧化剂的腐蚀。聚四氟乙烯在王水中煮沸也不起变化,在耐腐蚀性上可称为塑料

"王"。聚四氟乙烯的电绝缘性好,并能切削加工。

聚四氟乙烯坩埚可用于氢氟酸处理样品。不锈钢外罩的聚四氟乙烯坩埚在加压加热(一般要求低于200℃)处理矿样和消解生物材料方面得到应用。聚四氟乙烯超过250℃开始分解,在415℃以上急剧分解放出极毒的全氟异丁烯气体。洗涤塑料坩埚时一般可用对该塑料无溶解性的溶剂,如乙醇等。如塑料器皿被金属离子或氧化物玷污可用(1+3)盐酸洗涤。

4.1.2.9 瓷坩埚

瓷制器皿能耐高温,可在高至1200℃的温度下使用,耐酸碱的化学腐蚀性也比玻璃好,瓷制品比玻璃坚固,且价格便宜,在实验室中经常要用到。涂有釉的瓷坩埚灼烧后失重甚微,可在质量分析中使用。瓷制品均不耐苛性碱和碳酸钠的腐蚀,尤其不能在其中进行熔融操作。用一些不与瓷作用的物质如MgO、C粉等作为填垫剂,在瓷坩埚中用定量滤纸包住碱性熔剂熔融处理硅酸盐试样,可部分代替铂制品。瓷坩埚常用于灼烧沉淀及高温处理试样,高型瓷坩埚用于隔绝空气条件下处理试样。

4.1.2.10 石墨坩埚

热解石墨坩埚也开始被推广使用。裂解石墨是在高温、低压、氮气氛下,由碳氢化合物裂解制成的。它致密、有金属光泽、渗透性小,易清洗,能耐800℃高温,如外罩一个瓷坩埚能耐1000℃高温。它能耐除高氯酸以外的一切强酸(包括王水)。耐中、低温下强碱作用、耐过氧化钠和高温熔盐腐蚀,使用寿命长,可以代替一些贵金属坩埚使用。

根据测定要求和实验室条件,用熔融法分解试样时,可采用上述不同材料制品的坩埚。

4.2 管式炉的使用规则

目前,冶金分析最基础设备是管式炉(见图4-1),主要用于测定C、S。因价格低廉,在许多小型工厂都有利用。随着工厂的需要,管式炉越来越精密,已经进入到可以控温、调温的真空管式炉(见图4-2)。随着红外碳硫分析仪(见图4-3)的使用,管式炉也在变化。

以下主要介绍最基础的管式炉使用规则:

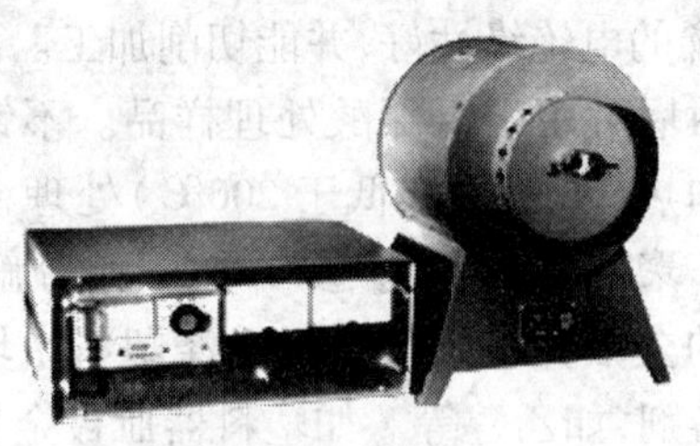

图 4-1 管式电阻炉(普通型)

图 4-2 真空管式 CD-1600G 高温炉

图 4-3 EMIA-820V 红外碳硫分析仪

(1)未使用前应首先按说明书将燃烧炉与电源调节设备及指示器设备按其规定连接。

(2)硅碳棒硬而脆,因而在安装时应特别小心,不然极易折断。每次安装的两根硅碳棒要选择电阻相同的或接近的(按包装上注明的规格)。更换硅碳棒时也应遵循此项原则。

(3)Cl_2或 HCl 气在 500℃以上时能影响硅碳棒的发热部分，但 CO_2及 N_2仅影响其加粗的接头部分，氢气能使硅碳棒的组织变松，因而影响其寿命。各种碱类硅酸盐及硼酸盐不应与发热部分直接接触。腐蚀性气体在高温下，能损坏硅碳棒金属接头，因此燃烧炉最好安装在没有这些气体影响的地方。

(4)热电偶上端应有石棉绳，慢慢插入电炉上的着火孔，插入的深度应适当，使偶端与燃烧管恰巧接触，也不应施加压力，以致易于损坏。插入过深或过浅都不能得到正确读数，过深则将越过燃烧管的底部与硅碳棒接触，两者均易损坏。热电偶不可在高温时骤然插入或取出，以免爆裂。

(5)高温设备的正确使用应先预热，使温度逐渐增高，所以使用高温电炉也应慢慢提高电压，首先将插头接上电源，此时电流电压表上无读数，再轻轻转调压器，此时伏特表指针有轻微的移动，即表示电路正常无误，然后可以转动调压器，使电压渐渐增高至 65V。待温度渐渐增至 400℃时，然后再转动调压器增高电压，维持电流为 9A，直至炉中温度达到所需温度。其安全负荷为 1100W。硅碳棒逐渐老化，所加电压必须增加，保持其性能。

(6)不要在 300℃以上打开箱式炉的炉门，以免实验炉的耐火砖开裂；如果是第一次使用实验炉或长时间未用，请在 300℃时保持最少 2h 以烘干实验炉的炉膛。在高真空下，建议不要超过 1200℃以上，在 800～1000℃期间管式炉升温和降温速率不大于 5℃/min，避免高温炉管开裂。

(7)电炉不使用时，将电压调节器调至零点，然后切断电源。经常升温和停温，硅碳棒使用寿命降低。为了适应炉前分析工作时，可以将温度调整低一些，这样对升温和保护硅碳棒都有好处。每使用 3 个月，重新检查硅碳棒加热元件的连接带，如有松动，重新紧固。

4.3 纯水的制备

在化验工作中如洗涤仪器、配制溶液等需要纯水。经过提纯的水称纯水，因提纯的方法不同，纯水又有蒸馏水、离子交换水、反渗透膜制水等。

4.3.1　分析用水的质量要求及检验

(1)阳离子的定性检查。取水样 10mL 于试管中，加入 2～3 滴氨缓冲液(pH 值为 10)，2～3 滴铬黑 T 指示剂，如水呈现蓝色，表明无金属阳离子钙镁等，含有阳离子水呈现紫红色。

(2)水的电阻率测定。水的电阻率(见表 4-1)越高，表示水中的离子越少，水的纯度越高。25℃时，电阻率为$(1.0\sim10)\times10^6\Omega\cdot cm$的水称为纯水，电阻率大于$10\times10^6\Omega\cdot cm$的水称为高纯水。高纯水应贮存在石英或聚乙烯塑料容器中。

表 4-1　各级水的电阻率

水的类型	电阻率(25℃)/Ω · cm	水的类型	电阻率(25℃)/Ω · cm
自来水	约为 1900	混合床离子交换水	约为 12.5×10^6
一次蒸馏水(玻璃)	约为 3.5×10^5	28 次蒸馏水(石英)	约为 16×10^6
三次蒸馏水(石英)	约为 1.5×10^6	绝对水(理论上最大的电阻率)	18.3×10^6

(3)pH 值。用酸度计测定与大气相平衡的纯水的 pH 值，一般应为 6.0 左右。采用简易化学方法检定时，取两支试管，在其中各加水 10mL，于甲试管中滴加 0.2% 甲基红两滴，不得显红色，于乙试管中滴加 0.2% 溴百里酚蓝溶液 5 滴，不得显蓝色。

实验室分析用水标准见表 4-2。

表 4-2　实验室分析用水标准

序号	项　目	指　标	序号	项　目	指　标
1	外　观	无色透明无臭无味	6	碳酸盐/$mg\cdot L^{-1}$	<0.2
2	电导率/Ω	$(8.0\sim0.058)\times10^{-6}$	7	硫酸盐(氯化物、硝酸盐、硅)/$mg\cdot L^{-1}$	无
3	蒸发残渣/$mg\cdot L^{-1}$	<5	8	钙镁/$mg\cdot L^{-1}$	<0.1
4	灼烧残渣/$mg\cdot L^{-1}$	<1	9	重金属/$mg\cdot L^{-1}$	无
5	氨及铵盐/$mg\cdot L^{-1}$	<0.05	10	pH 值	5.4～6.6

(4)氯离子的定性检查。取水样 10mL 于试管中，加入数滴 1.7% 硝酸银水溶液(用 4% 硝酸银配制)摇匀，在黑色背景下看溶液是否变

白色混浊,如无氯离子应为无色透明(如硝酸银溶液未经硝酸酸化,加入水中可能出现白色或棕色沉淀,这是氢氧化银或碳酸银造成的)。

4.3.2 蒸馏法和离子交换法制取纯水

将天然水用蒸馏器蒸馏就得到蒸馏水。由于绝大部分无机盐类不挥发,因此水较纯净,适用于一般化验工作。

蒸馏器有多种形式,有较大型的,用铜或不锈钢制成,可在水内部用电阻加热,也有玻璃制的,蒸馏水中仍含有一些杂质,原因是:(1)二氧化碳及某些低沸物易挥发,随水蒸气进入蒸馏水中;(2)少量液态水成雾状飞出,进入蒸馏水中;(3)微量的冷凝管材料成分带入蒸馏水中。

制取高纯的蒸馏水要用硬质玻璃或石英蒸馏器。某些特殊用途的水,用银、铂、聚四氟乙烯蒸馏器。制取蒸馏水的蒸馏速度不可太快,可采用不沸腾蒸发法。增加蒸馏次数,弃去头尾等措施可提高蒸馏水的纯度。制好的纯水储于聚乙烯或石英等不受离子玷污的容器中。

实验室制取重蒸馏水的方法是:用硬质玻璃或石英蒸馏器,在蒸馏水或去离子水中加入少量高锰酸钾的碱性溶液(以破坏水中有机物)重新蒸馏,弃去蒸出水的最初1/4,收集中段的重蒸馏水,弃去蒸馏器中的尾数。接收器要防止空气中二氧化碳和氨等浸入,以得到电导率低于$(1.0 \sim 2.0)\times 10^{-6}$s/cm的水。如达不到要求可再蒸馏一次得二次蒸馏水。

离子交换法制取纯水详见分析化学教材书和工业分析手册。

4.3.3 反渗透法制取纯水

利用足够大的压力差使原水中的水通过反渗透膜分离出来的纯水是反渗透水。与传统的离子交换水处理技术相比,有以下优点:药剂耗量少,环境污染小,水质稳定等。在质检部门的制水中逐渐被广泛应用。

4.3.3.1 反渗透工作原理

反渗透设施生产纯水的关键有两个,一是有选择性的膜—半透膜,二是一定的压力。简单地说,反渗透半透膜上有众多的孔,这些孔的大小与水分子的大小相当,由于细菌、病毒、大部分有机污染物和水合离子均比水分子大得多，因此不能透过反渗透半透膜而与透过反渗透膜的水相分离。

4.3.3.2 反渗透纯水处理系统组成

反渗透设备是围绕反渗膜而组织成的一套水处理系统，一套完整的反渗透系统分别由预处理部分、反渗透主机（膜过滤部分）、后处理部分和系统清洗部分共同组成。

（1）预处理常常由石英砂过滤装置，活性碳过滤装置，精密过滤装置等组成，主要目的是去除原水中含有的泥沙、铁锈、胶体物质、悬浮物，色素、异味、生化有机物，降低水的余氨值及农药污染等有害的物质。如果原水中钙镁离子含量较高时，还需增加软水装置，主要目的在于保护后级的反渗透膜不受大颗粒物质的破坏，从而延长反透膜的使用寿命。

（2）反渗透主机主要由增压泵、膜壳、反渗透膜、控制电路等组成，是整个水处理系统中的核心部分。只要膜及增压泵的型号选取得当，反渗透主机对水中盐分的过滤能力都能达到99%以上，出水电导率可保证在10μs/cm（25℃）以内。

（3）后处理部分主要是对反渗透主机制取的纯水作进一步的处理，如果后续工艺接离子交换或电去离子（EDI）设备，则可以制取工业用超纯水；如果是用在民用直饮水工艺上，则常常接后置杀菌装置。

（4）为了保证反渗透系统正常运行及延长反渗透膜元件使用寿命，当反渗透系统运行一段时间后为去除碳酸钙垢、水中金属氧化物垢、生物滋长（细菌、真菌、霉菌等）等物质就需要对系统进行清洗。

4.3.3.3 制水工艺流程

制水工艺流程根据操作说明书进行。

4.4 有效数字、允许差及不确定度

4.4.1 分析检测有效数字的规定和修约

4.4.1.1 分析检测中有效数字的规定

分析化学中有些量值如 pH 值、pK 值等，其有效数字位数仅取决于小数部分位数。如 pH 值为 2.49，则在 pH 值为 2.48 至 pH 值为

2.50 范围内，[H^+]在 0.00313mol/L 至 0.00334mol/L 范围内，所以为两位有效数字，表述为[H^+] =3.2×10^{-3}mol/L。

对于滴定管、移液管和吸量管，它们都能准确测量溶液体积到 0.01mL，所以当用 50mL 滴定管测量溶液体积时，如测量体积大于 10mL，应记录为四位有效数字，写成 24.32mL；如测量体积小于 10mL，应记录为三位有效数字 8.13mL。当用 25mL 移液管移取溶液时，应记录为 25.00mL，当用 5mL 吸量管吸取溶液时，应记录为 5.00mL。

当用 250mL 容量瓶配制溶液时，则所配制溶液的体积应记录为 250.0mL。当用 50mL 容量瓶配制溶液时，则应记录为 50.00mL。

总而言之，测量结果所记录的数字，应与所用仪器测量的准确度相适应。

4.4.1.2　分析检测有效数字修约规则

测量、记录的数据在运算时，需对过多位数的有效数字进行修约，修约按国家标准 GB 8170—2008《数值修约规则》规定进行。修约规则如下：

(1)四舍六入：如 12.34 修约到三位有效数字，为 12.3，四舍；12.36 修约到三位有效数字，为 12.4，六进。

(2)“5”按不同情况修约“舍”或修约“入”，“5”的后面若不全部是零，则进；如 12.3451 修约到四位有效数字，为 12.35，进；12.34501 修约到 4 位，也是 12.35，进。“5”的后面若全部是零，则“5”前为奇数字，进；“5”前为偶数字(包括零)，舍。如 12.34500 修约到四位，得 12.34；12.33500 修约到 4 位，也得 12.34。

(3)修约一次，不作多次连续修约：如 23.4567 修约成整数，一次修约，得 23；若按多次连续修约，依次得 23.457、23.46、23.5、24，最后所得 24 是不正修约的结果。

(4)标准偏差、相对标准偏差的数值修约为 1 ~2 位，修约时只进不舍。如 s =3.45mg/L 修约成 3.5mg/L 或 4mg/L。

4.4.2　允许差

近年来，分析测试工作中更强调用不确定度(uncertainty)取代传统的准确度(accuracy)和精密度(precision)来表述分析测试的结果。

4.4.2.1 分析结果的表示方法——允许差(Tk)

允许差是在指明的试验条件下获得的两个或多个结果之间的最大差值。允许差可用来衡量分析人员分析结果是否准确,实验室内和实验室间的分析精密度是否符合要求。既可以表示组分含量的大小,也可以表明实验准确程度。如同一铁含量在报告中 98.2% 相对 98.20% 而言,是一个不准确的结果。

允许差又分为化学成分允许差和成品化学成分允许差。化学成分允许差规定用同一方法分析同一元素时,允许的平均测定结果的偏差。如冶金分析中 Ni,重量法测定中 0.2% ~0.8% 含量时 Tk% 为 0.057,0.8% ~1.5% 含量时 Tk% 为 0.093;光度法测定中 0.010% ~ 0.025% 含量时 Tk% 为 0.0025,0.101% ~0.250% 时 Tk% 为 0.010。

成品化学成分允许差规定:允许的铁水(钢水)的分析结果与成品(固体)取样分析结果差。

允许差的特点基本有 4 点:(1)同一分析方法,同一试样中某元素其含量范围不同规定的允许差不同;(2)方法不同,允许差不同;(3)范围越大,允许差 Tk 越大;(4)标样 Tk 小于实际样品 Tk。

4.4.2.2 不确定度

1995 年,ISO 等 7 个国际组织共同颁布了《测量不确定度表示指南》(《Guide to the Expression of Uncertainty in Measurement》简称 GUM)。我国在 1999 年等同采用了 GUM,颁布了 JJF1059—1999《测量不确定度评定与表示》,对测量不确定度的评定和表示的通用规则作了规定。

多年以来,人们已经习惯于误差理论。误差是“测量结果减去被测量的真值”。误差应该是一个确定的值,是客观存在的测量结果与真值之差。由于真值往往不知道,所以误差无法准确得到。测量不确定度是说明测量分散性的参数,是误差理论的新发展。不确定度比误差更科学,它不仅包含了统计学函数分布,还加入了置信度的概念。测量不确定度是评定测量水平的指标,是判定测量结果质量的依据。

A 测量不确定度的分类

可分为标准不确定度和扩展不确定度。标准不确定度由 A 类、B 类和合成标准不确定度三部分构成。扩展不确定度由 $U(k=2、3)$ 和

Up(p 为置信概率)两部分构成。

a 标准不确定度

标准不确定度是指“以标准偏差表示的测量不确定度”,用符号 u 表示,不确定度以标准偏差表示,来表征被测量之值的分散性。

由于测量结果的不确定度往往由许多原因引起,对每个不确定度来源评定的标准偏差,称为标准不确定度分量,用符号 u_i 表示。对这些标准不确定度分量有两类评定方法,即 A 类评定和 B 类评定。

b 扩展不确定度和包含因子

(1)扩展不确定度是由合成标准不确定度的倍数表示的测量不确定度,通常用符号 U 表示。它是将合成标准不确定度扩展了 k 倍得到的,即 $U = ku_c$,这里 k 值一般为 2,有时为 3,取决于被测量的重要性、效益和风险。扩展不确定度有时也称展伸不确定度或范围不确定度。

扩展不确定度是测量结果的取值区间的半宽度,可期望该区间包含了被测量之值分布的大部分。而测量结果的取值区间在被测量值概率分布中所包含的百分数,被称为该区间的置信概率、置信水准或置信水平,用符号 p 表示。这时扩展不确定度用符号 U_p表示,它给出的区间能包含被测量可能值的大部分(比如 95% 或 99% 等)。

(2)包含因子是指“为求得扩展不确定度,对合成标准不确定度所乘的数字因子”。包含因子的取值决定了扩展不确定度的置信水平,等于扩展不确定度与合成标准不确定度之比。鉴于扩展不确定度有 U 与 U_p两种表示方式,包含因子也有 k 与 k_p两种表示方式,它们在称呼上并无区别,但在使用时 k 一般为 2 或 3,而 k_p则为给定置信概率 p 所要求的数字因子。在被测量估计值接近于正态分布的情况下,k_p就是 t 分布中的 t 值。评定扩展不确定度 U_p时,已知 p 与自由度 v,即可查表得到 k_p,进而求得 U_p。参见 JJF 1059—1999《测量不确定度评定与表示》的附录 A“t 分布在不同置信概率 p 与自由度 v 的 $t_p(v)$值”。包含因子有时也称覆盖因子。

(3)v 在不同领域有不同的定义。对被测量若只观测一次,有一个观测值则不存在选择的余地,即 v 为零。若有两个观测值,显然就多了一个选择。换言之,本来观测一次即可获得被测量值,但人们为了提高测量的质量或可信度而观测 n 次,其中多测的$(n-1)$次实际上是由测量人员根据需要自由选定的,所以称之为“自由度”。

在A类标准不确定度评定中,v用于表明所得到的标准[偏]差的可靠程度。它被定义为“在方差计算中,和的项数减去对和的限制数”。按贝塞尔公式计算时,取和符号$\sum$后的项数等于n,而n个观测值与其平均值x之差(残差)的和显然为零。这就是一个限制条件,即限制数为1,故$v=n-1$。通常v等于测量次数n减去被测量的个数m,即$v=n-m$。实际上,v往往用于求k_p,如果只评定U而不是U_p,则不必计算v及有效自由度。

B 不确定度的A类评定、B类评定及合成

(1)A类评定是指通过统计分析观测列的方法,对标准不确定度进行的评定,所得到的相应的标准不确定度,用符号u_A表示,有时也称A类不确定度评定。A类标准不确定度用实验标准[偏]差表征。

(2)B类评定是指用不同于对测量样本统计分析的其他方法,进行的标准不确定度的评定,所得到的相应的标准不确定度,用符号u_B表示,有时也称B类不确定度评定。它用根据经验或资料及假设的概率分布估计的标准[偏]差表征。

(3)合成标准不确定度是指测量结果在若干个其他量求得的情形下,测量结果的标准不确定度,等于这些其他量的方差和协方差适当和的正平方根,用符号u_c表示。是测量结果标准[偏]差的估计值。u_c表征了测量结果的分散性。合成的方法常被称为“不确定度传播律”,而传播系数又称为灵敏系数。u_c的自由度称为有效自由度,用v_{eff}表示,它表明所评定u_c的可靠程度。

C 典型的不确定度来源

(1)取样和存储条件。当内部或外部取样是规定程序的组成部分时,例如不同样品间的随机变化以及取样程序存在的潜在偏差等影响因素构成了影响最终结果的不确定度分量。当测试样品在分析前要储存一段时间,则存储条件可能影响结果。存储时间以及存储条件因此也被认为是不确定度来源。

(2)仪器和试剂纯度。仪器影响可包括,如对分析天平校准的准确度限制;保持平均温度的控温器偏离(在规范范围内)其设定的指示点,受进位影响的自动分析仪。

即使母材料已经化验过，因为化验过程中存在着某些不确定度，其滴定溶液浓度将不能准确知道。例如许多有机染料，不是100%的纯度，可能含有异构体和无机盐。对于这类物质的纯度，制造商通常只标明不低于规定值。关于纯度水平的假设将会引进一个不确定度分量。

(3)假设的化学反应定量关系。当假定分析过程按照特定的化学反应定量关系进行的，可能有必要考虑偏离所预期的化学反应定量关系，或反应的不完全或副反应。

(4)测量条件。例如，容量玻璃仪器可能在与校准温度不同的环境温度下使用。总的温度影响应加以修正，但是液体和玻璃温度的不确定度应加以考虑。同样，当材料对湿度的可能变化敏感时，湿度也是重要的。

(5)样品和计算。复杂基体的被分析物的回收率或仪器的响应可能受基体成分的影响。被分析物的物种会使这一影响变得更复杂。由于改变的热力情况或光分解影响，样品或被分析物的稳定性在分析过程中可能会发生变化。当用"加料样品"用来估计回收率时，样品中的被分析物的回收率可能与加料样品的回收率不同，因而引进了需要加以考虑的不确定度。

选择校准模型，例如对曲线的响应用直线校准，会导致较差的拟合，因此引入较大的不确定度。修约能导致最终结果不准确。因为这些是很少能预知的，有必要考虑不确定度。

(6)空白修正和操作人员。空白修正的值和适宜性都会有不确定度。在痕量分析中尤为重要。操作人员可能总是将仪表或刻度的读数读高或低。也可能对方法作出稍微不同解释。

(7)随机影响。在所有测量中都有随机影响产生的不确定度。该项应作为一个不确定度来源包括在列表中。这些来源不一定是独立的。

D 测量结果标准不确定度评定

依据JJF1059—1999《测量不确定度评定与表示》，测量结果标准不确定度分为A类和B类两种方法。A类评定方法是计算出测量数据的平均值标准差 $s(\delta_x)$；B类评定方法需要了解测量仪器、技术资料、测量方法、检定证书。A 类评定方法是可以容易实现的。B 类评定方法包含了评定人员的经验和不确定度的传递。如检测仪器检定的标准不确定度 u_1，仪器分辨率标准不确定度 u_2，测量时检测人员布点(测点)的位置偏离引起的不确定度等等。同时，具有多个不确定度的分量 u_i，需要对逐个分量进行合成，即 $u_c = \sqrt{\sum u_i^2 + s(\delta_{\bar{x}})^2}$。计算不确定度分量时，涉及包含因子的选择，而包含因子的选择与概率分布形式和置信概率的大小有关，在确定诸多不确定度分量及其包含因子时，需要对被测量重要性进行分析和判断并做出合理的选择。合成标准不确定度 u 仍然是标准差，它表征了测量结果的分散性。扩展不确定度是为提供测量结果一个区间的要求而附加的不确定度，是由合成不确定度的倍数来表示的，即 $U = ku_c$。

E　实例应用：高氯酸脱水质量法测定硅含量不确定度评定

其不确定度主要来源为：测量过程的重复性引起的测量不确定度；称样引起的测量不确定度；坩埚和沉淀称量引起的测量不确定度。

(1)测量过程不确定度。如对同一样品(弹簧钢)11 份，分别进行了 11 次测量，其测定结果如下(%)：2.63，2.65，2.58，2.56，2.56，2.62，2.64，2.57，2.60，2.57，2.64。

按 A 类评定：

平均值　$\bar{x} = \sum_{i=1}^{n} x_i/n = 2.60$；

标准偏差 $S = \sqrt{\sum_{i=1}^{n}(x_i - \bar{x})^2/(n-1)} = 0.035$；

标准不确定度　$u_t = s/\sqrt{n} = 0.035/\sqrt{11} = 0.011$；

自由度　$v_1 = n - 1 = 10$；

相对标准不确定度　$u_{1rel} = u_1/\bar{x} = 0.0042$。

(2)称取试样引起的不确定度。测量时称取试样 1.0000g，天平允许差为 ±0.10mg，按矩形分布处理，其标准不确定度为 $0.1/\sqrt{3} = 0.058$mg。线性分量应重复计算两次，一次是空盘，另一次为毛重，产生的不确定度为：$\sqrt{2 \times 0.058^2} = 0.082$mg $= 0.000082$g。相对标准不确定度为 $u_2 = 0.000082/1.0000 = 0.000082$。

(3)坩埚和沉淀称量引起的测量不确定度。坩埚及沉淀共进行了4次测量。氢氟酸处理前沉淀和坩埚中硅的质量;氢氟酸处理后沉淀和坩埚中硅的质量;氢氟酸处理前空白和坩埚中硅的质量;氢氟酸处理后空白残渣和坩埚中硅的质量。铂坩埚的质量设定为20g,沉淀和残渣相对于坩埚质量很小,可以忽略。

使用的天平为分析天平,天平允许差为±0.1mg,按矩形分布处理,其标准不确定度为$0.1/\sqrt{3}=0.058$mg,线性分量应重复计算两次,一次是空盘,另一次为毛重,产生不确定度为:$\sqrt{2\times0.058^2}\times4=0.00033$g。相对标准不确定度为$u_{3rel}=0.00033/20=0.000016$。

上面(2)、(3)的自由度是由相应的检定证书获得的B类不确定度,可认为是十分可靠的,因此它的自由度认为是∝。

合成相对标准不确定度$U_{crel}=\sqrt{0.0042^2+0.000082^2+0.000016^2}=0.0042$;则合成标准不确定度$U_c=2.60\times0.0042=0.011$;扩展不确定度$U=K\times U_c\approx0.03(K=2)$。

因此,被测样品中硅含量结果为2.60%,其扩展不确定度为0.03%,它是由标准不确定度0.011%和$K=2$的乘积得到的。

【思考题】

(1)坩埚的种类有哪些?

(2)制取纯水的工艺有哪些?

(3)允许差有几种表示方法,各代表什么意义?化学方法允许差的特点是什么?

(4)什么是不确定度?

5 分析标准及分析工作的质量保证

分析标准包括分析方法标准、分析仪器标准和标准物质，通常所说的分析标准狭义上指分析方法标准，也称标准（分析）方法。

5.1 分析工作的标准化

标准化工作不仅仅是分析化学领域，也是各行各业的技术管理工作。标准化工作对产品或项目的规格、质量、检验、包装、贮藏、运输等各个方面制定技术文件，它考虑生产者、消费者的利益和产品的使用要求与条件以及安全要求，促进最佳的经济效益。因此，标准化工作是在有关各方面协作下有序地制订和实施各种规定的活动。

分析方法标准和分析仪器标准是政府标准化组织机构对某项分析检验方法或某类分析仪器的规格性能所制订的统一规定的技术准则文件，是相关各方共同遵守的技术依据，以保证分析结果的准确性、重复性和再现性。

分析方法标准须满足以下要求：(1)在政府标准化管理机构领导和组织下进行，按规定的程序编制；(2)按规定格式编写；(3)方法的成熟性得到公认，方法的准确度和精密度可通过协作试验确定；(4)由政府标准化管理机构审批、发布施行。

5.2 标准的等级和标准物质

5.2.1 国际标准

由国际组织制订的标准，其中与分析化学有关的有：

ISO 标准：国际标准化组织（International Organization for Standardization）的缩写。

IUPAC 标准：国际理论化学与应用化学联合会（International Union of Pure and Applied Chemistry）的缩写。

AOAC 标准:公职分析化学家协会(Association of Official Analytical Chemists)的缩写。

OIML 标准:国际法定计量组织(International Organization of Legal Metrology)的缩写。

WHO 标准:世界卫生组织(World Health Organization)制订的标准。

其他国际组织的名称和缩写有:

BIPM:国际计量局。

IAEA:国际原子能委员会。

ICRP:国际辐射防护委员会。

ICRU:国际辐射单位和测量委员会。

IDF:国际乳制品业联合会。

IWO:国际葡萄和葡萄酒局。

UNESCO:联合国教科文组织。

等等。

5.2.2 国家标准

5.2.2.1 中华人民共和国国家标准

中华人民共和国国家标准,代号 GB。是"国标"两字拼音 Guo Biao的字母缩写。截至 1994 年已公布国家标准 19584 件,分 24 类。它们是:A. 综合;B. 农业、林业;C. 医学,卫生,劳动保护;D. 矿业;E. 石油;F. 能源、核技术;G. 化工;H. 冶金;J. 机械;K. 电工;L. 电子元件与信息技术;M. 通信,广播;N. 仪器仪表;P. 工程建设;Q. 建材;R. 公路水路运输;S. 铁路;T. 车辆;U. 船舶;V. 航空航天;W. 纺织;X. 食品;Y. 轻工、文化与生活用品;Z. 环境保护。每个类别中又分若干小类,可通过《中国国家标准目录》检索。

5.2.2.2 美国国家标准

美国国家标准,代号 ANSI,是美国国家标准院(American National Standards Institute)的缩写。美国标准中大部分取自美国材料与试验协会(American Society for Testing and Materials,ASTM)制订的标准,经 ANSI 认可后同时作为美国国家标准。

5.2.2.3 英国国家标准

英国国家标准,代号 BS,它是 British Standard 的缩写。英国标准由四方面来源组成:(1)由分析专业人员或研究组研究的,并已在工业中实际使用的方法;(2)由英国国家标准院技术委员会推荐的,在某些企业或用户中已使用的方法;(3)由技术委员会通过协作试验确定或修改过的方法;(4)ISO 已颁布施行的方法。

5.2.2.4 德国国家标准

德国国家标准,代号 DIN,它是 Deutshe Industris Norm(德国工业标准)的缩写。摄影用的照相胶卷的速度"21 定"、"24 定",就是采用了德国标准 DIN(定)。

5.2.2.5 其他国家标准

日本工业标准 JIS,法国国家标准 NF,欧共体标准 EN 和前苏联标准 ГОСТ。

5.2.3 部级、协会级、专业级

5.2.3.1 我国部标准以颁布部门的汉语拼音字头作标记

冶金(YB),化工(HG,HGB),石油(SY,SYB),轻工(QB),煤炭(MT),农业(NY),医药(YY),商检(SN),环境保护(HJ)等。专业标准也称行业标准,以 ZB(专业标准)标记。

5.2.3.2 有两个美国的协会级标准十分重要

A ASTM 标准

ASTM 是美国试验与材料协会的缩写,它拥有 2000 多个专业委员会,它制订的标准大部分被认可为美国国家标准,在国际上享有很高声誉。ASTM 标准以 Annual Book of ASTM Standards 形式出版,共 60 多卷。如 03.05 卷为金属及金属矿物化学分析法,03.06 卷为原子光谱及表面分析法,14.01 卷为分子光谱、质谱、色谱法等。

B EPA 标准

EPA 是美国环境保护总署(Environmental Protection Agency)的缩写。它制订的环境分析方法在国际上也享有很高声誉。

以上 A,B 两种标准实际上被视为国际标准。

5.2.4　地方标准

省、市、自治区可根据地方实际情况制订并公布施行地方性标准，如三废排放标准等。在工业分析中，一方面要强调采用标准分析方法的重要性，另一方面又要强调指出：标准分析方法所覆盖的范围十分有限，更多的分析问题是没有标准分析方法可依的非常规分析。再则，标准方法为了考虑到各方面都能够执行，常常不一定是最好的方法。在这些情况下，分析化学家运用他们的专业知识、专业技能、专业智慧和专业经验常常是解决问题的基础。

5.2.5　企业级

当企业生产的产品或分析方法没有国家标准或行业标准可用时，企业应制订企业标准。国家也鼓励企业制订比国家标准更严格的企业标准。企业也可根据国家标准或行业标准制订企业的执行标准，或用部分改编的方法（如用原子吸收光谱法取代比色法测定金属元素）作为企业内部执行的标准。

5.2.6　标准物质的定义

按照国际标准化组织（ISO）的定义，标准物质或标准参考物质是一个或多个特征量值已被准确确定了的物质，用于校准（calibration，不是校正 correction）测量用的仪器、评价测量方法、测量试样量值。特征量值是指化学组分或物质性质如凝固点、电阻率、折射率等，或指某些工程参数如粒度、色度、表面粗糙度等。国内过去称标准物质为标准样品、标样、鉴定过的标准物质、参考物质等，现在按照《JJG 1001－1991通用计量名词及定义》的规定，称为标准物质（reference material）或有证标准物质（certified reference material）。

5.2.7　标准物质的特性

（1）质材均匀。对于固态的标准物质的制备，不是一件容易做到的事。

(2)性能稳定。在标准物质证书上附有的保存条件及有效期内性能稳定。注意区分保存期限和使用期限。在启封后,可能因化学、物理、生物的因素而影响它的稳定性。

(3)量值的准确性。证书载有量值的定值方法、定值结果标准值及不确定度。

(4)必须附有证书,内容包括标准物质名称、编号、简介、定值方法、标准值与不确定度、制备日期、有效期、贮存条件、确保均匀性的最小取样量、有关注意事项等。

(5)有足够产量,可成批生产,可按规定精度重新制备以满足分析测试工作的需要。

(6)标准物质的生产须由国家主管单位授权。

5.2.8　标准物质等级

(1)一级标准物质(primary reference material)　ISO 命名代号 CEM(Certified Reference Material),美国国家标准院(前称美国国家标准局)命名代号 SRM(Standard Reference Material),我国国家技术监督局命名代号 GBW,是 Guojia Biaozhun Wuzhi(国家标准物质)的字头缩写。我国一级标准物质由中国计量测试学会标准物质专业委员会审查,由国家技术监督局批准发行,附有证书。

(2)二级标准物质(secondary reference material)　由科研院所、企业中经国家级计量认证的实验室研制的标准物质,报经主管部门审查批准、国家技术监督局备案。

(3)基层实验室为节省经费开支和方便,可按照《GB/T 601—2002化学试剂标准滴定溶液的制备》和《GB 602—2002 杂质测定用标准溶液的制备》两个标准自配标准工作溶液。

5.2.9　标准物质的使用

5.2.9.1　标准物质用途

(1)校准分析仪器量值。如用标准砝码校准天平的称量误差;

(2)评价新建分析方法的准确度;(3)建立校准曲线(即工作曲线,也称标准曲线,但不可称校正曲线);(4)在分析测试质量保证体系中作考核样,评价分析人员和实验室的工作质量或用来建立质量控制图进行实验室内日常分析测试工作的质量管理;(5)用作控制标样监控工作曲线的稳定性,控制漂移;(6)技术仲裁时作为平行样验证测定过程的可靠性。

5.2.9.2 标准物质的用法

(1)选用标样的基体组成尽可能与被测样一致或接近,按接近程度可分为四种情况。

1)基体标准物质:基体组成完全相同,如电弧火花光源分析时所用于建立工作曲线的标准样品;2)模拟标准物质:基体与被测样相近,但并不完全匹配,如原子光谱分析中的水溶液标准溶液;3)合成标准物质:使用前按被测样组成人工配制的标准物质;4)代用标准物质:当没有合适的标准物质可用时,选用被测物含量相近的其他基体的标准物质作代用品。

(2)标准物质中被测组成的浓度应当与被测试样中的被测组成浓度相近,或一套标准物质所建立的被测组分的工作曲线浓度范围能覆盖试样中被测组成的浓度。

(3)标准物质在物理形态和结构,化学形态或生物形态与被测样一致或接近。

(4)按标准物质的质保书要求使用。

5.3 我国现有国家标准物质

国家技术监督局批准的国家标准物质(GBW)和国家实物标准(GSB)已有许多品种。现仅对冶金行业所用的国家标准物质进行简单介绍。

5.3.1 国家标准物质

国家标准物质的编号、名称及定值内容见表5-1。

表 5-1　国家标准物质的编号、名称及定值内容

国家标准编号	名　称	定值内容
1. 钢铁标准物质		
GBW 01101 ~01110	铸　铁	C,S,P,Si,Mn,Cu,Ti,V
GBW 01111 ~01118	铸　铁	C,S
GBW 01119	球墨铸铁	C,Mn,Si,P,S,Cu,Cr,Ni,Mo,Co,Mg,V,Ti,总稀土
GBW 01201 ~01205	碳素钢	C,S,P,Mn,Si,Cr,Ni,Cu,Al,V,Ti
GBW 01206 ~01208	碳素钢	C,Si,Mn,S,P
GBW 01209 ~01210	碳素钢	C,Si,Mn,S,P,Cr,Ni,Cu
GBW 01301 ~01312	低合金钢	C,Si,Mn,S,P,Ni,Cu,Al,V,Ti,Mo,B,Cr
GBW 01313 ~01316	工具钢	C,Si,Mn,S,P,Ni,Cr,W,V,Mo,Co
GBW 01317	轴承钢	C,Si,Mn,S,P,Ni,Cr,Cu,Mo,Sn,As,Sb,Ti,Al
GBW 01318 ~01319	工具钢	C,Si,Mn,S,P,Cr,Ni,W,Cu
GBW 01320	中低合金钢	C,Si,Mn,S,P,Cr,Ni,W,V,Mo,Al,Ti,Cu,B,Co,Nb,Zr
GBW 01321	刀具钢	C,S,P,Si,Mn,Cr,Ni,Cu,Al,V,Mo,W
GBW 01322 ~01325,01327	SiMnB	C,Si,P,S,Mn,Cr,Ni,Cu,Mo,V,W,B,Al
GBW 01336 ~01340	合金钢	C,Si,Mn,S,P,Cu,Ti,W
GBW 01351 ~01352	不锈钢	C,S,P,Si,Mn,Cr,Ni,W,Mo,Al,Cu
GBW 01353 ~01357	合金钢	C,S,P,Si,Mn,Cr,Ni,W,Mo,Al,Cu,V,Ti,B
GBW 01359 ~01363	合金结构钢	C,Si,Mn,S,P,Cr,Ni,Cu,Mo,V,Ti,Sb,B,Al
GBW 01371 ~01374	硅　钢	C,S,P,Si,Mn,Cr,Ni,Cu,Mo,Al
GBW 01401 ~01402	高纯铁	C,Mn,Si,P,S,Cr,Ni,Mo,Co,Cu
GBW 01421	中碳锰铁合金	Mn,Si,C,S,P
GBW 01422	硅　钢	Mn,Si,C,S,P,Cr,Al,Ca
GBW 01423	铁钼合金	Si,P,C,S,Mo,Cu
GBW 01424	高碳铁合金	Mn,Si,P,C,S,Cr

续表 5-1

国家标准编号	名　称	定 值 内 容
GBW 01425	低碳铁铬合金	Mn,Si,P,C,S,Cr
GBW 01426	高碳铁锰合金	Mn,Si,P,C,S
GBW 01427	硅锰合金	Mn,Si,P,C,S
GBW 01429	磷　铁	Mn,Si,P,C,S
GBW 01501～01502	精密合金	C,Si,Mn,P,S,Cr,Ni,Cu,Mo,Ti,Al
GBW 01601～01604	不锈钢	C,Si,Mn,P,S,Cr,Ni,W,Mo,Ti,Cu,Al,V,B,Nb,Co
GBW 01610～01618	不锈钢	C,Si,Mn,P,S,Cr,Ni,Cu,Mo,W,Ti,As
GBW 01619～01623	高温合金	Ag,As,Bi,Cs,Cd,Ga,In,Mg,Pb,Sb,Se,Sn,Te,Ti,Zn
2. 非铁合金标准物质		
GBW 02101	铜合金	Cu,Fe,Mn,Al,Sn,Pb,Sb,Bi,P
GBW 02102	铜合金	Al,Fe,Zn,Ni,Mo,Sn,Si,Pb,P,As,Sb
GBW 02103	铜合金	Al,Cu,Fe,Mn,Sn,Pb,Sb,P
GBW 02104～02109	镍　银	Mn,Fe,Mg,Pb,Si,As,Sb,Bi,Ni,Zn,P
GBW 02110	铜合金	Cu,Al,P,Pb,Ni,Sn,Sb,As,Fe,Bi
GBW 02111～02115	纯铜	Bi,Sb,Fe,As,Ni,Pb,Sn,Zn
GBW 02132～02136	磷青铜	Cu,Pb,Sn,P,Sb,Fe,Si
GBW 02137～02140	锡青铜	Cu,Pb,Sn,Zn,Ni
GBW 02201～02204	铝合金	Cu,Mg,Mn,Fe,Si,Zn,Ti,Ni,Be,Pb,Cr,Sn,V,Zr,Cd,B
GBW 02205～02209	精炼铝	Fe,Si,Cu
GBW 02210～02214	精制铝	Fe,Si,Cu
GBW 02301～02302	锡基合金	Sn,Sb,Cu,Pb,Bi,As
GBW 02401～02402	铅基合金	Sn,Sb,Cu,Pb,Bi,As
GBW 02501～02502	钛合金	C,Si,Cr,Mo,Al,Er,Fe,N
GBW 02551	高温合金	C,Mn,Si,S,P,Cr,Zr,Al,Ti,Cu,Nb,B,Fe,Ce

续表 5-1

国家标准编号	名 称	定 值 内 容
GBW 02701 ~02703	锌	Pb,Cd,Fe,Cu,As,Sb,Sn
3. 岩矿石标准物质		
GBW 07216 ~07217	白云石	CaO,MgO,SiO_2,Al_2O_3,Fe_2O_3,MnO,P,S,灼烧减量
GBW 07213	铁矿石	Fe,Si,Al,Ca,Mg,Mn,Ti,P,S,Cu,K,Na
GBW 07219	烧结矿	Fe,Si,Al,Ca,Mg,Mn,Ti,P,S,Cu,K,Na
GBW 07220	球团矿	Fe,Si,Al,Ca,Mg,Mn,Ti,P,S,Cu,Co,K,Na
GBW 07221	磁铁精矿	Fe,Si,Al,Ca,Mg,Mn,Ti,P,S,Cu,Co,K,Na
GBW 07222 ~07223	菱铁矿,赤铁矿	Fe,Si,Al,Ca,Mg,Mn,Ti,P,S,Cu,Co,K,Na
GBW 31001 ~31002—92	赤铁矿,磁铁矿	Fe,Si,Al,Ca,Mg,Mn,Ti,P,S
GBW 07224 ~07227	钒钛铁矿	Fe,Si,Al,Ca,Mg,Mn,Ti,P,S,Cu,Co,K,Na
GBW 07214 ~07215	石灰石	Si,Ca,Mg,Fe,Al,Mn,P,S,灼减量
GBW 07250 ~07254	萤石	Si,Ca,Fe,P,S,K,Na,CaF_2
GBW 03115	软性黏土	Si,Al,Ca,Mg,Ti,Fe,Na,K
GBW 03116	钾长石	Si,Al,Ca,Mg,Ti,Fe,Na,K,灼减
GBW 03117	钠钙硅玻璃	Fe,Si,Al,Ca,Mg,Ti,Na,K,灼减
4. 煤炭标准物质		
GBW 11101 ~11105	煤	灰分、热值,密度,挥发物,C,H,N,S
GBW 08401	煤飞灰	As,Be,Cd,Co,Cu,Mn,Pb,Se,V,Zn,Fe,Cr,Ba,Hg
GBW 11106	焦 炭	S,灰分,热值,挥发物,P

续表 5-1

国家标准编号	名 称	定 值 内 容
5. 气体标准物质		
GBW 02601	钛中氮	氮
GBW 02602	合金中氮	氮
GBW 02603	合金中氧	氧
GBW 02604 ~02605	铁中氧	氧
GBW 02606 ~02608	不锈钢中氢	氢
GBW 02609	轴承钢中氧和氮	氧、氮
GBW 08101 ~08105	氮中甲烷	CH_4
GBW 08106 ~08110	氮中一氧化碳	CO
GBW 08111 ~08115	氮中二氧化碳	CO_2
GBW 08116	氮中一氧化氮	NO
GBW 08117	氮中氧	O_2
GBW 08118	氮中二氧化碳	CO_2
GBW 08119	空气中甲烷	CH_4
GBW 08120	空气中一氧化碳	CO
6. 电子探针标准物质		
GBW 07501	方铅矿	Pb 86. 35%
GBW 07502	闪锌矿	S 32. 76% ,Zn 66. 33%
GBW 07503	汞 矿	S 13. 63% ,Hg 86. 00%
GBW 07504	重晶石	BaO 65. 56% ,SO_3 34. 28%
GBW 07505	白铅矿	PbO 83. 36% ,CO_2 16. 82%
GBW 07506	白钨矿	WO_3 80. 45% ,CaO 19. 39%
GBW 07507	钽铌铁矿	Nb_2O_5 53. 74% ,Ta_2O_5 25. 92% FeO 6. 65% ,MnO 12. 47%
GBW 07508	碲化镉	Cd 46. 87% ,Te 53. 39%
GBW 07509	硒化镉	Cd 58. 40% ,Se 40. 88%
GBW 07510	砷化镓	Ga 48. 07% ,As 51. 95%
GBW 07511	硒化锌	Se 54. 44% ,Zn 45. 38%

续表 5-1

国家标准编号	名 称	定值内容
GBW 07512	锑化铟	In 4 8.59%,Sb 51.45%
GBW 07513	磷化铟	In 78.51%,P 21.12%
GBW 07514	砷化铟	As 39.60%,In 60.97%

5.3.2 国家实物标准

国家实物标准(GSB)后缀符号 G 表示化工类、Z 环保类、H 冶金类、A 综合类。

5.3.2.1 元素溶液国家实物标准

这套标准为 GSBG 62000 系列,见表 5-2,共 73 种金属元素和半金属元素,不包括氯化物、硝酸盐、硫酸盐等阴离子。除硅的浓度为 500μg/mL 外,其他元素溶液浓度都是 1000μg/mL。

表 5-2 元素溶液国家实物标准

元素	编 号	介 质	元素	编 号	介 质
锂	GSGB 62001—1990	10% HCl	钯	GSGB 62038—1990	10% HCl
铍	GSGB 62002—1990	10% HNO_3	银	GSGB 62039—1990	5% HNO_3
硼	GSGB 62003—1990	H_2O	镉	GSGB 62040—1990	10% HCl
钠	GSGB 62004—1990	H_2O	铟	GSGB 62041—1990	10% HCl
镁	GSGB 62005—1990	5% HCl	锡	GSGB 62042—1990	20% HCl
铝	GSGB 62006—1990	10% HCl	锑	GSGB 62043—1990	25% H_2SO_4
硅	GSGB 62007—1990	Na_2CO_3	碲	GSGB 62044—1990	10% HCl
磷	GSGB 62008—1990	铵盐 H_2O	铯	GSGB 62045—1990	5% HNO_3
磷	GSGB 62009—1990	钾盐 H_2O	钡	GSGB 62046—1990	10% HCl
硫	GSGB 62010—1990	H_2O	镧	GSGB 62047—1990	10% HCl
钾	GSGB 62011—1990	H_2O	铈	GSGB 62048—1990	10% HNO_3

续表 5-2

元素	编 号	介 质	元素	编 号	介 质
钙	GSGB 62012—1990	5% HCl	镨	GSGB 62049—1990	10% HCl
钪	GSGB 62013—1990	20% HNO_3	钕	GSGB 62050—1990	10% HCl
钛	GSGB 62014—1990	10% H_2SO_4	钐	GSGB 62051—1990	10% HCl
钒	GSGB 62015—1990	10% H_2SO_4	铕	GSGB 62052—1990	10% HCl
钒	GSGB 62016—1990	10% HCl	钆	GSGB 62053—1990	10% HCl
铬	GSGB 6017—1990	10% HCl	铽	GSGB 62054—1990	10% HCl
锰	GSGB 62018—1990	5% H_2SO_4	镝	GSGB 62055—1990	10% HCl
锰	GSGB 62019—1990	10% HNO_3	钬	GSGB 62056—1990	10% HCl
铁	GSGB 62020—1990	10% HCl	铒	GSGB 62057—1990	10% HCl
钴	GSGB 62021—1990	5% HNO_3	铥	GSGB 62058—1990	10% HCl
镍	GSGB 62022—1990	5% HNO_3	镱	GSGB 62059—1990	10% HCl
铜	GSGB 62023—1990	5% H_2SO_4	镥	GSGB 62060—1990	10% HNO_3
铜	GSGB 62024—1990	10% HCl	铪	GSGB 6261—1990	10% H_2SO_4
锌	GSGB 62025—1990	10% HCl	钽	GSGB 6262—1990	20% HF
镓	GSGB 62026—1990	10% HCl	钨	GSGB 62063—1990	2% NaOH
砷	GSGB 62027—1990	5% HCl	铼	GSGB 62064—1990	10% HCl
砷	GSGB 62028—1990	10% HCl	锇	GSGB 62065—1990	20% HCl
硒	GSGB 62029—1990	10% HCl	铱	GSGB 62066—1990	10% HCl
铷	GSGB 62030—1990	5% HNO_3	铂	GSGB 62067—1990	10% HCl
锶	GSGB 62031—1990	H_2O	金	GSGB 62068—1990	10% HCl
钇	GSGB 62032—1990	10% HCl	汞	GSGB 62069—1990	5% HNO_3
锆	GSGB 62033—1990	10% HCl	铊	GSGB 62070—1990	20% HNO_3
铌	GSGB 62034—1990	5% HF	铅	GSGB 62071—1990	10% HNO_3
钼	GSGB 62035—1990	5% H_2SO_4	铋	GSGB 62072—1990	10% HNO_3
钌	GSGB 62036—1990	10% HCl	锗	GSGB 62073—1990	H_2O
铑	GSGB 62037—1990	10% HNO_3			

5. 3. 2. 2　钢铁实物标准

钢铁实物标准见表5-3。

表 5-3　钢铁实物标准

国家编号	名　称	定值内容
GSBH 11005—1990 GSBH 11006—1990 GSBH 11007—1990	高锰高铜铸铁	C,Si,Mn,P,S,Cu
GSBH 64021—1989 GSBH 64025—1989	钒钛生铁	C,Si,Mn,P,S,Cu,Cr,Ni,Ti,V,Co,Ga
GSBH 41008—1993	生　铁	C,Si,Mn,P,S,Cu,Cr,Ni,Ti,Sb,V,Bi,Mo,Sn,Zn,Pb,As
GSBH 40061—40066	合金结构钢	C,Si,Mn,P,S,Ni,Cr,Cu,V,Ti,Al,W,Mo,As,Sb,Bi,Sn,Pb
GSBH 40079—40081 GSBH 64008	碳素钢	C,Si,Mn,P,S,Ni,Cr,Cu,V,Ti,Al
GSBH 64014—1989	碳素钢	C,Si,Mn,P,S,Ni,Cr,Cu
GSBH 40031 GSBH 40037—1993	痕量元素碳钢	C,Si,Mn,P,S,Ni,Cr,Mo,Co,Sb,Sn,Pb,Al,As,Bi
GSBH 40011—1992	GCrSiMn	C,Si,Mn,P,S,Ni,Cr,Cu,Mo,Ti,W,Sb,Sn,Pb,Al,As
GSBH 40004—1988	20Cr	C,Si,Mn,P,S,Ni,Cr,Cu,Mo
GSBH 11001 GSBH 11002—1990	镍铬不锈钢	C,Si,Mn,P,S,Ni,Cr,Cu,Ti,Al
GSBH 62001 GSBH 62005—1991	铅基轴承钢	Sb,Bi,Cu,Sn,Fe,As,Zn
GSBH 20001—1990	GCr14	O,N
GSBH 04002—1989	钢铁及组织 金相试样 有色金属显微	 铸铁,白口铁,铜,铅等 铸铁,白口铁,铜,铅等
GSBH 04003—1989	钢铁光谱分析	包括碳素钢、不锈钢等40个品种,定值17个元素

目前,我国钢铁及合金分析国家标准包括GB223体系标准,两项

火花源原子发射光谱法标准和一项红外测定氧标准(GB11261),共计78项79个方法标准(其中测定钨为一项两个方法)及6项基础标准。方法标准涉及钢铁及合金(包括高温合金、精密合金和铁粉等)中碳、硅、锰、磷、硫、镍、铬、钒、钛、钴、铜、钨、钼、铌、铝、硼、砷、钙、镁、锌、锡、氧、氮、锑、铋、铈、硒、铅、锆、镉、铁、碲32个元素及稀土总量(RE)的分析方法。其中重量法11项,滴定法15项,分光光度法39项,原子吸收光谱法7项,极谱法3项,光电(火花源)原子发射光谱法两项,红外吸收光谱法一项,气体容量法一项。

大型仪器标准制订了GB4336—2002《碳素合金钢和中低合金钢的火花源原子发射光谱分析方法》和GB11170—1989《不锈钢的光电发射光谱分析方法》等。

具体标准见《冶金分析前沿》。

5.4　分析结果的报告表述

5.4.1　分析结果的有效数字

经过一系列分析步骤和运算,最后获得的分析结果,其有效数字取决于有效数字位数最少的步骤。在滴定分析、重量分析常量组分时,结果报四位有效数字,但第一个数字是8或9时应多算一位,如90.1%,99.0%视为4位有效数字。重量法测定蒸发残渣时,若残渣量仅约5mg左右,则即使采用重量法,结果的有效数字也只可报两位。原子吸收光谱分析、ICP光谱分析、光度分析的分析结果,一般只报3位有效数字,被测物含量较低时,甚至只报两位。半定量分析的结果,通常报1~2位有效数字。定性分析的结果只报检出组分,不报含量或报一位有效数字。

5.4.2　分析结果的表述

5.4.2.1　以平均值表述

在日常例行分析中,通常每个试样做两份平行测定,测定结果取平均值报告结果。

公差是根据生产实际需要和分析方法实际可能所确定或约定的

允许误差范围。若例行分析两份平行结果之差超过了“双面公差”(即公差的两倍)。则须再作一份分析测定。在得到的三个数据中取两个差值小于双面公差的数据,重新取平均值,报告结果。

5.4.2.2 以“平均值±标准偏差”表述

这种表述形式用于多次(份)平行测定的情况。平均值代表测定值的集中趋势,标准偏差代表测定值的离散程度。虽然在著作和文献中大量采用“平均值±标准偏差”表述测定结果,但是中国实验室国家认可委员会在2002年12月编制出版的文件CNAL/AG07:2002《化学分析中不确定度的评估指南》中,不建议使用“±”符号。一个标准偏差(SD)的置信区间只有68%。该文件推荐采用这样的表述形式:

结果	x(单位)	例如:	总氮含量(质量分数)3.52%
	标准不确定度 u_c(单位)		标准不确定度(质量分数)0.07%

中国实验室国家认可委员会是我国政府主管部门,发布的上述文件等同采用Eurachem(欧洲化学会)和CITAC联合发布的文件《Quantifying Uncertainty in Analytical Measurement》(分析测量中不确定度的量化)(第2版),也同由BIPM、IEC、IFCC、ISO、IUPAC、IUPAP、OIML多个国际机构联合发布的文件GUM相一致。在这些文件中,一个SD被定义为“标准不确定度”。在今后正式的分析测试报告中和论文报告中,应采用上述新规定的表述形式。

5.4.2.3 以“平均值±扩展不确定度”表述

扩展不确定度定义为标准不确定度 u 与一个因子 k 相乘。它给出了一个合理地赋予被测的量的数值分布的大部分会落于此范围内的区间。当选择 k 的值时,要考虑所需的置信水平、对基本分布的了解以及测定值的次数。

置信水平通常选定95%。大多数情况下推荐 k 值取2,即推荐采用以下形式报告:“结果:$x \pm U$(单位)”。式中,$U=2u$。对上述例子,报告形式:总氮量(质量分数):(3.52 ±0.14)%。对测定次数较少,即不确定度由较小自由度(小于6)决定的情况下,k 值的选择取决于自由度。置信水平取95%时,k 值取 t 分布的双边值(见表5-4)。若测定总氮量次数5次,则自由度为4,查表 $t=2.8$。报告形式,总氮量(质量分数):(3.52 ±0.20)%。

表 5-4　95%置信的学生 t 双边分布

自由度	t	自由度	t	自由度	t
1	12.7	3	3.2	5	2.6
2	4.3	4	2.8	6	2.5

这两种表述形式中测定次数大于 6 时取 $k=2$，测定次数不超过 6 时取 t 值为因子 k，都是文件 CNAL/AG07:2002 推荐的规范形式。不确定度都是在置信水平 95% 的条件下确定的。

5.4.2.4　以“平均值 $\pm t\dfrac{SD}{\sqrt{n}}$”表述

此形式表述实质是以大样本平均值(总体均值)μ 代替真值，有 $\mu=\bar{x}\pm t\dfrac{SD}{\sqrt{n}}=\bar{x}\pm t\cdot SD_{\bar{x}}$，以平均值 $SD_{\bar{x}}$ 代替测量值 SD。

【思考题】

(1)标准方法文件的编写应遵循哪些规定?

(2)我国现有的国家标准物质有哪些，都有哪些应用在冶金分析中?

(3)分析结果的表述方法有几种，如何进行表述?

第二部分 实验

6 原材料测定

6.1 铁矿石、铁精粉、烧结矿、球团矿测定

6.1.1 铁铝钙镁硅的系统测定

6.1.1.1 *方法要点*

试样以混合熔剂熔融，以硝酸浸取熔物定容，分液以钼蓝光度法测定二氧化硅，EDTA 容量法测定全铁、三氧化二铝、氧化钙、氧化镁。

6.1.1.2 试剂

试剂有：

(1)混合熔剂：3 份无水碳酸钠、2 份硼酸、1 份无水碳酸钾研细。

(2)草硫混酸：4% 草酸与硫酸(1 +4)按(4 +1)体积混匀配制。

(3)60g/L 硫酸亚铁铵：6g 硫酸亚铁铵溶于 100mL 硫酸(5 + 1000)。

(4)100g/L 磺基水杨酸：10g 磺基水杨酸溶于酒精或水，以水稀至 100mL。

(5)醋酸-醋酸铵缓冲溶液：pH 值为 5 ~6。

(6)4g/L 钙指示剂：乙醇—水溶液。

(7)5g/L 铬黑 T 指示剂：先以乙醇溶解，按(1 +1)与三乙醇胺混合。

(8)1g/L PAN 指示剂：用乙醇溶液配制。

(9)0.01784mol/L EDTA 标准溶液：称取 6.65g 乙二胺四乙酸二钠，置于 1000mL 下口瓶中，摇匀，放置 3 天后标定。此溶液约 0.01784mol/L。

标定方法：移取 20.00mL 钙标准溶液，置于 250mL 烧杯中，加水

稀释到100mL,加5mL三乙醇胺,15mL氢氧化钾,少许混合指示剂,以EDTA标准溶液滴定到绿色荧光消失(在黑色衬板的滴定台上)为终点,同时作试剂空白。计算EDTA标准溶液浓度。

(10)EDTA标准溶液:0.004460mol/L。

(11)0.004460mol/L硫酸铜标准溶液:称取1.12g硫酸铜($CuSO_4\cdot 5H_2O$)溶解于含有几滴硫酸(1+1)的蒸馏水中,过滤,稀释至1L,摇匀,放置后标定。此溶液约为0.004460mol/L。

标定方法:移取25.00mL已知准确浓度的EDTA标准溶液于250mL锥形瓶中,用水稀释至100mL左右,加入10mL 30%醋酸铵缓冲溶液(pH值为5),以PAN为指示剂,用待测的硫酸铜溶液滴定。滴至溶液突变为红紫色为终点。近终点时加入10mL乙醇以利于终点的判定。

6.1.1.3 分析步骤

称取0.2500g试样,于已放置3~4g混合熔剂的铂坩埚内,用圆头玻璃棒仔细混匀并覆盖一层,盖好盖,放入马弗炉(温度为950~1000℃)内熔融7~10min,取出冷却后,放入已有80mL热硝酸的300mL烧杯中,加热浸取熔物到全部溶解(如有高锰酸红色出现,可滴加过氧化氢水或亚硝酸钠使红色消失并煮沸1min),取下烧杯加冷水少许移入250mL容量瓶内,水洗烧杯2~3次,并稀至刻度摇匀作母液以测定各成分。随同做标样。

A 全铁的测定——EDTA容量法

a 方法要点

在pH值为1~2的溶液中,3价铁离子能与EDTA定量结合为稳定的络合物,其他离子如Al^{3+}、Mn^{2+}、Ca^{2+}、Mg^{2+}等在此pH值下不干扰,滴定时以磺基水杨酸为指示剂。磺基水杨酸与3价铁离子形成紫色络合物,此络合物不如EDTA铁络合物稳定,终点时溶液的紫色消失,而成亮黄色。EDTA和3价铁离子需在70~80℃热溶液中才能络合完全。

b 分析步骤

吸取50mL母液(相对于试样50mg)于300mL烧杯中,以40%醋酸铵溶液调至pH值为1~2,加100~150mL沸水,约3mL磺基水杨酸，以0.01784mol/L EDTA标准溶液滴定到由紫色变为亮黄色为终点，记下消耗EDTA标准溶液毫升数。随同做标样：

$$w_{TFe} = \frac{w_{标样}}{V_{标样}} \times V_{试样}$$

式中　w_{TFe}——试样中全铁的质量分数，%；

$w_{标样}$——标样中全铁的质量分数，%；

$V_{标样}$，$V_{试样}$——标样和试样分别所消耗EDTA的毫升数，mL。

以滴定度计算为：

$$w_{TFe} = T \times V$$

式中　T——50mg试样每消耗1mL 0.01784mol/L的EDTA标准溶液，相当铁含量为1.993%（$\frac{0.01784 \times 55.85 \times 250}{0.2500 \times 50 \times 1000} \times 100$）；

V——消耗EDTA标准溶液的毫升数，mL。

c　附注

（1）当滴定全铁时，加入醋酸铵至稍有浅黄色出现为止，如黄色过深可用稀盐酸回滴至浅黄色，否则结果不稳。滴定时要掌握好滴定速度，由快到慢不断搅拌接近终点要逐滴加入，观察好终点颜色；（2）滴定温度应在70～80℃，温度低则反应不灵敏，影响结果；（3）本方法适用各种铁矿石分析。分析允许误差：当全铁含量大于50.00%时，允许误差为0.50%；反之为0.40%。

B　三氧化二铝的测定——EDTA-$CuSO_4$容量法

（1）在测定完全铁溶液中加入10mL 0.00446mol/L的EDTA标准溶液和10mL醋酸-醋酸铵缓冲溶液，控制溶液pH值为4～6，加10～15滴PAN指示剂，煮沸3min，取下趁热以硫酸铜标准溶液滴至紫红色，加5mL氟化钠，再煮沸3min，取下趁热以硫酸铜标准溶液滴至紫红色为终点，记下第二次滴定消耗硫酸铜标准溶液的毫升数（两次终点颜色必须一致）。随同做标样，计算如下：

$$w_{Al_2O_3} = \frac{w_{标样}}{V_{标样}} \times V_{试样}$$

或以滴定度计算为：

$$w_{Al_2O_3} = T \times V$$

式中　$w_{Al_2O_3}$——试样中三氧化二铝的质量分数,%;

$w_{标样}$——标样中三氧化二铝的质量分数,%;

$V_{标样}$,$V_{试样}$——标样和试样分别第二次所消耗硫酸铜的毫升数,mL;

T——50mg 试样每消耗 1mL 0.00446mol/L 的硫酸铜标准溶液相当于三氧化二铝含量为 0.4547%;

V——消耗硫酸铜标准溶液的毫升数,mL。

(2)吸取 25mL 母液于 300mL 烧杯内,加水 50mL 左右,加 3~5g 固体氢氧化钠,于电炉上加热沸 3~4min,取下趁热过滤于烧杯内,洗净烧杯及沉淀 3~4 次,弃沉淀,在滤下液中加 5~10mL 0.00446mol/L EDTA 标准溶液,滴加数滴酚酞,以盐酸(1+1)及 100g/L 氢氧化钠调至浅红色,加 15mL 醋酸—醋酸铵缓冲溶液,于电炉加热至沸腾 3min,取下趁热加数滴 PAN 指示剂,以 0.00446mol/L 硫酸铜标准溶液滴至紫红色为终点,记下消耗硫酸铜标准溶液的毫升数,随同做标样:

$$w_{Al_2O_3} = \frac{w_{标样}}{V_{E标样} - V_{Cu标样}} \times V_{E试样} - V_{Cu试样}$$

或以滴定度计算为:

$$w_{Al_2O_3} = T \times V$$

式中　$V_{E标样}$——标样中消耗 EDTA 标准溶液的毫升数,mL;

$V_{E试样}$——试样中消耗 EDTA 标准溶液的毫升数,mL;

$V_{Cu标样}$——标样中消耗硫酸铜标准溶液的毫升数,mL;

$V_{Cu试样}$——试样中消耗硫酸铜标准溶液的毫升数,mL;

T——25mg 试样每消耗 1mL 0.00446mol/L 的硫酸铜标准溶液相当于三氧化二铝含量为 0.9095%;

V——消耗 EDTA 标准溶液的毫升数与硫酸铜标准溶液的毫升数之差,mL。

注意事项:(1)EDTA 的加入量视 Al_2O_3 含量而定,并过量 3~5mL 为宜;(2)第一次消耗硫酸铜的量不计,但终点颜色必须正确,而且第二次的终点颜色必须同第一次一致;(3)指示剂加入量视颜色深浅而定;(4)分析允许误差:Al_2O_3 质量分数小于 2.00% 时,允许误差为 0.15%;Al_2O_3 质量分数在 2.01%~5.00% 时,允许误差为 0.30%。

C 二氧化硅的测定——硅钼蓝分光光度法

在适当的酸度下，加钼酸铵生成硅钼黄，再用硫酸亚铁铵还原成硅钼蓝，比色测定二氧化硅含量。于波长660nm测定吸光度。

吸取5mL母液于100mL容量瓶内，补加10mL硫酸(5+1000)，加5mL 50g/L钼酸铵溶液摇匀，于沸水浴中加热30s，取下以流水冷却至室温，加15mL草硫混酸，摇匀，加5mL硫酸亚铁铵溶液，摇匀，以水稀释至刻度摇匀，比色测定其吸光度，计算二氧化硅含量，随同做标样：

$$w_{SiO_2}=\frac{w_{标样}}{A_{标样}}\times A_{试样}$$

式中 w_{SiO_2}——试样中二氧化硅的质量分数，%；

$w_{标样}$——标样中二氧化硅的质量分数，%；

$A_{标样}$——标样吸光度；

$A_{试样}$——试样吸光度。

注意事项：(1)本方法只适用于二氧化硅含量小于20%的各种铁矿石的分析；(2)每加一种试剂必须摇匀；(3)分析允许误差：SiO_2的质量分数小于5.00%时，允许误差为0.20%；当5.01%～10.00%时，允许误差为0.30%；当10.10%～20.00%时，允许误差为0.40%。

D 氧化钙、氧化镁的测定——EDTA容量法

溶液中的铁和铝离子干扰氧化钙、氧化镁的测定，所以先分离出铁、铝，而后以EDTA标准溶液在不同的pH值条件下进行测定。

吸取100mL母液于300mL烧杯内，加少量水加热，以氨水(1+1)调至pH值为7～8(有黄色沉淀生成)，继续加热煮沸3min，取下再以试纸测pH值是否为7～8。如果不是再调至7～8，冷却移入200mL容量瓶内，以水洗净烧杯并稀释至刻度，摇匀。以定性滤纸过滤于洁净干燥的烧杯内，以测定氧化钙、氧化镁的质量分数。随同做标样。

a 氧化钙的测定

吸取50mL滤下液于三角瓶内，加10mL 20%氢氧化钾溶液，1～2滴钙指示剂，以0.004460mol/L EDTA标准溶液至纯蓝色，记下消耗EDTA标准溶液的毫升数V_1：

$$w_{CaO}=T\times V_1$$

或

$$w_{CaO}=\frac{w_{标样}}{V_{标样}}\times V_{试样}$$

式中　w_{CaO}——试样中氧化钙的质量分数,%;

V_1——氧化钙消耗 EDTA 的毫升数,mL;

$w_{标样}$——标样中氧化钙的质量分数,%;

$V_{标样}$,$V_{试样}$——标样和试样分别所消耗 EDTA 的毫升数;

T——25mg 试样每消耗 1mL 0.00446mol/L EDTA 标准溶液相当于氧化钙含量为 1.00%。

注意事项:(1)滴定速度由快到慢,注意颜色变化;(2)指示剂加入适量;(3)分析允许误差:CaO 的质量分数小于 3.00% 时,允许误差 0.30%;当 3.01% ~10.00% 时,允许误差 0.40%。

b　氧化镁的测定

吸取 50mL 滤下液于三角瓶内,加 10mL 氨水(1 +1),加 1 ~2 滴铬黑 T 指示剂,以 0.00446mol/L EDTA 标准溶液滴定至纯蓝色为终点,记下消耗 EDTA 标准溶液毫升数 V_2(钙镁合量),再计算氧化镁含量:

$$w_{MgO}=T\times(V_2-V_1)$$

或

$$w_{MgO}=\frac{w_{标样}}{V_{标样}}\times V_{试样}$$

式中　w_{MgO}——试样中氧化镁的质量分数,%;

V_1,V_2——滴定氧化钙和滴定钙镁合量分别消耗 EDTA 体积,mL;

$w_{标样}$——标样中氧化镁的质量分数,%;

$V_{标样}$,$V_{试样}$——标样和试样分别所消耗 EDTA 的毫升数,mL;

T——是对 25mg 试样每消耗 1mL 0.00446mol/L 的 EDTA 相当于氧化镁的质量分数 0.72%。

注意事项:(1)滴定速度由快到慢接近终点时要慢滴勤振荡;(2)分析允许误差:当 MgO 质量分数小于 3.00% 时,允许误差 0.30%;当 3.01% ~10.00% 时,允许误差 0.40%。

6.1.2　亚砷酸钠—亚硝酸钠容量法测锰

6.1.2.1　方法要点

试样以硫磷混酸溶解，在有银离子存在的情况下，用过硫酸铵将低价锰离子氧化为高价锰离子。然后在室温下加氯化钠消除银离子的干扰，用亚砷酸钠——亚硝酸钠标准溶液滴定使高价锰变为低价锰，根据所消耗标准溶液的毫升数计算锰的含量。

6.1.2.2　试剂

试剂有：

(1)硫磷混酸：将浓硫酸缓缓注入等体积的浓磷酸中。

(2)硝酸银溶液：1.7g 硝酸银溶于水，加数滴浓硝酸，以水稀至100mL。

(3)200g/L 过硫酸铵溶液：当日配。

(4)氯化钠溶液：称取 10g 氯化钠，用硫酸(2 +3)溶解，并稀释至1000mL。

(5)亚砷酸钠—亚硝酸钠标准溶液：称取 1.2500g 亚砷酸钠固体溶于 25mL 160g/L 氢氧化钠溶液中(可低温加热)，加少量水稀释，以硫酸(1 +1)和 150g/L 的碳酸钠调整 pH 值为 7，再加入 0.85g 亚硝酸钠固体全溶后，以水稀至 1000mL，混匀，以已知标样确定滴定度。

6.1.2.3　分析步骤

称取 0.2000g 试样置于 300mL 三角瓶中。加少许水润湿，加15mL 硫磷混酸，于电热板上加热溶解至冒硫酸白烟后再继续 5 ~8min，取下以流水冷却至室温。加 50mL 左右水，加 5mL 硝酸银溶液，加 15mL 过硫酸铵溶液，加热至沸，并煮沸 30s，取下放置 3min。再用流水冷却至室温，加 5mL 氯化钠溶液，摇匀，以亚砷酸钠—亚硝酸钠标准溶液滴定至由红色变乳白色为终点，随同做标样：

$$w_{Mn} = \frac{T_{Mn} \times V}{G \times 10^3}$$

式中　w_{Mn}——试样中锰的质量分数，%；

T_{Mn}——每毫升亚砷酸钠—亚硝酸钠标准液相当于 Mn 的克数，mg/mL；

V——消耗亚砷酸钠—亚硝酸钠标准液的毫升数,mL;

G——试样质量,g(以后公式中的 G 没有标出的都为试样质量)。

T_{Mn}的计算式与钢铁分析中亚砷酸钠—亚硝酸钠快速容量法测 Mn 相同。

6.1.2.4 附注

(1)含锰量大于 2% 时应称取 0.1g 试样;(2)溶解时到冒浓厚硫酸烟为好,可使试样溶解彻底,同时可氧化有机物并除去氯离子,但冒烟时间不宜过长,否则形成的难溶性磷酸不易溶解,且能吸附生成的高锰酸,使结果偏低;(3)加热氧化时间严格控制,不可过长,一般 30~40s,否则高锰酸很可能分解,使结果偏低。加水溶液要溶解透,否则氧化不完全;(4)滴定过程中试样与标样速度必须保持一致。滴定时要注意观察终点,避免滴过。

6.1.3 磷的测定

6.1.3.1 氟化钠—氯化亚锡分光光度法

A 方法要点

试样以盐酸溶解,硝酸氧化,硫酸脱水,过滤分离二氧化硅,在适当酸度下加钼酸铵—酒石酸钾钠形成磷钼杂多酸,以二氯化锡还原成磷钼蓝,于波长 660nm 比色测定。

B 试剂

试剂有:

(1)钼酸铵—酒石酸钾钠溶液:10g 酒石酸钾钠溶于 50g/L 钼酸铵至 100mL。

(2)氟化钠—二氯化锡溶液:称取 0.4g 二氯化锡,4g 氟化钠溶于水,稀至 100mL。

C 分析步骤

称取 0.3000g 试样于 200mL 烧杯内,加 5mL 40g/L 氟化钠溶液,加 20mL 盐酸(1+1),加热溶解,近溶时滴加 1~2mL 硝酸,继续溶解,全溶后,加 10mL 硫酸(1+1),加热至冒白烟,冷却加 20mL 水溶解盐类,过滤于 100mL 容量瓶内,以水洗净烧杯及沉淀 5~6 次,将滤下液稀至100mL,定容,混匀。

吸取10mL滤下液于原烧杯内,加热至沸,加5mL钼酸铵—酒石酸钾钠溶液,再加10mL氟化钠—二氯化锡溶液,摇匀,于波长660nm处比色,随同做标样。

计算公式:

$$w_{P}=\frac{w_{标样}}{A_{标样}}\times A_{试样}$$

式中 w_{P}——试样中磷的质量分数,%;

$w_{标样}$——标样中磷的质量分数,%。

注:硫酸具有驱赶盐酸脱水作用;发色过程要连续。

6.1.3.2 碱容量法

A 方法要点

试样用盐酸溶解后,分离二氧化硅,再用硝酸氧化为正磷酸,在一定硝酸介质中,用钼酸铵使正磷酸生成磷钼酸铵沉淀。所得沉淀用氢氧化钠标准溶液溶解,以酚酞为指示剂,用硝酸标准溶液回滴过量的氢氧化钠,根据消耗氢氧化钠标准溶液的毫升数计算磷的含量。

B 试剂

试剂有:

(1)10g/L硝酸钾溶液:用煮沸过的水配制。

(2)0.07424mol/L NaOH标准溶液:称取2.9696g NaOH固体,溶于1000mL无CO_2的水中,摇匀。此溶液约为0.07424mol/L。

标定:准确称取3份已在105~110℃烘过1h以上的分析纯的邻苯二甲酸氢钾,每份1~1.5g放入250mL锥形瓶或烧杯中,用50mL煮沸后刚冷却的水使之溶解(如没有完全溶解,可稍微加热)。冷却后加入两滴酚酞指示剂,用NaOH标准溶液滴定至微红色半分钟不褪,即为终点。

(3)硝酸标准溶液:0.07424mol/L。

(4)酚酞指示剂:10g/L乙醇溶液。

(5)钼酸铵溶液:称取70g钼酸铵溶于53mL氨水及267mL水中,待溶解后,在不断搅拌下慢慢注入267mL浓硝酸及400mL水中,混匀,静置8~10d(用时过滤)。

C　分析步骤

称取 1g 已烘干试样于 300mL 烧杯中，以 1～5mL 水润湿，加入 25mL 浓盐酸，加热溶解并蒸发至干。于 105～110℃ 烘 25～30min，取下稍冷，加 10mL 浓盐酸润湿于渣。在电热板上加热溶解，加 50mL 热水，取下用快速滤纸加纸浆过滤于 200mL 磨口三角瓶中，以盐酸(5 + 95)洗涤沉淀至无黄色，再用热水洗涤 8～10 次沉淀，弃去。将滤下液蒸发至 10mL，加入 20mL 硝酸，再蒸发至 10mL，稍冷加水约 40mL，用氨水中和至有少量氢氧化物出现，滴加硝酸使之溶解，再过量 5mL，将溶液加热至 60℃，加入同温度的 50mL 钼酸铵溶液，盖上瓶盖振荡 5min，静置过夜。用纸浆过滤，用硝酸洗涤三角瓶及沉淀 3～4 次，再用硝酸钾洗涤三角瓶及沉淀至无酸性反应(可取 5mL 滤液，加入 1 滴氢氧化钠标准溶液及 1 滴酚酞指示剂，此时溶液呈红色为洗净)。将洗净后的沉淀及滤纸放入原三角瓶中，加入 30～40mL 中性水，摇动使纸浆松散，加 3～4 滴酚酞指示剂。用滴定管加入氢氧化钠标准溶液至溶液呈现红色，再过量 3～5mL，盖上瓶盖，摇动使黄色沉淀完全溶解，其过量的氢氧化钠再以硝酸标准溶液滴定至最后一滴变成无色为终点。

计算公式：

$$w_{P} = \frac{c \times (V_2 - V_1) \times 30.974}{G \times 10^3}$$

式中　V_2——加入氢氧化钠标准溶液的毫升数，mL；

V_1——回滴氢氧化钠标准溶液时消耗硝酸标准溶液的毫升数，mL；

c——氢氧化钠标准溶液的浓度，mol/L。

D　附注

(1)酸不宜溶解的试样应用碱熔融处理；(2)检查终点是否正确，可于滴定后之溶液中滴加两滴氢氧化钠标准溶液，若溶液呈现红色表明终点正确；(3)与试样分析的同时应带空白，以校正结果。若空白值高，则表明仪器药品有问题，特别是仪器要严禁接触磷酸，应用碱液煮过并用水洗净；(4)硝酸钾溶液必须是中性，否则结果不准确。

6.1.4 全铁的测定

6.1.4.1 重铬酸钾法

A 方法要点

试样以盐酸处理使各种铁矿石中的 FeO、Fe_2O_3、$FeCO_3$ 等以 $Fe(Cl_2)^+$、$FeCl_3$、$Fe(Cl_4)^-$ 等状态进入溶液中。部分难溶于酸的硅酸铁,可借助于氟化钠的作用而溶解。在一定的酸度下,用二氯化锡还原 Fe^{3+} 成 Fe^{2+},过量的二氯化锡用二氯化汞氧化,以二苯胺磺酸钠为指示剂,用重铬酸钾标准溶液滴定使 Fe^{2+} 氧化成 Fe^{3+},以重铬酸钾的消耗量计算含铁量。

B 试剂

试剂有:

(1)二氯化锡溶液:称取 10g 二氯化锡固体,溶于 20mL 盐酸中,以水稀释至 100mL。

(2)二苯胺磺酸钠指示剂:称取 1g 溶于 100mL 水中。

C 分析步骤

称取 0.1000g 试样于 300mL 三角瓶中,用水润湿后,加约 0.2g 氟化钠,20mL 浓盐酸,于低温电炉上加热溶解。待试样全部溶解后(视瓶底无黑色颗粒为止),浓缩体积至 10mL 左右取下,立即在不断摇动下滴加二氯化锡溶液,直至溶液黄色刚刚消失再过加 1~2 滴,冷却至室温,以水稀释至体积约 50mL。一次加入 10mL 二氯化汞饱和溶液,摇动混匀,静置 1~2min。加 10mL 磷酸(1+1),4~5 滴二苯胺磺酸钠指示剂,用 0.004640mol/L 重铬酸钾标准溶液滴定至溶液由绿色变为紫红色即为终点,随同做标样。

计算公式:

$$w_{TFe}=\frac{6\times c\times V\times 55.85}{G\times 10^3}$$

D 附注

(1)溶解试样时温度不可太高,以免试样未溶完全酸被蒸干;(2)滴加二氯化锡还原时,要严格控制加入量,边加边摇动,以免加过量;(3)还原冷却后应立即滴定,否则空气会氧化 Fe^{2+} 为 Fe^{3+} 使结果偏低,滴定时开始速度不要太慢;(4)如果铁含量较高时,在滴定过程中会产生大量的 Cr^{3+} 使溶液呈较深的绿色,影响终点观察,因此溶液体积不宜过小;(5)如遇难溶试样,可随溶随加二氯化锡还原助溶解;(6)二氯化汞饱和溶液必须一次迅速加入并摇动,然后静置 1~2min,因为氯化亚锡被氧化为高价时作用较慢,否则作用不完全,使结果偏高;(7)二氯化锡溶液配制不宜过久(不超过一星期),时间过长要失效;(8)滴定近终点时,速度应缓慢,并充分摇动,否则滴定终点易滴过;(9)加二氯化锡还原时反应在近沸的(80~90℃)溶液中才能迅速进行,温度太低还原反应缓慢,易滴加过量;温度太高,会引起 $FeCl_3$ 的挥发损失;(10)溶解试样时间不少于 20min,并和标准试样时间相一致。

6.1.4.2 无汞重铬酸钾法

本方法主要适合于铁精粉中全铁的测定。

A 方法要点

试样以氟化钠和盐酸分解,以钨酸钠为指示剂,用三氯化钛还原 3 价铁至过量生成钨蓝,以重铬酸钾氧化蓝色退去,再以二苯胺磺酸钠为指示剂,重铬酸钾标准溶液滴定,以消耗重铬酸钾的毫升数去计算全铁的含量。

B 试剂

试剂有:

(1)钨酸钠:25g 钨酸钠溶于水,加 5mL 磷酸,稀释至 100mL,摇匀。

(2)三氯化钛溶液:1.5g 三氯化钛溶于水,加 5mL 盐酸,水稀至 100mL,混匀。

C 分析步骤

准确称取 0.1000g 试样于三角瓶中,加 10mL 100g/L 氟化钠溶液,20mL 盐酸,于低温电炉上加热溶解,并边溶边滴加 100g/L 二氯化锡以保持溶液浅黄色,加热至全部溶解并浓缩体积为 10mL 左右,需时间约 20min。取下加 20mL 硫酸(1+7),10 滴钨酸钠溶液,以三氯化钛溶液滴至呈蓝色,再以重铬酸钾氧化至蓝色刚刚退去。将溶液稀释至 70~80mL 左右,冷却,加 10mL 硫磷混酸(700mL 水 +150mL 硫酸 +150mL 磷酸),加 7~8 滴 4g/L 的二苯胺磺酸钠指示剂,以

0.004640mol/L 重铬酸钾标准溶液滴至紫蓝色为终点,记下消耗的重铬酸钾标准液的毫升数。随同做标样。

6.1.5 亚铁的测定——重铬酸钾容量法

6.1.5.1 方法要点

试样在隔绝空气的情况下,加入碳酸钠利用其与盐酸作用后产生二氧化碳气体,消除空气对亚铁的氧化作用。加盐酸和氟化钠溶解得到的 Fe^{2+} 在磷酸存在下,以二苯胺磺酸钠为指示剂,用重铬酸钾标准溶液滴定,以重铬酸钾标准溶液的用量计算亚铁含量。

6.1.5.2 分析步骤

准确称取 0.2000g 试样,于已预先放有 1~2g 碳酸钠的 300mL 三角瓶内。加 10mL 100g/L 的氟化钠溶液,加 20mL 盐酸,在电炉上低温溶解,约 8~10min(如试样难溶须补加少量水和碳酸钠)。待试样完全溶解后,取下,以流水冷却至室温,加 30~50mL 水,加 10mL 硫磷混酸,加 7~8 滴 4g/L 二苯胺磺酸钠指示剂,以 0.004640mol/L 重铬酸钾标准液滴定至紫蓝色为终点,记下消耗标准液的毫升数 V。

计算公式:

$$w_{FeO} = V \times T$$

式中 w_{FeO}——试样中氧化亚铁的质量分数,%;

V——消耗重铬酸钾标准溶液的毫升数,mL;

T——0.004460mol/L 的重铬酸钾对 200mg 试样的氧化亚铁滴定度相当于 $T=1.00$。

6.1.5.3 附注

(1)溶解试样时间必须一致,温度不宜过高。放置时间不能太长;(2)体积不能低于 15mL,注意边溶试样边注入水,保持一定体积;(3)分析允许误差:FeO 质量分数为 5.00% 时,允许误差为 0.30%;当 5.01%~15.00% 时,允许误差为 0.40%。

6.1.6 铁精粉中钛的测定——比色法

6.1.6.1 试剂

试剂有:

(1)抗坏血酸:称 2g 抗坏血酸,用 87mL 水,13mL 乙醇溶解。现用现配。

(2)变色酸溶液:称 0.5g 变色酸,加 0.1g 无水亚硫酸钠,以水稀释至 100mL。

(3)10g/L 二安替吡啉甲烷(DNM):用(1 +11)盐酸配制。

(4)混合熔剂:配法同 6.1.12(1)。

6.1.6.2 分析步骤

称取 0.25g 铁精粉试样,用铂金坩埚加混合熔剂约 3g,再覆盖一层,盖好盖,送入马弗炉(温度为 950 ~1000℃)内熔融 7 ~10min,取出冷却后,放入已有 80mL 热硝酸(1 +6)的 300mL 烧杯中,加热浸取熔物到全部溶解后取下,冷却,放入 250mL 容量瓶中,以水稀释至刻度,摇匀做母液。

吸取 5mL 母液于 50mL 容量瓶中,加 5mL 抗坏血酸,5mL 变色酸,10mL DNM(每加一种试剂要摇匀)以水稀释刻度,摇匀,用 1cm 比色皿,于 510nm 波长处,以水为参比,进行比色。随同做标样:

$$w_{\mathrm{TiO_2}} = \frac{w_{标样}}{A_{试样}} \times A_{试样}$$

式中 $w_{\mathrm{TiO_2}}$——试样中二氧化钛质量分数,%;

$w_{标样}$——标样中二氧化钛质量分数,%。

6.1.7 铁精粉中钒的测定

6.1.7.1 方法要点

试样用硫磷混酸溶解,用高锰酸钾将钒 4 价氧化至 5 价,过量的高锰酸钾在尿素的存在下,以亚硝酸钠还原,以苯代邻氨基苯甲酸为指示剂,用硫酸亚铁铵滴定,借此测定钒含量,其中所涉及的主要反应有:

$$VO^{2+} + MnO_4 + 5H^+ = H_3VO_4 + Mn^{2+} + H_2O$$

$$H_3VO_4 + Fe^{2+} + 3H^+ = VO^{2+} + Fe^{3+} + 3H_2O$$

6.1.7.2 试剂

试剂有:

(1)N-苯代邻氨基苯甲酸指示剂:溶于 0.2% 碳酸钠溶液中;

(2)硫磷混酸:2 体积浓硫酸与 1 体积浓磷酸混合而成。

(3)0.001000mol/L 硫酸亚铁铵标准溶液:称 0.4g 硫酸亚铁铵,溶于 1000mL 容量瓶中,加 10mL 硫酸,用水稀释至刻度。

标定:移取 25mL 重铬酸钾标准溶液,加 40mL 硫磷混酸,以水稀释至 100mL,加 4 滴 N-苯基邻氨基苯甲酸指示剂,用亚铁溶液滴定至由紫色变为亮绿色:

$$c_{(Fe^{2+})} = \frac{c_{(1/6K_2Cr_2O_7)} \times V}{V_{Fe^{2+}}}$$

6.1.7.3　分析步骤

称取 0.5000g 试样置于 250mL 三角瓶中,以少许水湿润,使试样散开,加 1~2g 氟化钾,加入 30mL 硫磷混酸,加热溶解后,至冒浓厚的白烟,取下自然冷却,加 80mL 水,加热至盐类溶解,取下冷却至室温。滴加 25g/L 高锰酸钾溶液至呈稳定红色并保持 5min,加 10mL 100g/L 尿素溶液,滴加 10g/L 亚硝酸钠溶液至红色消失。再过量 1~2 滴,放置 2min,滴加 3 滴 N-苯代邻氨基苯甲酸指示剂,以硫酸亚铁铵标准溶液滴定至溶液由紫红色到浅黄色为终点,随同做标样。

计算公式:

$$w_{V_2O_5} = \frac{w_{标样}}{V_{标样}} \times V_{试样}$$

式中　$w_{V_2O_5}$——试样中五氧化二钒的质量分数,%;

$w_{标样}$——标样中二氧化钛的质量分数,%;

$V_{标样}$,$V_{试样}$——标样和试样分别所消耗硫酸亚铁铵的毫升数,mL。

6.1.7.4　附注

(1)由于高锰酸钾氧化钒的速度较慢,故需放置一段时间,以保证氧化完全,但其放置时间应一致,否则结果不稳定;(2)亚硝酸钠还原时,要慢加,以免过量;(3)滴定硫酸亚铁铵标准溶液,接近终点时滴定速度要慢,因为终点反应较慢,以免滴定过量。

6.1.8　硫的测定——燃烧碘量法

烧结矿硫的测定同生铁中硫的分析。

6.1.9　灼烧减量的测定

6.1.9.1　方法要点

称取105～110℃干燥过1h的试样放在900～1000℃的马弗炉内灼烧，经过灼烧后减少的质量，即试样中灼烧减量。经过灼烧后所失去的物质为化合水，二氧化碳和硫有机物等。

6.1.9.2　分析步骤

称取1g试样放在瓷坩埚盖上（盖反扣于瓷坩埚上面）并铺散均匀，放入马弗炉中加热，初以低温慢慢移入900～1000℃的炉膛中灼烧1～2h，取出，于干燥器中冷却至室温，迅速称量。

计算公式如下：

$$w_{烧减}=\frac{G-G_1}{G} \tag{6-1}$$

$$w_{铁矿烧减}=\frac{G-G_1}{G}+[wFeO\times 0.111+wFe\times 0.43] \tag{6-2}$$

式中　$w_{烧减}$——试样中烧碱的质量分数，%；

$w_{铁矿烧减}$——试样中铁矿烧碱的质量分数，%；

G_1——灼烧后的质量，g。

6.1.9.3　附注

(1)灼烧后的残渣吸湿性很强故需迅速称重；(2)铁矿如含氧化亚铁及金属铁较低者，可按式(6-1)计算；(3)有时遇到烧减增高，则是氧化亚铁和金属铁等低价氧化物的影响，可按式(6-2)计算；(4)本规程允许误差：±0.30%。

6.2　硫铁矿测定

6.2.1　硫酸钡重量法测定硫

6.2.1.1　方法要点

试样以过氧化钠—无水碳酸钠熔融，以水浸取将氢氧化物及磷酸盐沉淀过滤除去，当滤液以盐酸中和变为微酸性，加入氯化钡使硫酸根定量生成硫酸钡沉淀，将沉淀过滤，灰化，灼烧，称量，计算硫的质量分数。

6.2.1.2 试剂

试剂有：

(1)氯化钡—盐酸洗涤液:1g 氯化钡用适量盐酸(1 +99)溶解过滤后,用盐酸(1 +99)稀至1000mL。

(2)混合熔剂:3 份 Na_2O_2 与 1 份无水 Na_2CO_3 混匀。

6.2.1.3 分析步骤

称取0.25 ~1.0g 试样,置于 30mL 刚玉或热解石墨坩埚中,加 4 ~6g混合熔剂,混匀后再在表面覆盖 2g 混合熔剂,先低温再在 700℃熔融 10 ~15min,取出坩埚,转动使熔物附于坩埚内壁,冷却后置于 400mL 烧杯中,从杯嘴加 100mL 热水,待反应停止后,用热水洗去坩埚,煮沸 3 ~4min(防止溅失),取下,静置至沉淀下降后趁热用中速滤纸过滤,沉淀要尽可能留于原烧杯中,滤液收集于 500mL 烧杯中,向原烧杯中加 50mL 20g/L 热碳酸钠溶液煮沸 1 ~2min,用原滤纸过滤,再用 20g/L 热碳酸钠溶液洗涤烧杯 4 ~5 次,洗涤沉淀 7 ~8 次,弃去沉淀。

向滤液中加 2 滴 10g/L 甲基橙指示剂,用盐酸(1 +1)中和至溶液呈红色,并过量 2mL,加水稀释至约 300mL,煮沸至无大气泡,取下,在不断搅拌下,慢慢加入 10mL 100g/L 氯化钡溶液,加热至沸,取下后于温热处保温 2h,并放置过夜。

将沉淀用加有少许纸浆的慢速定量滤纸过滤,先用氯化钡—盐酸洗液倾洗两次,并将沉淀洗于滤纸上,用擦棒擦净烧杯,用温水洗烧杯 2 ~3 次,洗沉淀至无氯离子(用硝酸银溶液检查),将沉淀连同滤纸移于已恒重的铂坩埚中,灰化后,于 800℃高温炉灼烧 10 ~20min,取出冷却后,加 4 滴硫酸(1 +1),2mL 46% HF,低温蒸发至冒尽硫酸白烟,再灼烧 30min 取出,放于干燥器中,冷至室温,称量,如此反复(每次烧 15min)直至恒重。

随同试样操作应做空白试验及标样校正试验。

6.2.1.4 分析结果的计算

$$w_S = \frac{[(m_1 - m_2) - (m_3 - m_4)] \times 0.1374}{G}$$

式中 w_S——试样中硫的质量分数,%;

m_1——铂坩埚和硫酸钡沉淀的质量,g;

m_2——铂坩埚的质量,g;

m_3——空白试验中铂坩埚和硫酸钡的质量,g;

m_4——空白试验用铂坩埚的质量,g;

0.1374——$BaSO_4$换算为 S 的系数。

6.3 锰矿石测定

6.3.1 高氯酸脱水质量法测定二氧化硅

称取风干试样:(SiO_2 <10% 者称取 1.0000g,SiO_2 >10% 者称取 0.5000g),置于 250mL 烧杯中,加 20~25mL 浓 HCl,加热溶解试样,然后加约 50mL 热水煮沸,用中速定量滤纸(加适量纸浆)过滤,收集滤液在 250mL 烧杯中,用带橡皮头的玻璃棒擦净杯壁,用热水洗涤烧杯,并洗涤滤纸及残渣 3~4 次(保留滤液及洗液),将滤纸连同残渣置于铂坩埚中,小心干燥,灰化后,在 800℃灼烧 20min,冷却,加 3~4g 混合熔剂(2 份无水碳酸钠与 1 份硼砂研细,混匀),搅匀,表面再覆盖少许混合熔剂,置于 900~1000℃高温炉中熔融 10~15min,取出,冷却,将坩埚放入盛有滤液及洗液的 250mL 烧杯中,加热,待熔融物溶解后,用热水洗净铂坩埚并取出,蒸发溶液至 20~30mL,加 15~20mL 高氯酸,盖上表皿(留一缝隙),置于电热板上加热至冒高氯酸浓厚白烟 10~15min,取下稍冷,加 10mL 浓 HCl,约 40mL 热水,搅拌溶解盐类(如果试液呈棕褐色,应加少量过氧化氢使颜色褪去),用慢速定量滤纸过滤,并用带橡皮头的玻璃棒将附在杯壁上的沉淀擦净,用热 HCl(5+95)洗净烧杯并洗涤沉淀至无铁离子(以 50g/L NH_4CSN 溶液检查),最后用热水洗至无氯离子(以 10g/L $AgNO_3$溶液检查),滤液及洗液再按上述手续加热,蒸发冒烟,过滤,洗涤。

将两次所得沉淀连同滤纸置于铂坩埚中,小心干燥,灰化后,再在 600℃灼烧 20min,取出,冷却。加 1mL 浓 HCl、1mL 无水乙醇,于低温电炉上小心蒸干,并重复一次,然后置于 1000℃高温炉中灼烧 40min,取出,置于干燥器中,冷却至室温,称重,反复灼烧至恒重(W_1),沿坩埚内壁加3~5滴水润湿沉淀,加4滴硫酸(1+1),5mL HF,低温蒸干至冒尽三氧化硫白烟(若有SiO_2沉淀时,需再用2mL HF,2滴硫酸(1+1),蒸干一次),再将铂坩埚置于1000℃高温炉中灼烧20min,取出,置于干燥器中,冷却至室温,称重,并反复灼烧到恒重(W_2)。

试剂空白按分析步骤随同试样操作。

$$w_{SiO_2}=\frac{W_1-W_2}{G}\times\frac{100}{100-A}$$

式中 W_1——HF处理前沉淀与铂坩埚的质量,g;

W_2——HF处理后沉淀与铂坩埚的重量,g;

A——试样中湿存水的质量分数,%。

6.3.2 硅钙镁的系统测定

试样以混合熔剂熔融,以稀酸浸取溶物定容,分液以钼蓝分光光度法测定二氧化硅,EDTA容量法测定氧化钙,氧化镁。

6.3.2.1 二氧化硅的测定

称取0.2500g试样,于已放有3g混合熔剂(2份无水碳酸钠与1份硼砂研细,混匀)的铂坩埚内,盖好盖放入1000℃马弗炉里熔融7min,取出,放入已有80mL硝酸(1+6)中,加热浸出熔物到全部溶解,滴加过氧化氢到二氧化锰沉淀消失,煮沸,冷却后,移入250mL容量瓶中定容。

除移取2.00mL母液于100mL容量瓶中外,补加硫酸等剩余步骤同6.1.1.3C中硅钼蓝分光光度法测定二氧化硅。

6.3.2.2 氧化钙、氧化镁的测定

A 方法要点

溶液中的铁、铝、锰等离子干扰氧化钙、氧化镁的测定,因此,应先分离出铁、铝、锰,然后以EDTA在不同的pH值下,测定氧化钙、氧化镁。

B 氧化钙的测定

吸取100mL做二氧化硅的母液于300mL烧杯中,滴加0.5mL硝酸(约5滴),加热氧化低价铁,加0.5g氯化铵固体,以水稀至150mL,将溶液加热近沸,以氨水(1+1)中和至出现沉淀,再过量数滴,加5mL 250g/L过硫酸铵溶液,摇匀,煮沸8~10min,取下用氨水(1+1)调pH

值为7~8,(用试纸检查),再煮沸1~2min,再用氨水(1+1)调至pH值为7~8,静置数分钟,用快速滤纸过滤于200mL容量瓶中,用热的20g/L氯化铵洗液洗烧杯3~4次,洗沉淀7~8次,稀释到刻度,滤液供做钙镁用。

吸取50mL滤下液于300mL三角瓶中,加入5mL 50g/L盐酸羟胺,2mL三乙醇胺(1+1),加10mL 200g/L氢氧化钾溶液,4g/L钙指示剂数滴,以0.00446mol/L EDTA标准溶液滴定,由红色恰好变为纯蓝色为终点,记下消耗的毫升数V_1为钙量。

计算公式:

$$w_{CaO}=\frac{c\times V_1\times 56.08}{1000\times G\times\frac{100}{200}\times\frac{50}{200}}$$

式中　c——EDTA标准溶液浓度,mol/L;

V_1——氧化钙消耗EDTA标准溶液的毫升数,mL。

C　氧化镁的测定

吸取50mL滤下液于300mL三角瓶中,加入5mL 50g/L盐酸羟胺,2mL三乙醇胺(1+1),10mL氨水(1+1),加3滴4g/L铬黑T指示剂,用EDTA标准溶液滴定,由红色恰好变为纯蓝色为终点,记下消耗的毫升数V_2为钙镁合量:

$$w_{MgO}=\frac{c\times(V_2-V_1)\times M_{MgO}}{1000\times G\times\frac{100}{200}\times\frac{50}{200}}$$

式中　c——EDTA标准溶液浓度,mol/L;

M_{MgO}——MgO的相对分子质量,g/mol;

V_2——钙镁合量消耗EDTA标准溶液的毫升数,mL。

D　附注

(1)在以氢氧化铵、过硫酸铵分离铁、铝、锰时,要注意煮沸,使过硫酸铵充分分解完全,以免在滴定时破坏指示剂;(2)做钙镁时,滴定标样,结果高于标样氧化钙氧化镁含量时,应做一个水的空白,计算时减去水空白的含量。

6.3.3　全锰的测定

称取0.2000g试样,置于250mL三角瓶中,加少量水湿润试样,加

5mL 硫酸(1 +1),20mL 磷酸,加热溶解,加 3 ~5mL 硝酸,使碳及有机物氧化,加热冒三氧化硫白烟 3min,取下冷却至室温,然后再加热至刚冒白烟,加 2 ~3g 硝酸铵,充分摇动三角瓶,用吸耳球吹尽氮氧化物,稍冷加 80mL 水溶解盐类,冷却后,以 0.03000mol/L 硫酸亚铁铵标准溶液滴定至浅红色,加 3 滴 2g/L N-苯基邻氨基苯甲酸指示剂,继续滴定亮黄色为终点,随同做标样:

$$w_{\mathrm{Mn}} = \frac{w_{标样}}{V_{标样}} \times V_{试样}$$

式中 $w_{标样}$——标样中锰的质量分数,%;

$V_{标样}$,$V_{试样}$——标样和试样分别所消耗硫酸亚铁铵的毫升数,mL。

6.3.4 全铁的测定

6.3.4.1 试剂

试剂有:

(1)氯化亚锡:称 3g $SnCl_2$加 10mL 盐酸,用水稀释到 50mL。

(2)硫磷混酸:700mL 水中加入 150mL 硫酸和 150mL 磷酸,混匀。

6.3.4.2 分析步骤

称取 0.1000g 试样,(好溶试样可直接用 30mL 盐酸,加 0.5g 氟化钠溶解),难溶试样加 5mL 硫酸(1 +1),0.5g 50g/L 氟化钠溶液,10mL 磷酸溶解,稍冷后加 20mL 盐酸,低温溶解,控制体积 15mL 左右(约 20min),取下趁热加氯化亚锡溶液,还原至无色,并过量 1 ~2 滴,冷却后,加水约 20mL,加 10mL 饱和氯化汞,放置片刻,加 10mL 硫磷混酸,摇匀静止片刻,加 7 ~ 8 滴 4g/L 二苯胺磺酸钠指示剂,以 0.004640mol/L 重铬酸钾标准溶液滴定至紫色为终点,随同做标样。

6.4 钛矿石测定

6.4.1 钛的测定——焦硫酸钾熔融法

6.4.1.1 方法要点

试样在隔绝空气条件下,用金属 Al 将 4 价钛还原为 3 价钛,而后用 Fe^{3+}标液氧化 3 价钛,以硫氰盐为指示剂。当 3 价钛完全被氧化后，微过量的Fe^{3+}离子生成红色硫氰酸铁，借以指示终点。

还原：

$$3Ti^{4+} + Al \longrightarrow 3Ti^{3+} + Al^{3+}$$

滴定：

$$Ti^{3+} + Fe^{3+} \longrightarrow Ti^{4+} + Fe^{2+}$$

终点指示：

$$Fe^{3+}(\text{微}) + 3SCN^{-} \longrightarrow [Fe(SCN)_3]\text{血红色}$$

6.4.1.2 分析步骤

称取0.2～0.5g试样于瓷坩埚中，加3g焦硫酸钾($K_2S_2O_7$)，低温(300～500℃)熔化后，再高温(高温炉500℃)熔至红色熔体。冷却后放入烧杯，用80mL 5% H_2SO_4浸取洗涤坩埚，加热煮沸、过滤、沉淀，用10% H_2SO_4洗4次，合并滤液。加350g/L NaOH至沉淀物$Fe(OH)_3$、$Ti(OH)_4$凝聚，用定性滤纸过滤。沉淀用20g/L NaOH洗5次，后以10% H_2SO_4热液溶解沉淀于锥形瓶中，洗涤5次，控制总体积约100mL，加50mL浓HCl，加10mL饱和$(NH_4)_2SO_4$(防止Ti^{3+}氧化)或乙酸，加2g铝片，用带封闭的漏斗的胶塞塞紧，煮沸至铝片全溶，液体变清。冷却后用0.01000mol/L $NH_4Fe(SO_4)_2$标准溶液滴至紫色变浅，加10mL 50g/L KSCN溶液继续滴至稳定的红色为终点：

$$w_{Ti} = V \times T/G$$

式中 w_{Ti}——试样中钛的质量分数，%；

V——消耗$NH_4Fe(SO_4)_2$标准溶液的毫升数，mL；

T——每消耗1mL $NH_4Fe(SO_4)_2$标准溶液中样品中钛的质量分数，%。

6.4.2 钛的测定——过氧化钠熔融法

称取0.2～0.5g样品于瓷铁坩埚中，加入3g Na_2O_2与样品混匀，表面盖上2g过氧化钠(Na_2O_2)，在700℃熔至透明，冷却后用30mL水浸取，水洗坩埚数次后，过滤沉淀残渣，将沉淀用约50mL 10% H_2SO_4溶于锥形瓶中，用1% H_2SO_4洗滤纸，补加30mL浓HCl至总体积为

200mL 左右，加 3g 铝片，加热至红色消失，再添加铝片，每次加约 0.1g 至反应变慢，Ti^{3+} 紫色不断增加，而后加入 0.1g 铝片，盖上装有 $NaHCO_3$ 的盖氏漏斗，加热煮沸数分钟，取下冷至室温，打开胶塞，加入 100mL 饱和 $(NH_4)_2SO_4$ 和 10mL 50g/L KSCN，用 0.01000mol/L $NH_4Fe(SO_4)_2$ 标准溶液滴至终点。

6.5 石灰、石灰石、白云石测定

6.5.1 二氧化硅的测定

6.5.1.1 高氯酸脱水质量法

(1)称取 1.0000g 已于 105～110℃烘干并冷却至室温的试样，置于 300mL 烧杯中。随同试样做空白试验。加少量水润湿试样，盖以表面皿，缓慢加入 60mL 盐酸(1+1)。待剧烈反应停止后，加热至微沸。用少量水冲洗表面皿，用中速滤纸过滤。用水洗涤烧杯及残渣各 3～4 次，将滤液和洗液转入原烧杯中保存。将残渣及滤纸移入铂坩埚中，仔细干燥、灰化，移入高温炉内，于 950～1000℃灼烧 20min，取出，冷却。加入 1g 无水碳酸钠混匀，覆盖 1g 无水碳酸钠，盖以坩埚盖(留一缝隙)，置于 950～1000℃高温炉内熔融 20min，取出，冷却。将坩埚放入原烧杯中，低温加热浸取，用水洗出坩埚及盖，加 20mL 高氯酸。

(2)盖上表面皿(留一缝隙)，置于电热板上加热冒高氯酸浓厚白烟 15min，取下冷却。加 5mL 盐酸(1+1)，50mL 热水，用少量水冲洗表面皿，搅拌使盐类溶解，用中速定量滤纸过滤，用带橡皮头的玻璃棒和小片滤纸擦净烧杯壁上的沉淀，合并到滤纸上。用热盐酸(5+95)洗涤沉淀 5 次，再用热水洗涤 10 次以上。

(3)于滤液及洗液中加入高氯酸 10mL，以下按分析步骤(2)重复操作。

(4)将两次所得沉淀置于原铂坩埚中，仔细干燥，灰化后，置于 1000℃的高温炉中灼烧 30min 取出，置于干燥器中冷至室温，恒重，称量(W_1)。用少量水润湿沉淀，加 3 滴硫酸，5mL 氢氟酸，加热蒸发冒尽白烟后，再将坩埚置于 1000℃高温炉中灼烧 20min，取出，置于干燥器中冷至室温，恒重，称量(W_2)。

(5)允许差。实验室之间分析结果的差值不大于下面所列允许差。当 SiO_2 质量分数大于1.80%～6.00%时，允许差为0.20%；大于6.00%～10.00%时，允许差为0.30%。

6.5.1.2　简易质量法

称取0.5g干燥试样于铂金坩埚中，加2～2.5g混合熔剂($Na_2CO_3+K_2CO_3=1+1$)，拌匀再盖上一层(约1g)，在喷灯上先以小火加热，然后调至最大火焰，熔融5～7min，稍冷后，放入蒸发皿中，加20mL水，加20mL浓盐酸，浸出熔物，洗净坩埚，将蒸发皿放在低温电炉上加热，熔物完全熔解，并蒸发至干，稍冷后，加10mL浓盐酸，稍加热，用洗瓶洗净表面皿及蒸发皿，加约50～80mL水，在电炉上加热近沸，使盐类完全溶解，以优质滤纸浆过滤，先用盐酸(5+95)洗净蒸发皿后，洗沉淀5～6次，然后用热水洗至无氯离子，将沉淀及滤纸移入瓷坩埚中，在电炉上灰化后，放在900～950℃的马弗炉中灼烧30min，取下，稍冷，放入干燥器中，冷却至室温后，恒重，称重。

6.5.1.3　硅钼蓝光度法

测定方法见6.1.1.3C中硅钼蓝分光光度法测定二氧化硅。

6.5.2　铁的测定

6.5.2.1　重铬酸钾容量法

将6.5.1.1中二氧化硅保存液定容至250mL，吸取50mL或100mL，于300mL三角瓶中。加10mL浓盐酸，于电炉上加热，浓缩体积约15mL。取下趁热加入100g/L二氯化锡溶液至溶液无色，并再过量一滴，以流水冷却至室温。加入5mL饱和二氯化汞溶液，摇匀，静置3～4min。加100～150mL水，20mL硫磷混酸，滴加3～5滴4g/L二苯胺磺酸钠指示剂，以0.002784mol/L(1/6)重铬酸钾标准溶液滴定至稳定的蓝紫色为终点。

6.5.2.2　无汞盐测铁法

本方法适用于石灰石、白云石铁量的测定。测定范围(以 Fe_2O_3 计算)1.00%～5.00%。

A　方法要点

试样用盐酸、硝酸、氢氟酸分解，高氯酸冒烟。在盐酸介质中以二氯化锡将大部分三价铁还原。在磷钨酸钠存在下，以甲基橙为指示剂，用三氯化钛还原剩余的三价铁至甲基橙的红色褪为无色。然后加入硫磷混酸，以二苯胺磺酸钠为指示剂，用重铬酸钾标准溶液滴定。试液中允许 0.25mg 铂及 0.05mg 铜存在。铜量大于 0.05mg 时，用氢氧化铵分离除去。

B　试剂

试剂有：

(1)三氯化钛溶液(1 +100)：取 1mL 三氯化钛溶液(15% ~20%)与 100mL 盐酸(1 +9)，混匀，用时现配。

(2)磷钨酸钠溶液 50g/L：称取 5g 钨酸钠溶于 100mL 磷酸(5 +95)中。

C　分析步骤

称取 0.5000g 已于 105 ~110℃ 干燥并冷却至室温的试样，置于 200mL 聚四氟乙烯烧杯中。随同试样作空白试验。缓慢加入 20mL 盐酸(1 +1)，低温加热溶解，滴加 60g/L 二氯化锡溶液使溶液黄色消失。继续加热到溶液体积约为 5mL，加 2mL 浓硝酸，蒸发至约 1mL，加入 5mL 氢氟酸、2mL 高氯酸，加热冒烟至近干，取下，冷却。加 15mL 浓盐酸溶解盐类，将溶液转入 250mL 锥形瓶中(控制溶液体积为 30mL)。加热至沸，取下，滴加 60g/L 二氯化锡溶液至溶液呈浅黄色。

注：(1)如加入的二氯化锡过量，可滴加 5g/L 高锰酸钾溶液，使溶液复呈浅黄色；(2)空白溶液不加二氯化锡溶液还原。

加水稀释溶液至体积约 50mL，控制溶液温度为 30 ~60℃，加 5 滴磷钨酸钠溶液、1 滴 1g/L 甲基橙溶液，滴加三氯化钛溶液至溶液由红色恰变为无色。

注：还原近终点时，三氯化钛溶液应缓慢加入，以免过量；若其过量，可滴加重铬酸钾标准溶液至部分铁氧化，补加 1 滴甲基橙溶液，再滴加三氯化钛溶液至溶液由红色变为无色。

将溶液用水稀释至约 100mL，加 10mL 硫磷混酸(浓硫酸 +浓磷酸 +水 = 300 + 500 + 200)，两滴 2.5g/L 二苯胺磺酸钠溶液，用 0.001667mol/L 重铬酸钾标准溶液滴定至溶液呈现紫红色为终点。

注：①将 3 价铁还原后，放置时间不宜过长，应在 5min 内用重铬酸钾标准溶液滴定。②空白溶液在加入硫磷混酸后按分析步骤第 7 条操作。

D　空白测定

随同试样操作，仅不加二氯化锡溶液。在加入硫磷混酸后，加3mL 0.01000mol/L 硫酸亚铁铵溶液、两滴二苯胺磺酸钠溶液，用0.001667mol/L 重铬酸钾标准溶液滴定至溶液呈紫红色为终点，其所消耗的毫升数为 A。再加 3.00mL 硫酸亚铁铵溶液，再以重铬酸钾标准溶液滴定至溶液呈紫红色为终点，所消耗的毫升数为 B。试样空白所消耗重铬酸标准溶液毫升数 $(V_0) = A - B$。

E　允许差

实验室之间分析结果的差值应不大于下列允许差：当 Fe_2O_3 质量分数在 1.00% ~2.00% 时，允许差 0.10%；在 2.01% ~5.00% 时，允许差为 0.15%。

6.5.2.3　邻二氮杂菲光度法

本标准适用于石灰石、白云石铁量的测定。测定范围（以 Fe_2O_3 计算）：0.02% ~1.00%。

A　方法要点

试样用盐酸、氢氟酸分解，高氯酸冒烟，以抗坏血酸将铁还原成亚铁，在乙酸—乙酸钠介质中，亚铁与邻二氮杂菲生成橙红色络合物，于分光光度计 510nm 处，测量其吸光度。

B　试剂

试剂有：

(1) 10g/L 抗坏血酸溶液：用时配制。

(2) 邻二氮杂菲溶液：称取 2g 邻二氮杂菲溶于 100mL 无水乙醇中，加水稀释至 500mL，贮于棕色瓶中。

(3) 乙酸—乙酸钠缓冲溶液（pH 值为 4.7）：取136g $CH_3COONa \cdot 3H_2O$ 溶于 300mL 水中，加 57.0mL 冰乙酸（99%），以水稀释至 1000mL，混匀。

(4) 三氧化二铁标准溶液：称取 0.5000g 预先在 105 ~110℃ 烘 2h 并于干燥器中冷至室温的 Fe_2O_3（高纯试剂）置于 250mL 烧杯中，加 20mL 盐酸（1 +1），低温加热溶解，冷却至室温，移入 500mL 容量瓶中，用水稀释至刻度，混匀，此溶液 1mL 含 1.0mg 三氧化二铁。

移取25.00mL Fe_2O_3标准溶液，置于1000mL容量瓶中，用水稀释至刻度，混匀，此溶液1mL含25μg Fe_2O_3。

C 分析步骤

试样预先在105～110℃烘2h，置于干燥器中冷至室温。

(1)试样量：按表6-1称取试样。随同试样做空白试验。

表6-1 称样量

含Fe_2O_3量(质量分数)/%	试样量/g	试液分取量/mL
0.02～0.10	0.5000	20
0.10～0.40	0.2500	10
0.40～1.00	0.2500	5

(2)测定：①将试样量(1)置于200mL聚四氟乙烯烧杯中，加少量水润湿，缓慢加入10mL盐酸，5mL HF，低温加热分解试样，继续低温加热蒸发至近干，冷却，用水冲洗杯壁。

②加入5mL $HClO_4$，2mL硝酸，加热冒烟，蒸发至溶液最后体积为2mL，冷却，用水冲洗杯壁。

③加水50mL，加热溶解盐类，冷却至室温，将溶液移入100mL容量瓶中，用水稀释至刻度，混匀。

④按表6-1分取试液③及相应量的随同试样的空白，分别置于50mL容量瓶中，加入2mL抗坏血酸溶液，混匀，加10mL乙酸—乙酸钠缓冲溶液和2mL邻二氮杂菲溶液，混匀，用水稀释至刻度，混匀，放置15min。

⑤将部分显色溶液④移入2cm比色皿中，以随同试样的空白为参比，于分光光度计510nm处测量其吸光度。从工作曲线上查出相应的Fe_2O_3量。

(3)工作曲线的绘制：移取25μg/mL Fe_2O_3标准溶液0、1.00mL、2.00mL、3.00mL、4.00mL、5.00mL，分别置于一组50mL容量瓶中，加水10mL，以下按④加入2mL抗坏血酸溶液起操作，将部分显色液移入2cm比色皿中，以试剂空白为参比，于分光光度计510nm处测量其吸光度，以Fe_2O_3量为横坐标，吸光度A为纵坐标，绘制工作曲线。

(4)分析结果计算：

$$w_{Fe_2O_3}=\frac{m_1V}{GV_1}$$

式中　m_1——从工作曲线上查得的 Fe_2O_3 质量，g；

V——试液总体积，mL；

V_1——分取试液的体积，mL。

(5)允许差：Fe_2O_3 质量分数为 0.020% ~0.050% 时，允许差为 0.010%；在 0.050% ~0.150% 时，允许差为 0.020%；在 0.150% ~0.50% 时，允许差为 0.05%；在 0.50% ~1.00% 时，允许差为 0.10%。

6.5.3　水分的测定

称取 1.0g 试样于恒重的瓷坩埚中，移入烘箱内，在 100 ~105℃ 烘 1h，取出，在干燥器中冷却至室温，恒重，称重。若是石灰试样的水分，应在马弗炉中，580 ~600℃ 烘 1h，取出，在干燥器中冷却至室温，恒重，称重。水分含量计算：

$$w_{水分}=\frac{G-G_1}{G}$$

式中　$w_{水分}$——试样中水分的质量分数，%；

G_1——烘干后的试样质量，g。

6.5.4　灼烧减量的测定

称取 1g 干燥试样，置于瓷坩埚中，在马弗炉内于 900 ~950℃ 灼烧 2h，取出，放在干燥器中冷却，恒重，称重，称重时速度应快，以免吸收空气中的水分及二氧化碳，影响结果。灼烧减量计算：

$$w_{灼烧减量}=\frac{G-G_1}{G}$$

式中　G_1——灼烧后残渣质量，g。

注：如试样测定水分，应用使用测定水分后的试样作灼烧减量。马弗炉中不应同时作煤焦的挥发分，以免影响结果。

6.5.5　氧化钙的测定

将 6.5.1.1 中二氧化硅滤下液稀至 250mL 混匀，吸取 50mL，于

300mL 三角瓶中,加约 3mL 三乙醇胺(1 +1)摇动,加 20mL 20% KOH 溶液,加 4 ~5 滴 5g/L 钙指示剂,用 0. 02000mol/L EDTA 标准溶液滴定到由橙红色变为纯蓝色即为终点。读取所消耗的 EDTA 体积 V_2。

6. 5. 6 氧化镁的测定

6. 5. 6. 1 试剂

试剂有:

(1)氨性缓冲液:67. 5g NH_4Cl 溶于 300mL 水中,加入 570mL 浓氨水,稀至 1000mL。

(2)铬黑 T:称取 0. 1g 铬黑 T 溶于 20mL 乙醇中,加水 80mL。

6. 5. 6. 2 分析步骤

吸取 50mL 6. 5. 1. 1 中二氧化硅滤下液于 300mL 三角瓶中,加约 3mL 三乙醇胺,摇动,加 20mL 氨性缓冲液,加 3 ~4 滴铬黑 T 指示剂,用 0. 02000mol/L EDTA 标准溶液滴定,由橙红色滴定至天蓝色,即为终点。读取所消耗的 EDTA 体积,即为 V_1。用 $V_1 - V_2$ 计算含 MgO 量。

6. 5. 7 氧化铁、氧化铅的测定

吸取 100mL 6. 5. 1. 1 中测定 SiO_2 滤下液(相当于 0. 2g 试样),加氨水至微有氨味(pH 值为7 ~8)为止,加热至沸,并在温热处静置使沉淀下沉,用无灰滤纸过滤,用热水洗至无氯离子,将沉淀及滤纸移入瓷坩埚中,灰化,在 900℃ 下马弗炉内灼烧 15min,取出,放入干燥器中冷却至室温后,恒重,称重。

氧化铁、氧化铅含量计算:

$$w_{R_2O_3} = \frac{m \times 250}{100 \times G}$$

式中 $w_{R_2O_3}$——试样中氧化铁、氧化铅的质量分数,%;

m——氧化铁和氧化铅纯质量,g。

6. 5. 8 石灰中氧化镁的测定

称取 0. 5g 试样,于 400mL 烧杯中,加 20mL 水,加 15mL 浓 HCl 于

电炉上加热，溶解，溶完后取下，冷却，移入250mL容量瓶中，以水稀释至刻度混匀，下步分析与6.5.6节相同。

6.6 萤石测定

6.6.1 氢氟酸挥散质量法测定二氧化硅

称取0.5g试样，于150mL烧杯中，加15mL 2%乙酸溶液，摇散试样，盖上表面皿，放置，每10min摇动一次，30min后，用慢速定量滤纸过滤，将残渣转移到滤纸上，擦洗净烧杯，用水洗滤纸4～5次。将滤纸连同残渣置于铂坩埚中，低温灰化后，转入850～1000℃高温炉中灼烧30min，取出稍冷，置于干燥器中，冷至室温，称至恒重(m_1)。铂坩埚内残渣，用少许水润湿，加入5mL 40%氢氟酸，于低温蒸发至干，再按上述方法挥散1～2次，每次加入2～3mL氢氟酸。蒸干后，冷却加0.5mL氨水(1+1)，低温蒸干后，置于650℃高温炉中燃烧2min。取出，稍冷，置于干燥器中，冷至室温，称量，并反复灼烧至恒重(m_2)。

注：第二次灼烧温度勿超过650℃，否则二氧化硅与氟化钙反应生成四氟化硅逸出，当用氢氟酸处理时，氧化钙又与氢氟酸作用生成氟化钙而使二氧化硅结果偏低。

6.6.2 EDTA容量法测定氟化钙

6.6.2.1 *方法要点*

试样用混酸分解后，调整pH值，以EDTA标准溶液滴定。所涉及的主要反应有：

$$CaF_2 + 2HCl = CaCl_2 + 2HF$$

$$Ca^{2+} + H_2Y^{2-} = CaY^{2-} + 2H^+$$

6.6.2.2 *试剂*

试剂有：

(1)混合酸：称取125g硼酸于1000mL烧杯中，加水约500mL，在搅拌下加入250mL浓硫酸。加热使硼酸溶解。取5000mL盐酸(1+1)，置于10000mL细口瓶中，再将上述溶解硼酸后的硫酸溶液稍冷，注入瓶中，加水稀释到10000mL摇匀。

(2)混合指示剂:称取0.20g钙黄绿素,0.12g百里酚酞和20g无水硫酸钾,混合,研匀,在105℃烘干,置于磨口瓶中。

(3)钙标准溶液:称取1.0000g于105℃烘干1h的基准碳酸钙,置于250mL烧杯中,加50mL水,盖上表面皿,25mL盐酸(1+3),激烈反应过后,加热溶解并煮沸,冷却,移入250mL容量瓶中,以水定容。此溶液每毫升相当含氟化钙0.003120g。

6.6.2.3　分析步骤

(1)称取0.5000g试样,置入250mL烧杯中,同时作试剂空白试验,用几滴无水乙醇润湿试样,加入50mL混合酸,盖上表面皿,加热并微沸30min(每数分钟摇动烧杯),加温水稀释到约100mL,继续加热至沸,用快速滤纸滤入250mL容量瓶中,用盐酸酸化过的热水洗涤烧杯及滤纸至10余次,冷却,以水定容并摇匀。

(2)移取25.00mL上述试液,置于250mL烧杯中,加水稀释至约100mL,加入5mL三乙醇胺(1+2),搅匀,加入20mL 200g/L氢氧化钾及适量指示剂,用0.01500mol/L EDTA标准溶液滴定到绿色荧光突然消失为终点。

计算:

$$w_{CaF_2}=\frac{T\times(V-V_0)\times 250}{G\times 25}-A$$

式中　w_{CaF_2}——试样中氟化钙的质量分数,%;

V——滴定试样消耗的EDTA毫升数,mL;

V_0——滴定空白消耗的EDTA毫升数,mL;

A——试样中测得碳酸钙质量分数换算为相应氟化钙质量分数。它等于碳酸钙质量分数乘以0.78008。

6.6.2.4　附注

(1)试样中锶存在可以与EDTA定量反应严重的影响滴定氟化钙的准确度;(2)被滴定试液中单独存在20mg铁或铝,2.5mg铜、铅、锌,5mg锰不影响结果,有锰存在时被滴定液终点呈灰紫—墨绿色;(3)由于此分析方法没有分离杂质,滴定时,应以荧光绿色突变为终点,再出现荧光,可以认为是杂质干扰。

6.6.3　乙酸溶解 EDTA 容量法测定碳酸钙

6.6.3.1　方法要点

试样用含钙乙酸溶解碳酸钙、含钙乙酸中离子的同离子效应抑制了氟化钙的溶解，过滤除去氟化钙等不溶物，滤液用 EDTA 标准溶液滴定。所涉及的主要反应如下：

$$CaCO_3 + 2HAc \longrightarrow Ca(Ac)_2 + CO_2\uparrow H_2O$$

$$Ca^{2+} + H_2Y^{2-} \longrightarrow CaY^{2-} + 2H^+$$

6.6.3.2　试剂

试剂有：

(1)含钙乙酸：称取 5.0000g 在 105℃干燥过的基准试剂碳酸钙，置于烧杯中，盖上表面皿，加入 600mL 10% 乙酸，激烈反应停止后，加热溶解完全，并煮沸赶除二氧化碳，取下，冷却，再用 10% 乙酸稀释于 1000mL 容量瓶中定容。摇匀。

(2)混合指示剂：同 EDTA 容量法测定氟化钙。

(3)含氟水：称取 12.4g 氟化钾（$KF \cdot 2H_2O$），用水溶解，并于 500mL 容量瓶中定容，摇匀，保存在塑料瓶中，此溶液每毫升含氟 5mg。使用时以水稀释成每毫升含氟 20μg 的溶液。

6.6.3.3　分析步骤

(1)称取 0.5000g 试样，于 100mL 烧杯中，同时作试剂空白，加几滴乙醇润湿试样，用移液管准确加入 10.00mL 含钙乙酸，加热微沸 3min，并保温 2min，用慢速滤纸过滤，于 250mL 烧杯中，用 50～60℃含氟水洗涤烧杯及滤纸 8～10 次。（严格控制滤下液总体积在 50mL）。

(2)滤液，用水稀释到约 100mL，加入 5mL 三乙醇胺（1+2），20mL 200g/L 氢氧化钾及适量混合指示剂，以 EDTA 标准溶液滴到绿色荧光突然消失（以黑色滴定台为衬）为终点，记下消耗 EDTA 标准溶液的量，同时作试剂空白记下消耗 EDTA 标准溶液的量。

计算：

$$w_{CaCO_3} = \frac{T \times (V - V_0)}{G}$$

式中　w_{CaCO_3}——试样中碳酸钙的质量分数，%；

T——EDTA 标准溶液对碳酸钙的滴定度,g/mL;

V——滴定试样消耗 EDTA 标准溶液的量,mL;

V_0——滴定试剂空白消耗 EDTA 标准溶液的量,mL。

6.6.3.4 附注

(1)过滤分离不溶物时,要保证分离干净,否则使测定结果不准确;(2)含氟水也可以溶解氟化钙,因此要严格控制含氟水用量;(3)其他注意事项可参照 EDTA 容量法测定氟化钙的附注部分。

6.6.4 联合测定二氧化硅、氟化钙和碳酸钙

6.6.4.1 动物胶重量法测定二氧化硅

称取 0.5g 试样,于 300mL 烧杯中,加 40mL HCl(1 +1)低温加热溶解,使溶液体积浓缩至 5mL,加 10mL 4g/L 动物胶,用玻璃棒搅拌 3 ~4min,在 70 ~80℃保温静置 5min,用定量纸浆滤纸过滤,先以盐酸(5 +95)洗烧杯 2 ~3 次,洗沉淀 5 ~6 次,再以热水洗至无氯离子(以 1% $AgNO_3$检验)滤液及洗液,以 250mL 容量瓶收集保留做氟化钙。

将沉淀及滤纸放入铂坩埚中,低温干燥,灰化后,放入马弗炉中在 900 ~950℃灼烧 30min,取出冷却,连同坩埚称重,在铂坩埚内加入两滴水,湿润沉淀,加 3 ~5mL 40% 氢氟酸,低温蒸干(如 SiO_2高再加 40% HF 处理一次),然后放入马弗炉在 900 ~950℃灼烧 30min 冷却后再称重。

6.6.4.2 氟化钙和碳酸钙的测定

A 方法要点

试样用酸溶解,加动物胶后,硅酸凝聚为沉淀除去,滤液用 EDTA 容量法测定氟化钙和碳酸钙的质量分数。

B 分析步骤

a 总钙量的测定

将测定 SiO_2的滤下液稀至 250mL,混匀,吸取 50mL(相当于 0.10g 试样)于 250mL 三角瓶中,加 30 ~40mL 水,加 20mL 200g/L KOH(pH 值为 12),加 4 滴钙指示剂,用 0.004640mol/L EDTA 标准溶液滴定至由紫红色变为纯蓝色为终点,所消耗毫升数为 A。

b 碳酸钙的测定

称 0.5g 试样，于 50mL 烧杯中，加 20mL 10% 醋酸，于水浴上加热 30～40min，随时用玻璃棒搅拌，加 30～50mL 水，煮沸以纸浆过滤，以热水洗 5～6 次，弃去沉淀，于滤液中加 20mL KOH（pH 值为 12），4 滴钙指示剂，用 EDTA 标准液滴定由紫红色变为纯蓝色，消耗 EDTA 毫升数为 B。同时做试剂空白，消耗的 EDTA 标准溶液体积为 B_0。

碳酸钙质量分数计算：

$$w_{CaCO_3} = \frac{T_{CaCO_3} \times (B - B_0)}{G}$$

氟化钙质量分数计算：

$$w_{CaF_2} = \frac{T_{CaF_2}[A - (B - B_0)/5]}{G}$$

式中 T_{CaCO_3}——EDTA 标准液对 $CaCO_3$ 的滴定度，g/mL；

T_{CaF_2}——EDTA 标准液对 CaF_2 的滴定度，g/mL；

A——滴定总钙量所消耗 EDTA 的毫升数，mL；

B——滴定 $CaCO_3$ 所消耗 EDTA 的毫升数，mL；

B_0——试剂空白所消耗的 EDTA 的毫升数，mL。

6.7 硅石、镁砂测定

6.7.1 硅石测定

6.7.1.1 二氧化硅测定

称取 0.5g 干燥试样于铂坩埚中，加 3g 无水碳酸钠，混匀，再覆盖一层，加盖，在喷灯上逐渐加热，直到 CO_2 气体停止放出，再继续熔融 10～20min（时间长短，视试样熔融难易而定），冷却后，以热水浸出熔块，洗入蒸发皿中，洗净坩埚及盖取出，加 15mL 盐酸，使熔块溶解，在低温电炉上蒸发至干，稍冷，加 10mL 盐酸，湿润残渣，静置 3～5min，加 50mL 热水，使可溶性盐溶解，稍加热但不可久沸，静置片刻，使沉淀下沉，以定量纸浆过滤，以热盐酸（5 +95）水洗净蒸发皿，并洗至无铁离子，再以热水洗至无氯离子，将全部滤液及洗液倒入蒸发皿中，按上述操作步骤再处理一次，把所有沉淀与第一次沉淀合并，置于瓷坩埚中，灰化在 950～1000℃ 灼烧 1h，取出稍冷，在干燥中冷却室温称重，滤液及洗液收集于250mL容量瓶中,并稀释至刻度混匀,留作其他成分分析。

6.7.1.2 水分测定

称取1g捣碎并除去金属铁的试样,置于瓷坩埚中,在烘箱内(105~110℃)干燥1h,取出冷却后,称重。

6.7.1.3 灼烧减量测定

称取1g干燥试样,置于瓷坩埚中,在马弗炉内(950~1000℃)灼烧1h,取出冷却,移入干燥器中,冷却到室温称重,计算。

6.7.1.4 其他成分测定

FeO、CaO、MgO的测定同石灰石。

6.7.2 镁砂测定

6.7.2.1 二氧化硅测定

称取0.5g干燥试样(100~120目)于铂坩埚中,加0.5~0.6g无水碳酸钠,混匀,在喷灯上以小火加热,然后调至最大火焰,熔融15~20min,稍冷,将熔物用5%盐酸浸入蒸发皿中,加15mL浓盐酸,在低温电炉上加热,使熔物溶解,并蒸发至干,稍冷,加15mL盐酸,压碎盐块稍加热再加50mL热水,加热至近沸,等盐类全部溶解后,使无灰滤纸纸浆过滤,用盐酸(5+95)洗4~5次,再以热水洗至无氯离子(滤液及洗液收集于250mL容量瓶并稀释至刻度,混匀留做其他成分测定),沉淀及滤纸浆移入瓷坩埚中,灰化后,在900~950℃马弗炉中灼烧30min,取出稍冷,放入干燥器中冷至室温称重。

注:如试样能用酸完全溶解,可省去熔融手续。

6.7.2.2 金属镁(镁砂)中镁的测定

A 方法要点

试样用盐酸溶解,氨性缓冲溶液条件下,以铬黑T作指示剂,用EDTA标准溶液滴定,测得镁含量。

B 分析步骤

直接称取1g试样放入烧杯中,盖上玻璃皿,慢慢加入100mL HCl(1+1)溶解试样,定容250mL容量瓶,吸取5mL放入三角瓶中,加50mL水,加入5mL三乙醇胺(1+2),20mL氨性缓冲溶液(pH值为

8～9)，加铬黑T，用0.01000mol/L EDTA标准溶液滴定，溶液由红色变至蓝色为终点，记录消耗标液体积，计算结果：

$$w_{Mg} = \frac{c \times V \times M_{Mg} \times 250}{G \times 5 \times 1000}$$

式中 w_{Mg}——试样中镁的质量分数，%；

c——EDTA标准溶液浓度，mol/L；

V——消耗EDTA标液体积，mL；

M_{Mg}——Mg的相对原子质量(24.31)，g/mol。

注：1. 纯化颗粒镁，Mg质量分数92%～94%；2. 粒度0.5～1.6mm，镁质量分数大于90%。

6.7.3 氧化钙、氧化镁测定

CaO、MgO的测定同石灰石。

6.8 煤的测定

6.8.1 水分的测定

6.8.1.1 方法要点

煤中水分大多采用间接测定方法，即将已知质量的煤样放在一定温度的烘箱或专用微波炉内进行干燥，根据煤样水分蒸发后的质量损失计算煤的水分。

6.8.1.2 仪器和设备

(1)搪瓷盘：尺寸280mm×330mm×30mm。

(2)干燥器：内装干燥剂。

(3)分析天平：感量0.0001g。

(4)工业天平：感量0.01g。

6.8.1.3 分析步骤

A 外在水分的测定

称取500～1000g小于13mm的样品，小心倾入搪瓷(或白铁皮)盘中，铺成厚度不超过25mm的薄层，称重。然后，置于烘箱，于45～50℃干燥8h，冷却至室温，称重。再置于通风处(温度为20℃，相对湿度65°)，自然干燥8h，称重。如果烘干后和自然干燥后两次质量之差不超过0.3%，则认为煤样已经风干，否则，再自然干燥8h，称重。直至两次自然干燥后称重之差不超过0.3%为止。按下式计算外在水分(W_{WZ})：

$$w_{W_{WZ}}=\frac{G_1}{G}$$

式中　$w_{W_{WZ}}$——样品中外在水分的质量分数，%；

G_1——样品干燥后减轻质量，g。

样品在干燥过程中，应经常搅拌，以帮助水分顺利的迅速蒸发。样品风干后，应及时粉碎至3mm以下，并缩分为250~300g，密闭贮存于广口玻璃塞试剂瓶中，供测定内在水分及制备分析样品。

如果发现送来样品容器的标签上所注样品质量和样品的实际质量不符。说明样品的水分在运送入化验室的过程中有损失。如果损失量不超过1%，可以忽略。否则，外在水分含量应按下式计算补正。在补正计算中，实际上使用的不是损失水分的绝对质量，而是标签上所注质量与实际质量之差对标签所注质量分数(以符号W_1表示)。

$$w_{W'_{WZ}}=W_1+W_{WZ}\times\frac{100-W_1}{100}$$

式中　$w_{W'_{WZ}}$——样品中补正外在水分的质量分数，%；

W_1——样品的水分损失量，%。

B　内在水分的测定

用精密度为0.01g的天平，精确称取10~15g小于3mm的样品，于已知质量的高40mm、直径70mm的称量瓶中。置105~110℃烘箱中，鼓风干燥1.5h，冷却，称量，直至恒重(重复干燥每次半小时，两次质量之差不大于0.005g或质量增加)。按下式计算内在水分(W_{NZ})。

$$w_{W_{NZ}}=\frac{G_1}{G}$$

式中　$w_{W_{NZ}}$——样品中内在水分的质量分数，%；

G_1——样品干燥后减轻质量，g。

重复干燥时，质量增加，是样品被氧化所致。烘干后的样品，强烈吸潮，应密闭瓶盖，并快速称量。

由外在水分及内在水分，按下式计算应用基全水分：

$$W_0^y\% = W_{WZ}(W'_{WZ}) + W_{NZ} \times \frac{100 - W_{WZ}(\text{或} W'_{WZ})}{100}$$

应用基全水分测定的允许误差见表6-2。

表6-2 应用基全水分测定的允许误差

品 名	全水分/%	平行测定结果的允许绝对误差/%
煤	<20	0.4
	≥20	0.5
焦 炭	<5	0.4
	5~10	0.6
	>10	0.8

C 分析水分的测定

煤或焦炭的分析水分，在常规分析中，仍使用干燥法，但是国家标准（GB212—1977）规定，对于仲裁分析或作校对试验时，必须使用“有机溶剂蒸馏法”。

a 干燥法

精确称取（1 ±0.1）g 分析样品（准确至 0.0002g），于已经在105~110℃干燥恒重的高25mm、直径40mm的称量瓶中。轻微振动，使样品分散为均匀薄层。置105~110℃烘箱中，鼓风干燥（无烟煤1~1.5h、烟煤1h），直至恒重（重复干燥每次半小时，两次质量之差小于0.001g或质量开始增加）。

计算分析水分（W^f）：

$$w_{W^f} = \frac{G_1}{G}$$

式中 w_{W^f}——样品中分析水分的质量分数，%；

G_1——样品干燥后减轻质量，g。

对于褐煤或泥煤，测定温度改为（145 ±5）℃，干燥时间为1h，其他条件相同。

b 有机溶剂蒸馏法

有机溶剂蒸馏法是较先进、精密的测定水分的方法。其理论依据是，两种互不相溶的液体混合物的沸点低于其中易挥发组分的沸点。

例如，在 760mmHg（1mmHg = 133.322Pa）的气压下，纯苯的沸点为 80.4℃，水的沸点为 100℃，但是水和苯的混合物的沸点却为 69.13℃。在 69.13℃时，苯的蒸气压为 534.3mmHg，水的蒸气压为 225.7mmHg，两者之和为 760mmHg。因此，在 69.13℃时，两种液体物质同时蒸发。利用混合物的这种性质，可以在远比水的沸点低的温度下使水全部蒸发。有机溶剂蒸馏法适用于在高温下容易分解的有机物中水分的测定。所使用的溶剂必须是和水互不相溶、常温下密度小于 $1g/cm^3$、而且和被检验物质之间不发生任何化学反应。通常大都使用汽油、苯、甲苯、二甲苯或其他惰性有机碳氢化合物。

6.8.2 灰分（A）的测定

6.8.2.1 *方法要点*

称取一定量的空气干燥煤样，放入马弗炉或快灰仪中，以一定的速度加热到（815 ±10）℃，灰化并灼烧到质量恒定。以残留物的质量占煤样质量的百分数作为灰分产率。

6.8.2.2 *分析步骤*

测定灰分产率有缓慢灰化和快速灰化两种办法。可以根据试验要求选择使用。在此，只讨论缓慢灰化法。

精确称取（1 ±0.1）g 分析样品（准确至 0.0002g），于已经在（815 ±10）℃灼烧恒重的、测定灰分专用的底长 45mm、宽 22mm、高 14mm 的灰皿（或高 16.5mm、直径 40mm 的瓷皿）中。轻微振动，使样品分散为均匀薄层（每平方厘米不超过 0.15g）。置温度低于 100℃的高温电炉中的可靠炽热部分。在炉门留有约 15mm 左右的缝隙、自然通风的条件下。控制加热速度，使炉温在 30min 左右，缓缓升高至 500℃。保持此温度 30min。然后，升高温度至（815 ±10）℃，关闭炉门，继续灼烧 1h。冷却、称量、直至恒重（反复灼烧每次 20min，两次质量之差小于 0.001g，灰分在 15% 以下的样品，可以不必反复灼烧）。计算灰分产率（A^f）：

$$w_{A^f} = \frac{G_1}{G}$$

式中 w_{A^f}——样品中灰分的质量分数，%；

G_1——灼烧后残渣质量，g。

灰分产率测定的允许误差见表6-3。

表6-3 灰分产率测定的允许误差

灰分产率/%	平行测定结果的允许绝对误差/%
<15	0.2
15～30	0.3
>30	0.5

6.8.3 挥发分（V）的测定

6.8.3.1 *方法要点*

煤的挥发分的测定是把煤在隔绝空气条件下，在一定的温度下加热一定时间，煤中分解出来的液体（蒸汽状态）和气体产物减去煤中所含的水分，即为挥发分，剩下的焦渣为不挥发物。

6.8.3.2 *分析步骤*

称取（1 ±0.1）g 过 80 目筛的干燥试样，在带磨口盖的坩埚中，将坩埚放在坩埚架上，小心将坩埚架一起送入预先加热到（850 ±20）℃的马弗炉中，加热 7min，取出，稍冷，移入干燥器中，冷却至室温，称重，恒重。

计算挥发分产率（V^f）：

$$w_{V^f} = \frac{G - G_1}{G}$$

式中 w_{V^f}——样品中挥发分的质量分数，%；

G_1——灼烧后试样质量，g。

6.8.4 固定碳的测定

固定碳的计算：

$$w_{固定碳} = 100 - (w_{水分} + w_{灰分} + w_{挥发分})$$

其中水分、灰分、挥发分见上述计算方法计算。

6.8.5 硫的测定

其测定方法见艾士卡法测定焦炭中硫含量。

6.8.6　细度测定

6.8.6.1　水筛法

A　仪器

(1)筛子:采取方孔,边长0.080mm的钢丝网筛布。筛框有效直径125mm,高50mm。筛布应紧绷在筛框上,接缝必须严密。

(2)水筛架:用于支撑筛子,并能带动筛子转动,转速50r/min。

(3)喷头:直径55mm,面上均匀分布90个孔,孔径0.5~0.7mm,安装高度离筛布50mm最好。

B　分析步骤

(1)称取干燥试样50g,倒入筛中。

(2)立即用自来水冲洗至大部分细粉通过。

(3)再将筛子置于筛座上,用水压为0.3~0.8MPa的喷头连续冲洗3min。

(4)筛完取下,将筛余物冲到一边,用水把筛余物移到蒸发皿中,沉淀后,将水倾出,烘干称重至0.1g,烘干的温度800~1000℃。

计算:

$$w_R = \frac{m}{G}$$

式中　w_R——试样中细度的质量分数,%;

m——筛完成剩余物烘干后的质量,g。

注:筛子应保持洁净,定期检查校正,喷头应防止孔眼堵塞。常用的筛子可浸没于净水中保存,一般使用20~30次就须用0.3~0.5mol/L的乙酸或食用醋进行洗涤。

6.8.6.2　干筛法

A　仪器

筛子:采用方孔边长0.08mm钢丝网筛布,筛框有效直径150mm、高50mm。

B　分析步骤

将试样于105℃烘2h,取出冷却后,称取50g倒入筛网中。用人工或机械筛动,将近完时,必须执筛往复摇动,一手拍打。摇动速度每分钟120次。向一定方向旋转数次,使试样分布在筛布上。直至每分钟不超过 0.05g 时为止。称量筛上余物、称准至 0.1g。计算式同水筛法。

6.8.7 工业分析直接计算煤的低位发热量

$$Q^{f}_{DW} = 100K_1 - (K_1 + 6)(W^f + A^f) - 3V^f - 40W^f$$

只在 $V^r < 35\%$, $W^f > 3\%$ 时减去此项，Q^{f}_{DW} 公式只适合于烟煤。烟煤的 K_1 值见表 6-4。

$$V^r = \frac{100V^f}{100 - W^f - A^f}$$

式中，V^r 表示可燃基挥发分，V^f 表示分析基挥发分。

表 6-4 烟煤的 K_1 值

V% / K_1 / 焦渣特性	>10 ~13.5	>13.5 ~17	>17 ~20	>20 ~23	>23 ~29	>29 ~32	>32 ~35	>35 ~38	>38 ~42	>42
1	84.0	80.5	80.0	78.5	76.5	76.5	73.0	73.0	73.0	72.5
2	84.0	83.5	82.0	81.0	78.0	78.0	77.5	76.5	75.5	74.5
3	84.5	84.0	83.5	82.5	80.0	80.0	79.0	78.5	78.0	76.5
4	84.5	85.0	84.0	83.0	82.0	81.0	80.0	79.5	79.0	77.5
5~6	84.5	85.0	85.0	84.0	83.5	82.5	81.5	81.0	80.0	79.5
7	84.5	85.0	85.0	85.0	84.5	84.0	83.0	82.5	82.0	81.0
8	不出现	85.0	85.0	85.0	85.0	84.5	83.5	83.0	82.5	82.0

注：K_1 为一变数，随 V^r 不同而不同；V% 为可燃基挥发分产率，即为 $V^r\%$。

6.9 焦炭的测定

6.9.1 水分的测定

6.9.1.1 *方法要点*

称取一定质量的焦炭试样置于干燥箱内，在一定的温度下干燥至恒重，其失去的质量占干燥前焦炭试样质量的百分数作为水分。

6.9.1.2　仪器和设备

(1)干燥箱:带有自动调温装置,能保持温度170～180℃和105～110℃。

(2)镀锌铁盘:尺寸为200mm×300mm×20mm。

(3)称量瓶:直径40mm,高25mm,并附有严密的磨口盖。

6.9.1.3　分析步骤

A　操作水分(W_Q)%的测定

称取约500g小于13mm的试样(称准至0.5g)置于预先称重的铁盘中,铺平试样,将铁盘置于预热到170～180℃的干燥箱中。60min后取出铁盘,冷却5min,称重。称重后进行每10min一次的恒重检查,直到连续两次质量差在0.5g以内为止。计算时取最后一次质量。

B　分析试样水分(W^f)%的测定

将小于0.2mm的试样仔细搅匀,迅速称取(1±0.05)g试样(称准至0.0002g),置于预先恒重的称量瓶中。将盛有试样的称量瓶置于105～110℃的干燥箱中,干燥60min,取出放在干燥箱中冷却至室温称重。称重后进行恒重检查。每次30min,直到连续两次质量差在0.001g以内为止。计算时取最后一次的质量。

注:盛有焦炭试样的称量瓶,在干燥箱中应半开盖,而在干燥器中冷却和称量时应盖严。

(1)操作水分(W_Q)%计算:

$$w_{W_Q}=\frac{G-G_1}{G}$$

式中　w_{W_Q}——试样中操作水分的质量分数,%;

G_1——干燥后焦炭试样质量,g。

(2)分析试样水分(W^f)%计算:

$$w_{W^f}=\frac{G-G_1}{G}$$

式中　w_{W^f}——试样中分析水分的质量分数,%;

G_1——干燥后焦炭试样质量,g。

(3)分析误差:同一化验室平行试验结果间误差不得超过表6-5的规定。

表 6-5 同一化验室平行试验结果间的允许误差

项 目	W^f/%	W_Q/%		
水分范围/%	—	<5.0	5.0~10.0	>10.0
误差/%	0.20	0.4	0.6	0.8

6.9.2 灰分的测定

6.9.2.1 方法要点

称取一定质量的焦炭试样置于(850 ±25)℃马弗炉中灰化至恒重,以其残留物质量占焦炭试样质量分数作为灰分质量分数。

6.9.2.2 分析步骤

称取(1 ±0.1)g 分析试样于瓷坩埚盖上或长方形浅皿中,送入炉温不超过 250~300℃的马弗炉中,然后逐渐升温到(850 ±25)℃温度下,灼烧 2h,取出,先在空气中冷却 5min,然后在干燥器中冷却到室温,称重,然后再灼烧 30min,冷却,称重,直到前后两次减量差不大于 0.001g 以内为止,计算时按最后一次的质量(G_1)计算。

6.9.2.3 附注

如果试验前炉温达到 850℃时,不先把试样放在炉门口,10min 后逐渐将其移入马弗炉的恒温区,关闭炉门。

6.9.3 挥发分的测定

6.9.3.1 方法要点

称取一定质量的焦炭试样置于(850 ±20)℃的马弗炉中,隔绝空气加热 7min,以其失去的质量占焦炭试样质量分数,减去该试样的水分作为挥发分质量分数。

6.9.3.2 分析步骤

称取(1 ±0.1)g 过 80 目筛的干燥试样,于带磨口盖的坩埚中,将坩埚放在坩埚架上,小心将坩埚架一起送入预先加热到(850 ±20)℃的马弗炉中,加热 3min,取出,稍冷,移入干燥器中,冷却至室温,称重,恒重(G_1)。

6.9.4 固定碳的测定

固定碳的计算同煤的测定。

6.9.5 硫的测定

6.9.5.1 全硫含量的快速测定

A 方法要点

将焦样放在高温燃烧炉内于氧气流中燃烧，所形成硫的氧化物被过氧化氢溶液吸收，生成硫酸，用容量法测定。

B 仪器和试剂

(1)高温燃烧炉：用硅碳棒或硅碳管作为加热元件，带有调温装置，能保持(1250 ±10)℃的范围内。

(2)瓷管或石英管：耐高温1300℃以上，总管长约750mm，一端外径22mm，内径19mm，长约690mm；另一端外径10mm，内径7mm，长约60mm。

(3)瓷舟：用高温瓷制成，长74mm，上宽12mm，高8mm。

(4)吸收瓶和洗气瓶：容积均为250mL。

(5)微型流量计：能测氧气流量200～6000mL/min。

(6)氢氧化钠：10%溶液和0.01mol/L的标准溶液。

C 分析步骤

试验前先将各仪器连接好。称取0.4g焦样(准确至0.0002g)于预先在1250℃灼烧过的瓷舟中。于吸收瓶内各加入80～100mL 1%过氧化氢溶液。调节控温仪，使炉温升到(1250 ±10)℃，让净化后的氧气通过，以检查装置是否气密。将吸收瓶通大气一端用弹簧夹紧，打开氧气进口处的弹簧夹，如无气泡，即认为装置气密。取下瓷管橡皮塞，将盛有试样的瓷舟用镍铬丝钩推入瓷管内，送至燃烧中央部分，迅速塞上橡皮塞，通氧气，气流速度控制在每分钟700mL左右，灼烧10min，然后停止供氧。取下吸收瓶、橡皮塞，并用镍铬丝钩取出瓷舟。

注：也可以通空气灼烧，灼烧时间为15min。其他条件均与通氧气灼烧相同。

将吸收瓶内溶液洗至三角烧瓶中，加入2～3滴甲基红一次甲蓝混合指示剂，以0.01000mol/L氢氧化钠标准溶液滴定至终点，记下氢氧化钠消耗的体积。

注:溶液由紫红色变成灰色,即为终点。

空白试验:空白试验除不称取焦样外,其他步骤同上述分析步骤。

(1)分析试样全硫量(S_Q^f)%计算:

$$w_{S_Q^f}=\frac{(V-V_0)\times c\times 32.066}{G\times 1000\times 2}$$

式中　$w_{S_Q^f}$——分析试样全硫量的质量分数,%;

V——焦样测定时所消耗的氢氧化钠量,mL;

V_0——空白测定时所消耗的氢氧化钠量,mL;

c——氢氧化钠溶液的浓度,mol/L。

(2)干燥试样全硫量(S_Q^g)%计算:

$$w_{S_Q^g}=\frac{w_{S_Q^f}}{100-w_{W^f}}$$

式中　$w_{S_Q^g}$——干燥试样全硫量的质量分数,%。

分析误差:同一化验室平行结果误差不超过0.05%,不同化验室间不超过0.1%。

6.9.5.2　焦炭硫的测定—艾氏卡法

A　仪器和试剂

(1)箱形高温炉:带有调温装置,能保持温度800~850℃。附有热电偶和高温炉,炉子后壁具有插入热电偶的小孔,小孔的位置应使热电偶的热接触点在炉膛内能保持距炉底20~30mL。炉门有一通气孔。

(2)瓷坩埚:容积30mL、20mL。

B　分析步骤

(1)称取1g经空气干燥小于0.2mm的焦样(称准至0.0002g),放于盛有2g艾氏剂的30mL瓷坩埚内,用镍铬丝仔细混合均匀,再用1g艾氏剂覆盖(称准至0.1g)。

(2)将盛有试样的坩埚移入通风良好、未升温的箱形高温炉内,为避免挥发物质很快逸出,必须在1~1.5h内将箱形高温炉的温度逐渐升到800~850℃,并将坩埚在800~850℃温度下,再加热1.5~2h,然后将坩埚由炉中取出冷却。

(3)冷却后再用玻璃棒搅动坩埚中的灼烧物(如发现有未烧尽的黑色颗粒,则应继续灼烧),并将其移入300mL烧杯中,用热蒸馏水仔细冲洗坩埚内壁,将冲洗液倒入烧杯中,并加入热蒸馏水100～150mL,用玻璃棒捣碎灼烧物,若这时发现尚有未烧尽的黑色颗粒,则此次试验应作废。

(4)加30%过氧化氢溶液1mL于烧杯中,加热至80℃并保持30min。

(5)用倾泻法以定性滤纸过滤,以热蒸馏水倾泻冲洗灼烧物3次,然后将残渣移到滤纸上,用热蒸馏水仔细冲洗滤纸上的沉淀,其次数不得小于10次。

(6)滤液加2～3滴1g/L甲基红指示剂,煮沸2～3min(以排除过剩的过氧化氢),滴加盐酸直到颜色变红,再多加1mL,煮沸5min。此时溶液体积为200mL左右。

(7)将烧杯盖上表面皿,减少加热量直至溶液停止沸腾为止。取下表面皿,将10mL 100g/L氯化钡溶液缓缓滴入热溶液中心,同时搅拌溶液,盖上表面皿。并使溶液在稍低于沸点的温度下保持30min。

(8)用致密无灰定量滤纸过滤,并用热蒸馏水洗至无氯离子为止(用10g/L硝酸银检验)。

(9)将沉淀物连同滤纸移入已知重量的20mL瓷坩埚中,先在电炉上灰化滤纸,然后移入温度为800～850℃的箱形高温炉里灼烧20min,取出坩埚,稍冷放入干燥器中,冷至室温称量。

(10)空白试验:每批试样应进行空白试验。除不加焦样外,其他步骤同(1)～(9)条。

1)分析试样全硫量(S_Q^f)%计算:

$$w_{S_Q^f}=\frac{(W_1-W_2)\times 0.1374}{G}$$

式中　W_1——焦炭分析时所得硫酸钡质量,g;

W_2——空白试验时所得硫酸钡质量,g。

0.1374——硫酸钡质量换算成全硫量的系数。

2)干燥试样中全硫量(S_Q^g)%计算见6.9.5.1节。

(11)分析误差:见表6-6。

表6-6 硫分的允许误差

项 目		$S_Q^f \leqslant 1\%$	$S_Q^f > 1\%$	$S_Q^g \leqslant 1\%$	$S_Q^g > 1\%$
误差/%	同一化验室	0.04	0.1	—	—
	不同化验室	—	—	0.1	0.2

6.10 硅酸盐的测定

6.10.1 吸附水分的测定

用已经在105~110℃干燥至恒重的高25mm、直径40mm称量瓶,精确称取通过180~200网目筛的样品约1g(准确至0.0002g),在105~110℃烘箱中,干燥2h,直至恒重,计算吸附水分。

6.10.2 灼烧减量的测定

用已经在1000℃灼烧至恒重的瓷坩埚,精确称取约1g样品(准确至0.0002g)。在高温电炉中,自100℃以下缓缓升高温度至1000℃,灼烧40min至恒重,计算灼烧减量。

6.10.3 二氧化硅的测定

精确称取约1g样品(准确至0.0002g),6~7g无水碳酸钠,于黑色蜡光纸上,用软毛帚小心混合均匀,然后转移于30~40mL铂坩埚内,表面再覆盖约1g无水碳酸钠。盖上坩埚盖,但不要盖严。置高温电炉中温度不高于100℃,炉门应留有约10mm的缝隙,然后缓缓升高温度至950~1000℃后,继续灼烧熔融1h。小心取出坩埚,待稍冷却后,置于250mL有柄蒸发皿中。(如果熔融物为绿色,应加约1mL95%乙醇;如样品中含氟,应加约1g硼酸)。以表面皿做盖,由蒸发皿嘴部,小心加入30mL盐酸(1+1)。加热至近沸,使熔块脱落,直至激烈反应停止,以适量热水洗出坩埚。置蒸发皿于沸水浴上蒸发至干,以平头玻璃棒小心压碎残渣，置于烘箱中干燥至无 HCl 味。加 30mL 浓盐酸，于水浴上加热至 70～80℃，加 10mL 新制备的 10g/L 动物胶溶液，激烈搅拌 5min，保温 15min，以中速定量滤纸过滤于 250mL 容量瓶中。用 2% 盐酸洗涤 2～3 次，用热水洗涤至无 Cl^- 反应。转移滤纸及沉淀于已恒重的瓷坩埚中，于 900～950℃灼烧至恒重。滤液稀释至刻度，供做其他测定。

6.10.4 三氧化二铁的测定

6.10.4.1 络合法

精确移取 25.00mL 分离二氧化硅后的溶液（含 Fe_2O_3 约 30mg），于 250mL 锥形瓶中。加 1mL 硝酸（1＋3），煮沸约 1min。缓缓滴入 1mol/L 氢氧化钠溶液至恰恰出现稳定的浑浊，立即加入 5mL1mol/L 盐酸溶液，稀释至约 50mL，加热至 60℃左右。加 10 滴 100g/L 磺基水杨酸溶液，趁热以 0.02000mol/LEDTA 标准溶液滴定至红色恰恰消失而呈淡黄色。

6.10.4.2 比色法

A 铁标准溶液配制

精确称取 0.3020g 一级纯铁铵矾（硫酸铁胺）于 500mL 容量瓶中。加 5mL 3mol/L 硫酸，溶解后，稀释至刻度。此溶液每 1mL 中含 Fe_2O_3 0.1mg。

B 分析步骤

准确移取 10.00mL 分离二氧化硅后的溶液于 100mL 容量瓶中，加 10mL100g/L 磺基水杨酸溶液，缓缓滴入氨水（1＋1）至溶液由红色恰恰变为黄色后，再过量 4mL。稀释至刻度，混合均匀。以 1cm 比色皿，430nm 波长光测定溶液的吸光度。同时精确移取铁标准溶液 10.00mL，以同法处理。

计算三氧化二铁含量：

$$w_{Fe_2O_3}=\frac{A_{样}\times c_{标}\times 10\times 250}{A_{标}\times 1000\times 10\times G}=\frac{A_{样}\times c_{标}\times 0.25}{A_{标}\times G}$$

也可以用标准曲线法测定，在此不赘述。

6.10.5 二氧化钛的测定

6.10.5.1 试剂

试剂有:

(1)铁标准溶液:1.0mg/mL。

(2)钛标准溶液:精确称取 0.1000g 一级纯二氧化钛于 400mL 高型小口烧杯中,加 20mL 硫酸,2g 硫酸铵。小心加热至完全溶解,冷却后,转移于 1000mL 容量瓶中,稀释至刻度。此溶液每 1mL 中含 TiO_2 0.1mg。

6.10.5.2 分析步骤

准确移取 25.00mL 分离二氧化硅后的溶液于 50mL 容量瓶中,准确加入 4.00mL 磷酸(2 +5),加 3mL3% 过氧化氢溶液。以 1mol/L 硫酸溶液稀释至刻度,混合均匀。以 1cm 比色皿,430nm 波长处测定溶液的吸光度。同时,精确移取 10.00mL 钛标准溶液于 50mL 容量瓶中,加 2.5mL 盐酸(1 +1),3mL100g/L 氯化钠溶液,精确加入和 25.00mL 样品溶液中含 Fe_2O_3 量相同的铁标准溶液,4.00mL 磷酸(2 +5),加 3mL3% 过氧化氢溶液。以 1mol/L 硫酸溶液稀释至刻度,混合均匀,测定吸光度。

计算二氧化钛含量:

$$w_{TiO_2} = \frac{A_{样} \times c_{标} \times 10 \times 250}{A_{标} \times 1000 \times 25 \times G} = \frac{A_{样} \times c_{标} \times 0.10}{A_{标} \times G}$$

也可以用标准曲线法测定。

6.10.6 三氧化二铝的测定

精确移取 25.00mL 分离二氧化硅后的溶液(含 Al_2O_3 约20 ~30mg),于 250mL 锥形瓶中。加 1mL 硝酸(1 +3),煮沸约 2 ~3min。缓缓滴入 1mol/L 氢氧化钠溶液至恰恰出现稳定的浑浊,立即缓缓滴入 1mol/L 盐酸至浑浊又恰恰消失(pH 值为 3 ~4)。加水至约 100mL,精确加入 30.00 ~40.00mL0.02000mol/LEDTA 标准溶液,沸腾 2 ~ 3min。以 1mol/L氢氧化钠溶液及 1mol/L 盐酸溶液调整溶液的 pH 值为 5 ~5.5

(以精密 pH 值试纸检验)。加 15mL 乙酸—乙酸钠缓冲溶液(pH 值约为5.5),继续沸腾 2min。加 10 滴 2g/L PAN 指示剂溶液,趁热以0.02000mol/L 硫酸铜标准溶液滴定至稳定的紫色。

计算:

$$w_{Al_2O_3} = \frac{(c_1V_1 - c_2V_2) \times 101.96 \times 250}{G \times 25 \times 2000} - 0.6384w_{Fe_2O_3} - 0.638w_{TiO_2}$$

式中 c_1V_1——加入 EDTA 标准溶液物质的量,mol;

c_2V_2——滴定消耗硫酸铜标准溶液物质的量,mol;

0.6384——Fe_2O_3换算为 Al_2O_3的因数;

0.638——TiO_2换算为 Al_2O_3的因数。

6.10.7 氧化钙的测定

精确移取 25.00mL 分离二氧化硅后的溶液(或适当体积)于100mL 烧杯中。加热至接近沸腾,缓缓滴入氨水(1 +1)至有明显的氨味。继续沸腾 2min,过滤,以 10g/L 氯化铵溶液洗涤 5 ~6 次。滤液及洗涤液合并收集于 250mL 锥形瓶中,稀释至约 100mL。加20mL 200g/L 氢氧化钠溶液,激烈振荡后静置 2 ~3min,加约 30mg10g/L 钙指示剂。以 0.02000mol/L EDTA 标准溶液滴定至纯蓝色。

6.10.8 氧化镁的测定

6.10.8.1 试剂

试剂有:

(1)氨—氯化铵缓冲溶液(pH 值约为 10):称取 67.5g 氯化铵固体,溶解于约 200mL 水中,加氨水 570mL,稀释为 1000mL。

(2)铬黑 T:0.5g 铬黑 T,50g 氯化钠,研磨混合,置干燥器中。

6.10.8.2 分析步骤

精确移取 25.00mL 分离二氧化硅后的溶液(或适当体积),于100mL 烧杯中。加约 1g 氯化铵,加热至接近沸腾。缓缓加入氨水(1 +1)至有明显氨味,继续沸腾 2min。过滤,以 10g/L 氯化铵溶液洗涤 5 ~6 次。滤液及洗涤液合并收集于 250mL 锥形瓶中,以氨水(1 +1)及盐酸(1 +1)调整 pH 值为 10(以精密 pH 值试纸检验),稀释至约 100mL，加 15mL 氨—氯化铵缓冲溶液，50mg 铬黑 T。以 0.02000mol/L EDTA 标准溶液滴定至纯蓝色。

6.10.9　氧化钾的测定

6.10.9.1　试剂

试剂有：

（1）10g/L 四苯硼化钠溶液：1g 四苯硼化钠，溶解于 100mL 水中。加约 0.5g 新配制的胶体氢氧化铝，每 5min 搅拌一次，20min 后，用慢速滤纸过滤。溶液贮存于有色玻璃试剂瓶中。

（2）四苯硼化钾饱和溶液：氯化钾约 0.1g，溶解于约 50mL 水中，加 2～3 滴 0.1mol/L 乙酸。在不断搅拌下，缓缓加入 20～25mL 10g/L 四苯硼化钠溶液，静置 30min 后，以慢速滤纸过滤。用水洗涤 8～10 次，然后，转移于烧杯中，加一定量的水，激烈搅拌 10min，以慢速滤纸过滤于有色试剂瓶中备用。（滤出的四苯硼化钾及每次测定所得到的四苯硼化钾沉淀都应回收，用以再制备四苯硼化钾饱和溶液）。

6.10.9.2　分析步骤

精确称取约 0.5g 样品（准确至 0.0002g），于铂坩埚中，加几滴水润湿。加 1～2mL 70% 过氯酸、约 10mL40% 氢氟酸。于低温电炉上缓缓加热至近干涸。用水吹洗坩埚内壁（这时应该用玻璃棒搅拌检查样品是否溶解完全，如果有砂状颗粒，说明未溶解完全，可以再加酸，加热直至溶解完全），再蒸发至干。冷却后，加约 10mL 盐酸（1＋1），微热使可溶盐溶解，转移于 100mL 容量瓶中，以热水充分洗涤坩埚，洗涤液并入溶液中，冷却后，稀释至刻度，混合均匀。以慢速滤纸过滤于干燥烧杯中，最初的5～10mL滤液弃去。

精确移取 50.00mL 滤液于烧杯中，以 0.1mol/L 氢氧化钠溶液及 0.1mol/L 盐酸调整溶液 pH 值为 2（以精密 pH 值试纸检验）。在不断搅拌下，缓缓加入约 10～15mL10g/L 四苯硼化钠溶液，继续搅拌 3min，静置 30min。用已经在 110℃恒重的 G_4 玻璃过滤坩埚过滤。以四苯硼化钾饱和溶液洗涤滤饼 5～8 次，最后以少量水洗涤 2 次（每次 2～3mL），然后将坩埚放在 110℃干燥至恒重。计算 K_2O 含量：

$$w_{K_2O} = \frac{G_1 \times 0.1314 \times 100}{G \times 50}$$

式中 w_{K_2O}——氧化钾的质量分数，%；

G_1——四苯硼化钾质量，g；

0.1314——四苯硼化钾换算为 K_2O 的因数。

6.10.10 氧化钠的测定

6.10.10.1 试剂

试剂有：

（1）乙酸铀酰锌镕液：10g 乙酸铀酰锌溶解于 6mL30% 乙酸及 50mL 热水中；30g 乙酸锌溶解于 3mL30% 乙酸及 50mL 热水中。将两种溶液混合，如果浑浊，用慢速滤纸过滤后使用。

（2）乙酸铀酰锌钠饱和乙醇溶液：氧化钠约 0.02g 溶解于 2mL 水中，在不断搅拌下，缓缓加入约 20mL 乙酸铀酰锌溶液至沉淀完全，静置 30min 后，以慢速滤纸过滤，以 95% 乙醇洗涤 4～5 次后，转移子试剂瓶中，加一定量 95% 乙醇，激烈振荡后，过滤使用。

6.10.10.2 分析步骤

精确移取样品溶液（见氧化钾的测定）10.00mL 于 100mL 烧杯中，缓缓蒸发浓缩至 1～2mL，冷却至 25℃以下。在不断搅拌下，缓缓加入 10～15mL 乙酸铀酰锌溶液，静置约 30min 后，以已经在 l05℃恒重的 G_4 玻璃过滤坩埚过滤。用乙酸铀酰锌钠饱和乙醇溶液洗涤 5～6 次后，再以 95% 乙醇洗涤 2 次，将玻璃坩埚及滤饼于 105℃干燥至恒重。

计算 Na_2O 含量：

$$w_{Na_2O} = \frac{G_1 \times 0.02015 \times 100}{G \times 10}$$

式中 w_{Na_2O}——氧化钠的质量分数，%；

G_1——乙酸铀酰锌钠质量，g；

0.02015——乙酸铀酰锌钠换算为 Na_2O 的因数。

6.11 合金测定

6.11.1 锰铁合金测定

6.11.1.1 锰的测定——苯基邻氨基苯甲酸指示剂

A 方法要点

试样以磷酸溶解，用硝酸将锰氧化成3价状态：

$$H_3PO_4 + Mn_3(PO_4)_2 + HNO_3 = 3MnPO_4 + NO\uparrow + 2H_2O$$

生成的3价锰，用亚铁进行滴定：

$$2MnPO_4 + 3H_2SO_4 + 2FeSO_4 = 2MnSO_4 + 2H_3PO_4 + Fe_3(SO_4)_2$$

以苯基邻氨基苯甲酸为指示剂，由淡红色突变为亮黄色，即为终点。

B 仪器和试剂

(1)锰铁试样：粉碎过100目筛。

(2)硫酸亚铁铵标准溶液：0.01820mol/L。

C 分析步骤

称取0.1000g试样，于250mL锥形瓶中，加15mL磷酸和3～4mL硝酸，加热至试样全部溶解，并继续加热至刚微冒磷酸烟(时间不可长)，取下，放置30～40s，立即加入1～2g固体硝酸铵，摇匀静置(不应加热煮沸)，使氮氧化物逸尽后，加80mL水后摇匀并冷至室温，先用硫酸亚铁铵标准液滴至淡红色，加3～4滴0.2%苯基邻氨基苯甲酸指示剂，再继续滴定至亮黄色为终点。

锰质量分数计算：

$$w_{Mn} = \frac{c_{Fe^{2+}} \times V \times 54.94}{1000 \times G}$$

6.11.1.2 锰的测定——二苯胺磺酸钠指示剂

A 方法要点

试样以磷酸溶解，用硝酸将锰氧化成3价状态：生成的3价锰，用亚铁进行滴定。以二苯胺磺酸钠为指示剂，由紫红色突变为亮绿，即为终点。

B 仪器和试剂

样品粉碎机、分样筛(100目)，分析天平，250mL烧杯，250mL锥形瓶、搅拌棒、50mL 滴定管、滴定架;粉碎过 100 目筛的锰铁试样、0.02mol/L 硫酸亚铁铵溶液。

C 分析步骤

(1)亚铁溶液的标定:在分析天平上准确称取 0.019~0.020g$K_2Cr_2O_7$两份于两个 250mL 锥形瓶中,各加入 20mL 水使其溶解,再各加 15mL H_2SO_4(1+1)和三滴 1% 二苯胺磺酸钠指示剂,分别用待标定的亚铁溶液滴定到由紫红色变为亮绿色为终点。计算亚铁溶液的浓度 c(mol/L)。

(2)锰含量的测定:称取 0.1~0.2g 试样于 250mL 烧杯中,加入 10mL H_3PO_4,加热溶解成糊状,滴加硝酸数滴,这时用搅棒迅速搅拌,使硝酸与糊状物充分混合,继续加热冒浓白烟,使锰定量氧化,取下稍冷加入 15mL H_2SO_4(1+1),再加热 2~3min,用以除尽氮的氧化物,冷却后加水至 100mL,以亚铁溶液滴定至微红色,加入三滴二苯胺磺酸钠指示剂,继续滴定至亮绿为止。计算锰的质量分数。

6.11.1.3 硅的测定

A 质量法

分析步骤:称取 0.5g 试样,置于蒸发皿中,加 50mL 硝硫混酸(取 160mL 浓硫酸注入 660mL 水中,加浓硝酸 180mL)盖好表面皿,加热溶解,并蒸发至冒硫酸烟,2~3min 后取下,冷却,加 10mL 盐酸,10min 后,加 100mL 热水,加热至水溶性盐类溶解,以定量滤纸浆过滤,用盐酸(5+95)洗至无铁离子(以 1% 硫氰酸铵试验),再用热水洗至无氯离子(以 1% 硝酸银试验),将沉淀及纸浆移入瓷坩埚中,灰化灼烧,称重。

B ICP 分析法

称取 0.1g 试样放入微波消解缸中溶解,加入 4mL HCl(1+1),6mL HNO_3,3 滴 46% HF,溶好后加入 6 滴饱和 H_3BO_3,定容至 200mL 容量瓶中,混匀,倒入塑料瓶中,用 ICP 分析。随同做空白试验。

6.11.1.4 磷的测定

A 试剂

试剂有:

(1)钼酸铵溶液:将研细的 270g 钼酸铵,溶于 2L 水中,搅拌并慢慢倾入于 2L 硝酸(2 +3)的大瓶中,混匀后,加 0.01g 磷酸铵,静置 24h,使用前过滤。

(2)10g/L 硝酸钾溶液:用煮沸过并冷却的水配制,溶液必须中性。

B 分析步骤

称 0.5g 试样于 250mL 烧杯中,加 25mL 硝酸,加热溶解后,加 10mL70% 高氯酸,蒸发至冒烟 15 ~20min,取下冷却,加 50mL 水,加 5mL 硝酸,微热使可溶性盐类溶解,滴加 10g/L 亚硝酸钾至水合二氧化锰沉淀溶解,煮沸除去氮氧化物,将硅酸过滤掉,用硝酸(2 +98)洗涤至无铁离子,弃去沉淀,将滤液与洗液于 250mL 锥形瓶中,加 10g 硝酸铵,溶解后,调整溶液体积为 50 ~60mL,加热 50 ~60℃,加入 50mL 钼酸铵溶液,将瓶口塞紧,剧烈振荡 5min,静置 2 ~3h,用盛有纸浆的漏斗过滤,并将漏斗上之沉淀,用硝酸(2 +98)洗 4 ~5 次,再用硝酸钾溶液洗至无酸性反应(取最后 2mL 洗液,加酚酞指示剂及氢氧化钠标准液各一滴,如已洗净洗液呈鲜红色),将已洗净之磷钼酸铵沉淀连同纸置于原锥形瓶中,加 0.1000mol/L 氢氧化钠标准溶液,使磷钼酸铵沉淀溶解后,过量 5 ~ 10mL,加 50 ~ 60mL 中性水,3 滴酚酞,用 0.1000mol/L 硝酸标准溶液滴定至红色消失。

磷质量分数计算:

$$w_{\mathrm{P}} = \frac{T(V - V_1)K}{G}$$

式中 T——氢氧化钠标液对 P 的滴定度,g/mL;

V——消耗 NaOH 标准溶液的体积,mL;

V_1——消耗 HNO_3标准溶液的体积,mL;

K——硝酸对 NaOH 的比例系数。

6.11.2 硅铁的测定

6.11.2.1 硅的测定——比重法

称取 8 目以下,14 目以上的分析样品 70g,放入预先用水对好零点的李氏比重瓶内,充分摇动把气泡放出,读取比重瓶上之刻度,记下毫升数查曲线得硅的含量。所查数据见表 6-7。

表 6-7 硅铁定硅曲线

数量/mL	含硅量/%	数量/mL	含硅量/%	数量/mL	含硅量/%	数量/mL	含硅量/%
18.00	58.80	19.80	64.30	21.60	69.70	23.40	75.40
18.10	59.20	19.90	64.60	21.70	70.00	23.50	75.70
18.20	59.50	20.00	64.90	21.80	70.30	23.60	76.10
18.30	59.80	20.10	65.20	21.90	70.60	23.70	76.40
18.40	60.20	20.20	65.50	22.00	70.90	23.80	76.70
18.50	60.50	20.30	65.80	22.10	71.20	23.90	77.10
18.60	60.80	20.40	66.10	22.20	71.50	24.00	77.50
18.70	61.10	20.50	66.40	22.30	71.80	24.10	77.80
18.80	61.30	20.60	66.70	22.40	72.10	24.20	78.10
18.90	61.60	20.70	67.00	22.50	72.40	24.30	78.30
19.00	61.90	20.80	67.30	22.60	72.70	24.40	78.60
19.10	62.20	20.90	67.60	22.70	73.00	24.50	78.90
19.20	62.50	21.00	67.90	22.80	73.30	24.60	79.20
19.30	62.80	21.10	68.20	22.90	73.70	24.70	79.50
19.40	63.10	21.20	68.50	23.00	74.10	24.80	79.80
19.50	63.40	21.30	68.80	23.10	71.40	24.90	80.00
19.60	63.70	21.40	69.10	23.20	74.70		
19.70	64.00	21.50	69.40	23.30	75.10		

6.11.2.2 硅的测定——质量法

A 方法要点

试样以碱性熔剂分解,硅转化为硅酸,然后用高氯酸加热冒烟使硅酸脱水过滤洗净,将沉淀放入马弗炉(温度为 1000℃)灼烧恒重,以差减法计算硅含量。

B 分析步骤

称取 0.2000g 试样于铁坩埚中,加 2~3g 碳酸钠混匀,覆盖一层,在马弗炉(温度为 700℃)内熔融后取出,再加 3~4g 过氧化钠,继续熔融至完全分解后,取出冷却,以水洗净坩埚外壁,放入 300mL 烧杯中,以 50~70mL 热水浸出熔块,洗出坩埚,加 10mL 盐酸,溶解盐类,加

30mL70% 高氯酸盖上表面皿，于电热板上加热至冒高氯酸烟 15～20min，取下冷却，沿杯壁加 10mL 盐酸，加 100mL 左右水，使盐类完全溶解，趁热以定量滤纸浆过滤于 300mL 烧杯中用擦棒擦净杯，表面皿及棒，以 5% 热盐酸洗液洗至无铁离子（以 50g/L 硫氰酸铵试验），再用热水洗至无氯离子（以硝酸银试验）向滤液中再加 10mL70% 高氯酸，再次加热至冒白烟，重复以上操作，将二次沉淀及滤纸浆放入 30mL 瓷坩埚内，先低温后高温灰化完全后，置于 1000℃ 马弗炉里灼烧 1h，冷却后称重。

C 附注

灼烧后的二氧化硅如不洁白，需要用氢氟酸处理，挥发二氧化硅，再灼烧挥发失去的质量，为二氧化硅的质量。

6.11.2.3 硅的测定—氟硅酸钾容量法

A 方法要点

试样以硝酸—硝酸钾、氢氟酸分解，加氟化钾、硝酸钾使生成氟硅酸钾沉淀，过滤后以热水使氟硅酸钾溶解，水解出氢氟酸，再以氢氧化钠标液滴定。间接求得硅含量。

B 试剂

试剂有：

（1）硝酸—硝酸钾溶液：称取 20g 硝酸钾溶于硝酸，再以硝酸稀释至 100mL。

（2）硝酸钾—乙醇洗液：100g 硝酸钾溶于 900mL 水中，加 100mL 乙醇。

（3）硝酸钾—乙醇溶液：5g 硝酸钾溶于水，加 50mL 乙醇，以水稀至 100mL。

C 分析步骤

称取 0.1000g 试样（硅铁称 0.1000g，硅锰合金称 0.2000g）于塑料杯中，加 15mL 硝酸—硝酸钾溶液，5mL40% 氢氟酸，室温溶解，加 5mL50g/L 尿素，以塑料杯搅拌无气泡为止。加 10mL150g/L 氟化钾，20mL 饱和硝酸钾，搅拌均匀，冷却 25℃ 以下。静置 15min 后，以纸浆漏斗过滤。以硝酸钾—乙醇洗液洗涤烧杯及沉淀各 8～10 次，将沉淀连同纸浆置于原塑料杯中，加 15mL 硝酸钾—乙醇溶液，5 滴酚酞指示剂,以0.2500mol/L氢氧化钠标准溶液中和残余酸,仔细搅拌沉淀及滤纸,至刚刚出现微红色,加150mL煮沸热水搅拌,以0.2500mol/L氢氧化钠标准溶液滴定至微红色为终点。随同做标样。

计算公式:

$$w_{\text{Si}} = \frac{w_{标样}}{V_{标样}} \times V_{试样}$$

D 附注

(1)分析的全过程不可接触玻璃器皿;(2)溶解温度必须小于25℃;(3)洗涤时洗液用量和中和残余酸时氢氧化钠用量均每次小于3mL;(4)氟硅酸钾沉淀的条件:沉淀温度最好在15℃左右。沉淀时间与硅含量有关,当硅小于50%时需5~10min。当硅大于50%时,需15min以上。

当硅铁、硅的含硅量不大于50%时,允许误差±0.30%;当含硅量为72%~82%时,允许误差±0.40%;当含硅量大于85%时,允许误差为±0.50%。当硅锰合金的含硅量不大于17.00%时,允许误差为±0.15%;当含硅量大于17.01%时,允许误差为±0.20%。

6.11.3 硅铝合金的测定

6.11.3.1 硅的测定

A 分析步骤

称取0.1000g试样于盛有3g氢氧化钠的银坩埚中混匀,在低温烘干后,放入700~750℃马弗炉中熔融至透明(亮红)6~7min,取出冷却放入300mL塑料烧杯中(杯内盛有热水近沸100mL左右)浸出熔物洗净银坩埚,冷却至室温移入200mL容量瓶中稀至刻度混匀。

吸取25mL溶液于200mL容量瓶中,加3~5滴10g/L对硝基苯酚指示剂,用硝酸(1+1)调至黄色恰恰消失后,准确加入10mL HNO_3用水稀至刻度混匀,吸取5mL于100mL容量瓶中,加10mL H_2SO_4(5+1000),5mL50g/L钼酸铵,在沸水浴上加热30s。取出以流水冷却至室温,加15mL草硫混酸(配法同6.1.1.2中(2)),立即加5mL0.3mol/L硫酸亚铁铵,以水稀至刻度混匀进行比色,以标样换算系数计算结果,随同做标样。

B 附注

溶样时先低温烘干，再高温熔融，温度不宜过高，时间不宜过长，否则难提取；各种试剂加入后，都应立即混匀；加草硫混酸后，立即加入硫酸亚铁铵。

6.11.3.2 铝的测定

称取100mL样液于300mL烧杯中，加4～6g氢氧化钠，加50mL水于电炉上加热煮沸3～5min，取下，流水冷却至室温，移入200mL容量瓶中以水稀至刻度混匀，用干滤纸过滤于烧杯中，吸取50mL滤下液于300mL烧杯中，加0.01000mol/LEDTA标准溶液（视铝量高低而定）过量5～10mL，加1～2滴1%酚酞指示剂，以盐酸（1+1）调节酸度至红色恰恰消失，加20mL醋酸—醋酸铵（77g醋酸铵，59mL醋酸用水稀至1000mL）加热煮沸4～5min，取下加7～8滴PAN指示剂，趁热用$CuSO_4$标准溶液滴定过量的EDTA标准溶液至呈紫红色为终点，随同做标样。计算时以同品种标样换算系数计算铝的质量分数。

6.11.4 硅锰合金测定

6.11.4.1 磷的测定——铋磷钼蓝光度法

A 试剂

试剂有：

（1）硝酸铋溶液：称取25g硝酸铋溶于500mLHNO_3（1+9）中。

（2）抗坏血酸—乙醇溶液：2g抗坏血酸溶于100mL水中，加100mL无水乙醇。

（3）溶液：100μg/mL，50μg/mL。

B 分析步骤

称取0.05g试样于100mL锥形瓶中，加2.5mL浓HNO_3，2.5mL70%高氯酸（如分析硅锰合金时，则加入8～10滴46% HF）加热溶解至高氯酸白烟冒出瓶口，维持2～3min，使碳化物分解，同时将磷氧化成正磷酸，离火稍冷加10mL HNO_3（1+3），10滴100g/L亚硫酸钠溶液，加热煮沸1min流水冷却加入5mL 50g/L钼酸铵溶液，10mL抗坏血酸—乙醇溶液，5mL硝酸铋溶液，稀至100mL，摇匀，1min以后，以水作空白，于光度计660nm波长，1cm比色皿测其吸光度，根据吸光度多少计算磷质量分数，随同做标样。

计算公式：

$$w_P = \frac{w_{标准}}{A_{标准}} \times A_{试样}$$

式中 $w_{标准}$——标准样品中磷的质量分数，%；

$A_{标准}$，$A_{试样}$——分别为标样和试样的吸光度。

6.11.4.2 磷的测定——磷钒钼黄光度法

A 分析步骤

称0.2000g试样，于聚四氟乙烯烧杯中，加10mL HNO_3（1+1），加2mL46% HF，加热溶解后，加5mL70%高氯酸，加热至冒烟赶氟，直至近干，加20mLHNO_3（1+3），滴加亚硝酸钠溶液还原锰至2价，煮沸，驱尽氮氧化物，移入50mL容量瓶中，加入5mL 2.5g/L钒酸铵溶液，加入5mL 50g/L钼酸铵溶液，用水稀至刻度，摇匀，放置10min。

参比液：剩余的25mL试液，加5mL 2.5g/L钒酸铵溶液，用水稀至刻度，摇匀，于波长420nm处测其吸光度。

B 附注

（1）高氯酸冒烟，不能冒糊，以免二氧化锰沉淀不易转化成溶液；（2）磷钒钼黄络合物非常稳定，放置10h吸光度无变化；（3）本方法适用于高含量磷的测定，在100mL体积内可测0.3～0.6g磷。

6.11.4.3 锰的测定——硝酸铵氧化法

A 试剂

试剂有：

（1）苯代邻氨基苯甲酸指示剂溶液：称取0.2g苯代邻氨基苯甲酸、0.2g碳酸钠溶于100mL热水中。

（2）0.03000mol/L硫酸亚铁铵标准溶液：称取11.76g硫酸亚铁铵，溶于1000mL硫酸（5+95）中。

B 分析步骤

称取0.1000g试样于250mL锥形瓶中，加14mL浓磷酸（如分析硅锰合金试样时，再滴加15滴46% HF）加热溶解后，加4mL硝酸，继续加热至微冒磷酸烟，离火放置片刻立即一次迅速加入1～2g硝酸铵,并不断摇动锥形瓶,然后用洗耳球将产生的氮氧化物气体从瓶内赶尽,稍冷加 50mL 水,冷却至室温,立即用硫酸亚铁铵标准液滴至淡红色,加入 3 滴钒试剂继续用硫酸亚铁铵标准液滴至亮绿色即为终点,随同做标样。

6.11.4.4 硅的测定——硅钼蓝比色法

称取 0.1000g 于塑料烧杯中加入 8mL HNO_3(2 +1)慢慢滴加 46% HF5、10、15、20 滴并用塑料棒不断搅拌全溶后,加 5% H_3BO_3继续搅拌 3min。将此试液移入 250mL 容量瓶中稀释至刻度摇匀。

吸取 25mL 试液于另一 250mL 容量瓶中,加入 50mL 硫硝混酸(50mLH_2SO_4 +8mL HNO_3 +945mL 水),用水稀至刻度混匀。

吸取 10mL 经再次稀释液于 100mL 容量瓶中,加 5mL 50g/L 钼酸铵于沸水中放置 30s,冷却后加入 25mL 草硫混酸[300mL 50g/L 草酸与 100mL H_2SO_4(1 +3)混合],10mL 60g/L 硫酸亚铁铵溶液,用水稀释至刻度摇匀,以水作空白,于波长 660nm 处,用 1cm 比色皿的光度计比色测定,随同做标样。

6.11.5 铬铁合金测定——过硫酸铵氧化亚铁滴定法测铬

6.11.5.1 方法要点

试样用酸溶解后,在硫酸—磷酸介质中,以硝酸银为催化剂,用过硫酸铵将铬氧化至 6 价,锰同时也被氧化,用氯化钠将锰还原消除干扰,以 N-苯代邻氨基苯甲酸为指示剂,用硫酸亚铁铵标准溶液滴定至亮绿色为终点:

$$2Cr^{3+} + 3S_2O_8^{2-} + 7H_2O \xlongequal{} Cr_2O_7^{2-} + 6SO_4^{2-} + 14H^+ \text{(}Ag^+\text{为催化剂)}$$

$$Cr_2O_7^{2-} + 6Fe^{2+} + 14H^+ \xlongequal{} 2Cr^{3+} + 6Fe^{3+} + 7H_2O$$

6.11.5.2 试剂

试剂有:

(1)硫磷混酸:760mL 水中加入 160mL 硫酸,加 80mL 磷酸混匀。

(2)硫酸亚铁铵标准溶液:0.2000mol/L。

6.11.5.3 分析步骤

A 酸溶试样(低碳铬铁,微碳铬铁)

称取 0.2000g 试样于 500mL 锥形瓶中,加 50mL 硫磷混酸,加热使其完全溶解，再滴加硝酸氧化，继续加热到冒硫酸烟时，取下冷却至室温，用水稀释至约200mL。

加热煮沸后加10mL硝酸银溶液，20mL 250g/L过硫酸铵溶液，继续煮沸至出现高锰酸的红色（若试样中含锰量低，应在加过硫酸铵前，加数滴40g/L硫酸锰溶液），再煮沸5~6min，以分解过量的过硫酸铵，加5mL 50g/LNaCl溶液，再煮沸至红色消失，继续煮沸5~10min，取下，冷却至室温，加5滴0.2% N-苯代邻氨基苯甲酸指示剂，以硫酸亚铁铵标准溶液滴定至溶液由红紫色恰变亮绿色为终点。

B　碱熔试样（中碳铬铁、高碳铬铁）

称取0.2000g试样于盛有4g过氧化钠的铁坩埚或镍坩埚中，搅匀盖上一层过氧化钠，在煤气灯上熔融（或在马弗炉中先低温后于700℃高温熔融），取下，冷却。置于500mL烧杯中，用100mL水加热浸出，洗净坩埚，煮沸3~5min，除去过氧化氢，用15mL硫酸（1+3）左右，中和至酸性，加60mL硫磷混酸，煮沸7~8min，加5mL10g/L的硝酸银溶液，冷却一下，加20mL200~250g/L的过硫酸铵溶液，加热煮沸5~8min，将铬氧化成重铬酸，加5mL氯化钠溶液，再煮沸至红色消失，继续煮沸5~10min，直至溶液呈现黄绿色，取下，冷却至室温，加入40mL H_2SO_4（1+3）[或20mL H_2SO_4（1+1）]至体积为300mL。加5滴N-苯代邻氨基苯甲酸指示剂，以硫酸亚铁铵标准溶液滴定至溶液由红紫色恰变亮绿色为终点，随同做标样。

分析结果计算：

$$w_{Cr} = \frac{c \times V \times 17.33}{1000 \times G}$$

式中　w_{Cr}——试样中铬的质量分数，%；

c——硫酸亚铁铵标准溶液的浓度，mol/L；

V——滴定所消耗硫酸亚铁铵标液的体积，mL。

6.11.5.4　附注

（1）氧化铬时溶液酸度非常重要。酸度过大，铬氧化缓慢甚至氧化不完全；酸度过小，锰以二氧化锰形式析出；（2）当钒、铈存在时，所测定结果为钒铈铬含量，应予扣除。

6.11.6　钒铁合金测定——高锰酸钾氧化-亚铁滴定法测钒

6.11.6.1　*方法要点*

试样用硝酸和硫酸溶解，用稍过量的高锰酸钾将钒 V^{4+} 氧化至 V^{5+}，用亚硝酸钠还原过量的高锰酸钾，过量的亚硝酸钠用尿素进行分解，以 N-苯基邻氨基苯甲酸为指示剂，用硫酸亚铁铵标准溶液滴定。当试样含铈量在 0.01% 以上时，应采用光度法测定钒。

6.11.6.2　*分析步骤*

称取 0.2g 试样于 500mL 锥形瓶中，先加入 50mL 硫酸(1 +1)，滴加浓 HNO_3，加热至试样全部溶解，蒸发至冒硫酸白烟 1 ~2min，取下，冷却，加水 100mL 稀至体积约 150mL，加 5mL 磷酸，加热使盐类溶解，流水冷至室温，滴加 25g/L 高锰酸钾溶液使呈稳定红色，放置 5min，加 1 ~2g 尿素（或 100mL20% 的尿素溶液），滴加 10g/L 亚硝酸钠溶液至红色消失，并过量 1 滴，加 3 ~4 滴 2g/LN-苯基邻氨基苯甲酸溶液指示剂，用 0.08000mol/L 硫酸亚铁铵标准溶液滴定至紫红色变亮绿色为终点，随同做标样。

分析结果的计算：

$$w_{V} = \frac{c \times V_2 \times 50.94}{1000G}$$

式中　V_2——滴定所消耗硫酸亚铁铵标准溶液的体积，mL。

6.11.6.3　*附注*

（1）钒铁易溶于（稀硝酸—稀硫酸混合酸）硝酸、氢氟酸、硫酸，不溶于稀硫酸和稀盐酸，也可被过氧化钠熔融；（2）在氧化性酸中，长时间加热冒烟，钒生成难溶的红棕色五氧化二钒析出；（3）铬干扰测定。含量高时用高氯酸冒烟，加盐酸使铬成氯化铬铣 CrO_2Cl 挥发除去，也可用热砷酸钠还原。少量铬先用硫酸亚铁还原，再用高锰酸钾氧化，此时铬不被氧化；（4）滴定速度要慢，接近终点时要更慢，防止滴过量；（5）测定钒也可采用过硫酸铵氧化法，分析方法是：加 5mL 磷酸后，加 20mL 过硫酸铵溶液，煮沸 2 ~3min，取下滴定。

6.11.7　钛铁合金测定——硫酸铁铵容量法测钛

6.11.7.1　*方法要点*

试样溶解后，在隔绝空气的条件下，用铝片将钛还原至 3 价，以硫氰酸盐为指示剂,用硫酸高铁铵为标准溶液滴定至橙红色。

6.11.7.2 硫酸高铁铵标准溶液

配制与标定:称取约21.00g硫酸高铁铵[$FeNH_4(SO_4)_2 \cdot 12H_2O$],加50mL水,慢慢加入50mL硫酸,加热使其溶解,冷却后用水稀至1000mL。

标定:吸取25mL上述配制的溶液,加10mL盐酸(1+1),加热至近沸,滴加10%的氯化亚锡溶液至溶液呈现无色,再过量1~2滴,加入10mL饱和氯化汞溶液,放置2~3min,加10mL硫磷混酸(150mL+150mL+700mL水),以二苯胺磺酸钠为指示剂,用0.1mol/L重铬酸钾标液滴定至紫色不消失为终点。

标定前,配制溶液应滴加高锰酸钾氧化2价铁:

$$c_{(Fe^{3+})}=\frac{c_{(1/6K_2Cr_2O_7)}\times V}{V_{Fe^{3+}}}$$

6.11.7.3 分析步骤

称取0.2500g试样于500mL锥形瓶中,加15mL硫酸(1+1),滴加3mL硝酸,2~3滴46% HF至试样溶解,蒸发至冒硫酸白烟5min,(出现沉淀再冒1min白烟),冷后,加100~150mL热水,加40mL盐酸,加热使盐类溶解,冷却,加3g铝片,盖上防护漏斗,在流水冷却至剧烈反应完成,迅速加入碳酸氢钠饱和溶液,在低温处加热,并不断摇动,待铝片全部溶解后,煮沸至小气泡赶净,变大气泡,取下,流水冷至室温,用硫酸高铁铵标液滴定至浅紫色,加10mL100g/L硫氰酸氨溶液,继续滴定至溶液呈橙红色,2min内不消失为终点。随同做标样。

6.11.7.4 附注

(1)钛铁易被稀硫酸(1+4),稀盐酸(1+4)溶解,在浓硝酸中被钝化而不被分解;(2)钛铁溶于硝酸、氢氟酸混合酸中,但测钛时最好不用氢氟酸,因钛与氟形成的络合物非常稳定,造成钛损失,钛铁易被过氧化氢、氢氧化钠、焦硫酸钾熔融分解;(3)钛还原后必须将溶液中残留的氢气赶净,否则使测定结果偏高;(4)3价钛在空气中易被氧化,所以在隔绝空气条件下还原加入大量硫酸铵,可保护3价钛不被氧化。

6.11.8　钼铁合金测定——盐酸羟胺还原 EDTA 容量法测钼

6.11.8.1　方法要点

试样用酸溶解，强碱分离铁、铜等干扰元素，用盐酸羟胺将钼还原至5价，在pH值为1~2酸度下，加入一定量EDTA络合钼，以二甲酚橙为指示剂，用硝酸铋标准溶液滴定过量的EDTA，终点为红色。

6.11.8.2　试剂

试剂有：

(1) β-二硝基酚指示剂（或α-二硝基酚指示剂）：称取0.1g溶于20mL乙醇溶液中定容至100mL。

(2) 硝酸铋标准溶液0.01mol/L：称取纯度99.9%以上金属铋2.0898g，置于250mL烧杯中，直接加入20mL浓硝酸（d=1.42g/mL），放入容量瓶中，加盖，溶解（使溶液中硝酸浓度为0.3mol/L），冷却至室温，移入1000mL容量瓶中，用水稀释至刻度，混匀。

6.11.8.3　分析步骤

称取0.2500g试样，于350mL烧杯中，加20mL硝酸（1+3），低温加热溶解，煮沸，驱尽氮氧化物，稍冷，加水至体积为100mL，25mL400g/L的NaOH（或50mL 200g/L的NaOH）煮沸1min，流水冷却至室温，移入250mL容量瓶中，用水稀释至刻度，摇匀静置，干过滤。

移取50mL母液于350mL烧杯中，准确加入40.00mL 0.01000mol/L EDTA标准溶液，加3滴β-二硝基酚指示剂（α-二硝基酚指示剂），用硫酸（1+1）中和，使溶液由黄色变为无色，并小心过量2滴（或过量5~6滴），此时，溶液pH值为2（或1.8）（用精密试纸测定），用水稀释至100mL，加20mL100g/L盐酸羟胺，加5~6粒玻璃珠，煮沸15~20min，取下，流水冷却至室温，保持体积100mL，加4滴2g/L二甲酚橙指示剂，用硝酸铋标准溶液滴定至溶液由黄色变为红色为终点，随同做标样。

分析结果计算：

$$w_{Mo} = \frac{(V_1 - VK) \times W}{V_1 - V_0 K}$$

式中　w_{Mo}——试样中钼的质量分数，%；

V_1——加入EDTA标准溶液量，mL；

V——试样中消耗硝酸铋标准溶液量,mL;

W——标准钼铁样品钼质量分数,%;

V_0——标样中消耗硝酸铋标液量,mL;

K——所取EDTA标液与消耗硝酸铋标液体积比。

6.11.8.4 附注

(1)试样难溶可以加氢氟酸助溶,但必须冒硫酸烟赶氟;(2)钼在硝酸溶液中长时间加热,生成不易溶解的氧化钼析出;(3)硝酸铋滴定时,溶液酸度严格控制在pH值为2,否则终点不易观察;(4)滴定时,最好控制所用硝酸铋标准溶液约5mL为宜,一般溶液中含钼20mg时,需加EDTA标液25~28mL;含钼30mg时,则加EDTA标液35~40mL;(5)钼精粉可以直接用铂坩埚熔融,称3g+0.2g试样,盖1g混合熔剂(同6.1.1.2中(1)配法),1000℃马弗炉中熔融,用60mL HNO_3(1+3)浸出,以下步骤按钼铁中的钼一样。

6.12 铝合金及铝料测定

6.12.1 铝合金中硅的测定

铝合金主要有镁铝合金、铜铝合金、锌铝合金、硅铝合金等,铝合金既能溶于普通无机酸又能溶于碱。其中所涉及到草硫混酸为:3g草酸溶于100mL硫酸(1+1)中。

6.12.1.1 高氯酸脱水重量法

称取0.2000g试样于塑料杯中,加6g固体氢氧化钠,加20mL水,摇动,1mL30% H_2O_2,在水浴中加热至试样完全溶解,转入250mL烧杯中。加40mL硝酸(1+1)酸化,摇动溶液至澄清,加30mL70%高氯酸,在电热板上蒸发至冒烟并保持回流10~15min,取下,加5mL浓盐酸,150mL热水,溶解盐类,过滤,用2%热盐酸水溶液洗涤烧杯及沉淀8~10次,将沉淀灰化,灼烧,恒重,称重,用氢氟酸飞硅,按一般硅重量法进行。

6.12.1.2 硅钼蓝光度法

称取0.2500g试样于塑料杯中,加4g固体NaOH,加10mL水摇动,在沸水浴上加热,加1mL30% H_2O_2,煮沸,使试样完全溶解,取下,用水冲洗杯壁，小心加入 50mLHNO_3(1+2)，加 10mL100g/L 尿素溶液，移入 200mL 容量瓶中，冷至室温，用水稀至刻度，摇匀。移取 10mL 试液两份，分别置于 100mL 容量瓶中，加 10mL 水。

显色液：滴加 2% $KMnO_4$溶液至呈粉红色，加 5mL 50g/L 钼酸铵溶液，放置 20min，加 20mL 草硫混酸，加 10mL 60g/L 硫酸亚铁铵溶液，用水稀至刻度，摇匀。

参比液：滴加 20g/L $KMnO_4$溶液呈粉红色，加 20mL 草硫混酸，其余同显色液，于波长 680nm 处测吸光度。

工作曲线的绘制：移取试剂空白溶液 10mL 六份，分别放入 100mL 容量瓶中，加入不同量硅的标准溶液(10μg/mL)：0.00mL、1.00mL、2.00mL、3.00mL、4.00mL、5.00mL，分别用水稀释至总体积为 20mL，以下按试样步骤显色，以不加硅标准溶液者为参比，测吸光度，绘制工作曲线。

6.12.2 铝锰钛合金中钛的测定

6.12.2.1 *方法要点*

试样用王水、HF 溶解，加硫酸冒白烟。冷却后加水加热溶解盐类，定容。用 ICP 分析测定。

6.12.2.2 *分析步骤*

称取 0.1000g 试样，加 15mL 王水(HNO_3 + HCl = 1 + 3)，3 滴 46% HF，15mL H_2SO_4(1+1)至冒 H_2SO_4烟，出现沉淀后再冒 1min 烟，取下，冷却，加 50mL 水，加热溶解盐类，定容至 100mL。吸 5mL 母液，再用水定容至 100mL。用 ICP 分析钛的含量，随同做空白试验。

6.12.3 铝锰铁中硅的测定

6.12.3.1 *方法要点*

试样用硝酸溶解，加高锰酸钾除去锰离子，用亚硝酸钠还原，在微酸性溶液中，硅酸与钼酸铵生成硅钼杂多酸，在草酸存在下，用硫酸亚铁铵还原成硅钼蓝，测其吸光度。

6.12.3.2 *分析步骤*

称取 0.2000g 试样于 100mL 锥形瓶中，加入 20mL 硝酸(1+3)。

用洗水瓶冲洗内壁，低温溶解，加几滴 5g/L 高锰酸钾至出现二氧化锰沉淀，煮沸约 1min，用 2% 亚硝酸钠还原至澄清，煮沸驱尽氮氧化物，冷却至室温，定容至 100mL。

除吸取 10mL 试液于 100mL 容量瓶中，加 10mL 水外。补加硫酸等剩余步骤见 6.1.1.3 节 C 中硅钼蓝光度法测定二氧化硅。随同做标样。

ICP 测定：用 250mL 烧杯称取 0.1g 试样，加 10mL HCl(1+1)，立即(同时)加入过氧化氢溶样，冷却定容至 100mL 容量瓶中，(如浑浊，应快速滤纸过滤)。

6.12.4 硅钙钡或铝硅钡钙中钙的测定

6.12.4.1 方法要点

试样用酸溶解，用氨水调至 pH 值为 7，沉淀铁铝，煮沸、过滤、定容。取一定量的滤液，加入三乙醇胺、硫酸钾、L-半胱氨酸、KOH 溶液及钙指示剂，滴定至红色变为纯蓝色为终点，测定钙的含量。

6.12.4.2 分析步骤

称取 0.2g(0.25g)试样于石英烧杯中，先加入 5mL 浓 HCl，然后慢慢滴加入 10mL HNO_3，滴加 5mL46% HF 至试样溶解，再加 5mL70% $HClO_4$ 冒烟近干，加 10mL HCl，加 50～100mL 蒸馏水，溶解盐类，煮沸 2min，用氨水调至 pH 值为 7，沉淀铁铝，煮沸 5min，然后过滤，用稀 1% NH_4Cl 溶液洗烧杯及沉淀 3～4 次，最后用热蒸馏水洗至 200mL 定容。

取 25～50mL 滤液，加入 5mL 三乙醇胺(1+1)，加入 10mL100g/L 硫酸钾溶液，摇晃几分钟，放置 5～10min，然后加入 5mL10g/LL-半胱氨酸，加 20mL200g/L KOH 溶液，钙指示剂少许，滴定至红色变为纯蓝色为终点。

6.12.5 硅铝铁中铝的测定

6.12.5.1 方法要点

试样用硝酸、HF 加热溶解，高氯酸冒烟至出现盐类，用氢氧化钠加热至沸，冷却。定容到 250mL，干过滤，取母液进行络合滴定测定。

6.12.5.2 试剂

试剂有：

(1)二甲酚橙指示剂:2g/L 水溶液。

(2)0.01500mol/L $Pb(NO_3)_2$标准溶液：称取 4.97g $Pb(NO_3)_2$固体，溶于 1000mL 硝酸溶液(1+2000)中，摇匀。

用 EDTA 标定 $Pb(NO_3)_2$：吸取 20mL 0.02mol/L EDTA，加 20mL pH 值为 6.0 缓冲溶液，加两滴二甲酚橙，用未标的 $Pb(NO_3)_2$滴定，颜色由黄色变为红色即为终点：

$$c_{Pb(NO_3)_2} = \frac{c_{EDTA} \times V_{EDTA}}{V_{Pb(NO_3)_2}} \quad (mol/L)$$

6.12.5.3 分析步骤

称取 0.1g 试样，加 10mL 硝酸，5mL 46% HF，加热溶解试样，加 5mL70% $HClO_4$，加热(温度不易过高，防止飞溅)至冒高氯酸烟直至出现盐类，加 20mL 盐酸(1+1)，少量水，加热溶解盐类，取下，稍冷，加 40mL 400g/LNaOH 溶液，加热至沸，取下，冷却至室温，稀释至 250mL 容量瓶中，用水稀释至刻度，干过滤。

取 50mL 母液，加 35mL0.0200mol/L EDTA 标准溶液，加 1 滴 10g/L酚酞指示剂，用盐酸(1+1)调至无色，加 20mL HAc—NaAc 缓冲溶液(pH 值为 5.5)，煮沸 30min，取下，冷却，加两滴二甲酚橙指示剂，用 $Pb(NO_3)_2$ 滴定至红色，过量 1 滴，不计数，加 0.5gNaF，煮沸 1~2min，冷却，再加 1 滴二甲酚橙指示剂，用 $Pb(NO_3)_2$标准溶液滴定至红色为终点。

6.12.6 钢芯铝、铝粉、铝线、铝锰钛等中铝的测定

6.12.6.1 方法要点

试样用 NaOH 于水浴中加热溶解，若有沉淀过滤，过滤后定容，吸取一定量溶液，加入准确过量的 EDTA 标准溶液，与铝反应完全后剩余的 EDTA，用 $Pb(NO_3)_2$标准溶液滴定。NaF 置换铝与 EDTA 络合物中的 EDTA，再用 $Pb(NO_3)_2$标准溶液滴定，记录消耗 $Pb(NO_3)_2$标准溶液体积。

6.12.6.2 分析步骤

称取0.2g试样,加6g NaOH固体,水30mL放到塑料杯中,水浴加热溶解,加几滴30% H_2O_2破坏碳,使试样溶解,定容到250mL容量瓶中,(250mL容量瓶中先加10mL 400g/L NaOH),需要过滤的要过滤,从中吸取250mL试液放到三角瓶,加45mL0.02000mol/L EDTA(铝钛锰加入40mL),加1滴酚酞指示剂,用HCl(1+1)调至无色,加30mL醋酸—乙酸钠缓冲溶液,加热煮沸3min,取下冷却,加2~3滴5g/L二甲酚橙指示剂,用$Pb(NO_3)_2$标准溶液滴定为砖红色,不计数,并过量一滴,加入1~2gNaF,再加热2~3min,取下,冷却,再用$Pb(NO_3)_2$标准溶液滴定,记下消耗的毫升数V,进行计算。

6.12.7 铝锭铝的测定

称取0.25g试样于塑料杯中,加少许水,加4g固体NaOH于低温电炉上加热溶解,溶解后,稀释至250mL容量瓶中,摇匀后用滤纸再过滤在原塑料杯中。吸取20mL母液(若铝含量低,应添加铝标液,也吸20mL)于500mL烧杯内加水少许,加50mL EDTA(浓度同上),1~2滴酚酞,用HCl(1+1)调至红色刚消失后,马上加20mL醋酸—醋酸铵缓冲溶液,(如用HCl调过量后用NaOH调回),立即在电炉上煮沸3~5min后,立即用$CuSO_4$标准溶液回滴,加6滴PAN指示剂,滴至蓝色成蓝紫色为终点。

注:EDTA的加入量视铝含量而定;带空的标样,结果减空白;含量低时用标样换算系数。标液从加EDTA那一步开始。

6.12.8 纯铝中铝的测定

称取0.1g试样,加4g固体氢氧化钠,20mL水,水浴加热溶解,加1mL浓H_2O_2,定容到250mL[容量瓶内有30mLHCl(1+1)],稀释至刻度。

吸取25mL母液,于250mL锥形瓶(加5mL0.01000mol/mL EDTA标准溶液),加50mL水,溴酚蓝1滴,用$NH_3 \cdot H_2O$(1+1)调至蓝色,立即加20mL pH值为5.5的醋酸—醋酸钠缓冲溶液,煮沸2~3min,冷却,加2~3滴二甲酚橙,用$Pb(NO_3)_2$(0.01500mol/L)标准溶液滴

定至砖红色(不计数),加 0.5g NaF 固体,在电炉上煮沸 2 ~3min,取下,冷却,再用 $Pb(NO_3)_2$标准溶液滴定。

6.12.9 优级铝或铝锭

称取 0.1g 试样,加 4gNaOH 固体,加 20mL 水,在水浴上溶解后,加 1mL 30% H_2O_2,定容到 250mL(容量瓶内有 20mL 200g/LNaOH)。

吸取 25mL 母液于 250mL 锥形瓶中,加 30mL0.02000mol/L EDTA 标准溶液,再加 50mL 水,加一滴酚酞,用 HCl 调到无色,立即加 20mL NaAc—HAc(pH 值为 5.5),煮沸 2~3min,冷却,加 2~3 滴二甲酚橙,用 0.01500mol/L $Pb(NO_3)_2$ 标准溶液滴定至砖红色(不计数)。加 0.5g NaF,加热煮沸 1 ~2min,取下冷却,加 1 滴二甲酚橙,再用 $Pb(NO_3)_2$标准溶液滴定至终点,读取消耗的体积,计算含铝量。

6.13 钢包喂线及冷压块测定

6.13.1 EDTA 滴定法测定钢包喂铝钙包芯线中铝

6.13.1.1 *方法要点*

用氢氧化钠溶液溶解样品的同时将铁与铝分离,加入过量的 EDTA 与铝络合,以 PAN 为指示剂,用硫酸铜标准溶液返滴定法测定铝。试样中大量钙和微量硅对测定没有干扰,铁经氢氧化钠沉淀分离后也不影响测定。适用于铝钙包芯线中铝含量的测定。

6.13.1.2 *试剂*

试剂有:

(1)硫酸铜标准溶液:0.02000mol/L。

(2)EDTA 标准溶液:0.02000mol/L。

(3)PAN 指示剂:2g/L。

(4)HAc—NaAc 缓冲溶液:pH 值为 4.3。

6.13.1.3 *分析步骤*

准确称取 0.5000g 试样放入 250mL 烧杯中,加入约5mL 400g/L NaOH 溶液溶解,用快速滤纸过滤于 250mL 容量瓶中,用200g/LNaOH 溶液洗滤渣及烧杯 8 ~10 次,定容,摇匀。准确吸取 25mL 该溶液于

250mL 锥形瓶中，加约 20mL EDTA 溶液，加水稀释至 120mL，用 HCl 调节 pH 值，加入 15mLHAc—NaAc 缓冲溶液，煮沸稍冷，加 4～5 滴 PAN 指示剂，用 $CuSO_4$ 标准溶液滴定至紫色，不计读数。加入 1.0gNaF，煮沸，稍冷，加两滴 PAN 指示剂，用 $CuSO_4$ 标准溶液滴定至紫色即为终点。记录消耗 $CuSO_4$ 标准溶液的体积，计算含铝量。

6.13.1.4 附注

由于铝钙包芯线芯粉中含有钙粒、铝屑和大量铁屑。铝屑被氧化的速度稍慢（$E^{\ominus}_{Al^{3+}/Al}=-1.66V$），且不易吸水。钙粒是由金属钙制成，钙的电极电位 $E^{\ominus}_{Ca^{2+}/Ca}=-2.87V$，具有很强的还原性。芯粉中的铁是还原铁粉，也具有还原性，在空气中暴露半小时以上，样品变色，即被氧化。所以在称取试样时，要注意把铝钙包芯线端口处的芯粉弃去，并且在取出试样后，要迅速制样、称样，以免样品被氧化，影响测定结果。

6.13.2 EDTA 滴定法测定转炉炼钢用冷压块中全铁

6.13.2.1 方法要点

样品经 HCl 和 KF 溶解、H_2O_2 氧化，在 pH 值为 2.0～2.5 的酸性溶液中，以磺基水杨酸为指示剂，EDTA 标准溶液滴定全铁。此方法不使用汞盐、铬盐，环境污染小，可用于冷压块中全铁的测定。

6.13.2.2 试剂

试剂有：

(1) EDTA 标准溶液：0.01500mol/L。

(2) 磺基水杨酸：100g/L 水溶液。

6.13.2.3 分析步骤

准确称取 0.2000g 试样于 150mL 烧杯中，加入 20mL HCl，0.35g 氟化钾，盖表面皿，加热 15～30min 直至溶液底部无黑色固体样品。冷却，加入少许水洗涤表面皿，加入 1mL30% H_2O_2，摇匀，放置 10min，加热使 H_2O_2 分解完全。过滤于 250mL 容量瓶中，水洗滤渣及烧杯 8～10次，定容摇匀，备用。

准确吸取 50mL 试液于 250mL 锥形瓶中，加适量氨水(1+1)调至 pH 值为 2。将溶液放入水浴锅中加热至 70℃，再加入 10 滴磺基水杨酸溶液，不断搅拌，以 EDTA 标准溶液滴定至溶液由红紫色变至黄色为终点（终点时温度应在60℃左右）。记录消耗 EDTA 标准溶液的体积，计算铁含量。

6.13.2.4 附注

将冷压块用钢锤砸成直径约为3mm 的颗粒，然后用制样破碎机破碎至150 目。由于转炉炼钢用冷压块是由铁精粉和钢铁废渣为主要原料添加一定量的黏结剂压制而成，所以样品中含有韧性大的钢铁金属球，不能完全破碎，所以需用不同的样品筛进行筛分，按比例取样，以达到分析样的代表性。

6.14 高炉煤气测定

高炉煤气主要成分有 CO_2、O_2、CO、H_2、CH_4、N_2。

6.14.1 主要仪器与试剂

(1) 吸收瓶①—CO_2吸收剂—氢氧化钾溶液：称取1kg 氢氧化钾溶于2L 水中，混匀。

(2) 吸收瓶②—O_2吸收剂—焦性没食子酸溶液：先称取28g 焦性没食子酸，溶于50mL 温水中冷却，与50% 氢氧化钾溶液180～200mL 迅速混匀，盖紧备用。

(3) 吸收瓶③—CO 吸收剂—氨性氯化亚铜溶液：称取625g 氯化铵溶于1875mL 水中，与500g 氯化亚铜一起注入大瓶中，加铜丝（铜片）用橡皮塞盖紧混匀，放置一周。用时取上层清液，加入浓氨水以混匀后白色氯化亚铜沉淀刚好溶解为止，冷却后使用。

(4) 封闭液：液体石蜡。

(5) 491—气体分析仪。

6.14.2 分析步骤

A 准备工作

(1) 分析前先检查仪器是否漏气，看活塞是否转动灵活，活塞与活塞套间是否严密。如不严密、不灵活，应将活塞擦净涂上真空油。

(2) 检查各吸收瓶间橡皮接头是否完好，如变质漏气应更换。

(3)瓶内试剂如失效应更换,最好定期更换。

B 分析部分

(1)二氧化碳:取得测气样 100mL 于量气管中,打开活塞 1、2、3,使量气管与吸收瓶①接通,将气体压入吸收瓶①中往返三次,降低水准瓶使气体返回量气管中,关闭活塞 1,将水准瓶与量气管口面对齐,读取毫升数 V_1。

(2)氧气:将活塞 1、2、3、4 打开使量气管与吸收瓶②接通,将气体压入吸收瓶②中往返三次,然后与上面同样操作读取毫升数 V_2。

(3)一氧化碳:将活塞 1、2、3、4、5 打开使量气管与吸收瓶③接通,将气体压入吸收瓶③中往返五次,最后一次使气体返回量气管中,再将气体压入盛有同样溶液的吸收瓶④中往返五次至量气管中读数至恒量时关闭活塞 1,用水准瓶比格数读取毫升数 V_3。

(4)氢气:将活塞 1 打开使储氧球与量气管接通,降低水准瓶管中液面逐步下降至 22 ~28mL 处(加入氧气 12 ~18mL)关闭活塞 1,用水准瓶比格数,记下通氧后气体总毫升数 $V_{烧前}$,打开活塞 1、2、3、4、5、6 使量气管与燃烧瓶接通,将气体压入燃烧瓶内关闭活塞 1,打开变压器开关,打开活塞 1,使气体往返两次后返回量气管,同样步骤读取毫升数 $V_{烧后}$。

(5)甲烷:打开活塞 1、2、3,使量气管与吸收瓶①接通,与测定 CO_2 同样操作读取毫升数 $V_{洗后}$。

其计算为:

$CO_2\% = V_1 \qquad O_2\% = V_2 - V_1 \qquad CO\% = V_3 - V_2$

$H_2\% = [(V_{烧后} - V_{烧前}) - 2CH_4\%] \times 2/3 \qquad CH_4\% = V_{洗后} - V_{烧后}$

$N_2\% = 100\% - [V_3 + CH_4\% + H_2\%]$

6.14.3 涉及的主要反应

所涉及的主要反应:

(1)CO_2的测定。氢氧化钾溶液吸收二氧化碳生成碳酸钾和水:

$$CO_2 + 2KOH \xlongequal{} K_2CO_3 + H_2O$$

(2)O_2的沉淀。焦性没食子酸 $C_6H_3(OH)_3$溶于氢氧化钾溶液中生成焦性没食子酸钾:

$$C_6H_3(OH)_3 + 3KOH \longrightarrow C_6H_3(OK)_3 + 3H_2O$$

焦性没食子酸钾吸收氧生成六氧荃联苯钾和水：

$$2C_6H_3(OK)_3 + 0.5O_2 \longrightarrow (KO)_3C_6H_2—C_6H_2(OK)_3 + H_2O$$

(3) CO 的测定。氯化亚铜 Cu_2Cl_2 吸收 CO 的反应：

$$Cu_2Cl_2 + 2CO \longrightarrow Cu_2Cl_2 \cdot 2CO$$

$$Cu_2Cl_2 \cdot 2CO + 4NH_3 + 2H_2O \longrightarrow 2NH_4Cl + 2Cu + (NH_4)OOCCOO(NH_4)\text{（乙二酸铵）}$$

(4) H_2 的测定。加氧燃烧的反应：

$$2H_2 + O_2 \longrightarrow 2H_2O$$

(5) CH_4 的测定。燃烧生成的 CO_2 用 KOH 吸收：

$$CH_4 + 2O_2 \longrightarrow CO_2 + 2H_2O$$

$$CO_2 + 2KOH \longrightarrow K_2CO_3 + H_2O$$

注：1. 高炉煤气中 CO 量较高，故 CO 吸取液分两瓶分装，两次吸收以保证吸收完全；2. 各成分的测定其吸收次数不是绝对的，按照成分的变化尽量做到恒量即可。

7 钢铁测定

7.1 碳和硫的测定

7.1.1 燃烧—气体容量法联合测定钢铁中的碳和硫

7.1.1.1 *方法要点*

钢铁样品在1100~1300℃通氧燃烧,这时不管碳硫在钢铁中以何种状态存在,都能被氧化成二氧化碳和二氧化硫。燃烧后生成的混合气体经滤去粉尘后,通入含有淀粉指示剂的酸性水溶液中被吸收,生成的H_2SO_3立即用含有$KI + KIO_3 + KOH$的标准液滴定。

经过定硫吸收杯的气体,利用水准瓶压到装有30%的氢氧化钾溶液的吸收瓶内,将二氧化碳吸收。再利用水准瓶从吸收瓶内把残余的气体(O_2)压回到量气管内,测出未被吸收气体的体积(V_{O_2})。最初测出的混合气体($V_{CO_2+O_2}$)与CO_2被吸收后剩下氧气的气体体积之差就等于CO_2的体积($V_{CO_2} = V_{CO_2+O_2} - V_{O_2}$)。根据所得$CO_2$的体积,即可求出碳的质量分数。硫的质量分数由所消耗的定硫标准溶液的体积来计算。

7.1.1.2 *仪器和试剂*

仪器和试剂有:

(1)氧气瓶(内装其纯度为99.99%的高压氧气);

(2)氧气减压表(附有氧气流量计及减压缓冲阀);

(3)储气筒(内装一定量的水,高压氧气经过氧气减压表面而存入于筒内水下,用时再缓缓放出);

(4)两通氧气阀门、缓冲瓶;

(5)干燥塔(其下部为粒状氢氧化钠,上部为块状无水氯化钙);

(6)球形干燥管(内装干燥玻璃棉);

(7)管式定碳炉(由温度控制器控制其温度并向炉内硅碳棒送电,电流不超过10A);

(8)碳硫联合测定仪简图,见图 7-1。

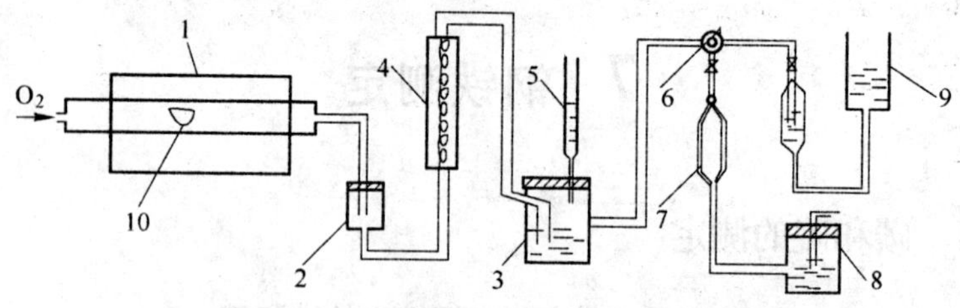

图 7-1　碳硫联合测定装置简图

1—马弗炉:提供燃料高温 1100 ~ 1300℃;2—U 形管:内衬玻璃棉,阻留氧化物碎片(防止阻塞);3—定 S 吸收杯:内装淀粉溶液;4—冷凝器:冷凝气体至室温(恒温);5—碱式滴定管:内装 KIO_3 + KI 标液,滴定 SO_2;6—四(三)通:吸收 CO_2 时换向;7—量气管:盛混合气体并读 CO_2 体积;8—水准瓶:内盛酸水以便量气管盛装混合气体;9—定 C 吸收杯:内盛 KOH 时,吸收 CO_2;10—瓷舟:内盛待测试样。使用前先置 900℃ 马弗炉中灼烧 1h,取出冷却后置于不涂油的干燥器中保存

(9)助熔剂:纯锡、纯铜或氧化铜,使用前测定其空白值。

(10)淀粉溶液:称取溶解 1g 淀粉于一个 50mL 小烧杯中加入少量水调成糊状,另取一 250mL 烧杯,加 100mL 水,置电炉上加热至沸,趁热将上述面糊倒入沸水中,搅拌使淀粉溶解。

(11)定硫吸收液:每 1000mL 水加入 10mL 浓盐酸和上述 10mL 淀粉溶液搅匀备用。

(12)定硫滴定液:每 1000mL 水先后加入 10gKOH,10gKI,待它们逐一溶解后再加入 1gKIO_3。

(13)碘标液:称取 25gI_2,188gKI,溶于适量水中,待碘全溶解后,稀释至 1000mL,摇匀,用棕色瓶贮存,使用前取 5 ~ 7mL 此溶液,冲至 1000mL 作为定硫用碘液。

(14)酸性水:在 500mL 水中滴数滴甲基橙指示剂及 1mL 浓 H_2SO_4 使溶液呈红色。

7.1.1.3　分析步骤

(1)仪器装置的不漏气试验:调节定碳炉供电调压器使电流小于 10A,炉温逐步升到 1250 ~ 1300℃,并保持在这个温度。塞紧管式炉瓷管上的胶塞,将定碳仪上的四通活塞放平,向定硫吸收杯中放进一定量的定硫吸收液,调节通氧气的速度,使定硫吸收液中有间断的氧气泡通过,滴加数滴定硫滴定液,提起水准瓶,旋转三通活塞,使定碳量气管中充满封闭液,关闭三通活塞,将水准瓶放在水准面上,静止两分钟,仔细观察量气管中的液面是否下落,吸收杯中是否有气泡通过,如果液面下移或有气泡通过,说明系统内有漏气的地方,应从头到尾逐步检查,确认没有任何漏气的情况再往下进行。

(2)空白试验:放平四通活塞、转动三通活塞,提起水准瓶,将量气管中的气体排尽,转动三通活塞、切断量气管于外界的通路,将水准瓶放在水准面上,竖直四通活塞,同时开启氧气开关和三通活塞,使气体慢慢充满量气管,同时注意定硫吸收杯,如果溶液的蓝色退去,应滴加定硫标准液,使保持原有的色调,密切注视量气管,当量气管中的红色液面接近零刻线 20~30mm 处时,迅速放平四通活塞,关闭氧气,旋转三通活塞,使量气管与吸收瓶连通,提起水准瓶,将吸收瓶中的气体全部抽回,当吸收瓶中的气体被抽尽时,将水准瓶靠近量气管,观察它们的红色液面,是否与量气定的零刻线齐,否则应找出原因,并重复以上的操作。

(3)样品测定:准确称取标样和试样(钢 1.0000g、生铁 0.2500g 于各自的瓷舟的样品中间,放置锡粒 3~4 粒)。

查看定碳仪是否处于以下各步的准备状态:(1)炉温已定温在 1250~1300℃以上;(2)定硫滴定管中充满溶液;(3)定硫吸收杯中已放进适当的吸收液瓶并已调以浅蓝色;(4)定碳吸收瓶中没有气体,其中的玻璃浮子顶到最上部;(5)三通活塞处于完全关闭状态;(6)量气管中无任何气体,全部被红色封闭液充满;(7)四通活塞在竖直位置上;(8)水准瓶放在水准面上。检查以上各步就位后,打开管式炉胶塞,取一已放好样品和锡粒的瓷舟放在管口处,用长钩将瓷舟推至管中最高温处,迅速塞紧胶塞,预热 1min。

缓缓开通氧气,同时旋转三通活塞,使气体通进量气管中,这时应密切注意定硫吸收杯中溶液的颜色,一旦变浅,则立即补加定硫标准液,始终维持原有的浅蓝色,同时注视量气管中红色液面下落情况,当该液面接近零线还有 20~30mm 位置时,放平三通后迅速放平四通活塞，使量气管与大气相通；先关闭氧气开关，再旋转三通活塞，使量气管与吸收瓶相通，提起水准瓶，将量气管中的全部气体压入吸收瓶中，以便吸收其中的二氧化碳气体，吸收完毕，放下水准瓶，将吸收瓶中剩余的气体全部抽回量气管中，关闭三通活塞、拿起水准瓶使靠近量气管，上下移动水准瓶，使水准瓶和量气管中的红色液面保持在同一个水平面上，立即读出量气管中液面所在刻线的数值（钢样读高的数值，生铁读小数值），记录读出的数值和定硫滴定管上消耗定硫标准液的毫升数按下式计算碳和硫的质量分数：

$w_{C(或S)}=M_{标}\times T_{样}/T_{标}$ （标样和样品称取克数相等）

$w_{C}=M_{标}\times G_{标}\ T_{样}/T_{标}\times G_{样}$（标样和样品称取克数不相等）

式中 $w_{C(或S)}$——样品中 C（或 S）的质量分数，%；

$M_{标}$——标样中碳或硫的质量分数，%；

$T_{标}$——测定标样时读出的碳的数值或消耗的定硫标准液的体积数，mL；

$T_{样}$——为测定样品时读出的碳的数值和消耗的定硫标准液体积数，mL。

或计算：

$$w_{S}=T_{S/KIO_3}\times V/G_{样}$$

$$w_{C}=A\%\times K/G_{样}$$

式中 T_{S/KIO_3}——每毫升 KIO_3 标液滴定 S 的克数，g/mL；

V——消耗定硫标准液的体积，mL；

$A\%$——量气管读数（含碳量，即在 101.3kPa，16℃时）；

K——在测量温度、压力下校正系数。

7.1.1.4 附注

（1）分析样品前，必须先做标样，标样结果不超公差，才能分析样品，所用同类标样含量与测定样品含量不宜相差过大，做标样前须做空白试验；（2）如连续操作时，S 系数波动较大，需带标样校正；（3）测定定碳试样后，换测低碳试样时，应先通一次氧以免低碳结果偏高；（4）试样要成为薄屑，均匀地密集平铺在瓷舟内，否则熔融不好，或有气泡生成，易将 SO_2 包住，使测定结果偏低。

7.1.2 红外吸收法测定钢及铁合金中的碳、硫

7.1.2.1 碳的测定——红外吸收法

A 方法要点

试样于高频感应的氧气炉中加热燃烧,生成 CO_2 由氧气载至红外线分析器的测量室,CO_2 吸收某特定波长的红外能,其吸收能与碳的浓度成正比,根据检测器接受能量的变化可测得碳的含量。

B 试剂

试剂有:

(1)高氯酸镁(无水):粒状;

(2)烧碱石棉:粒状;

(3)钨粒和锡粒:含碳量均小于0.002%;

(4)氧气:纯度大于99.95%;

(5)素质坩埚:在高于1200℃的高温炉中灼烧2h或通氧烧至空白值为最低,冷却后储于盛有碱石棉或碱石灰及无水氯化钙的不涂油的干燥器中备用。

C 仪器与设备

在红外吸收法测定碳简图,见图7-2。

(1)洗气瓶:内装烧碱石棉;

(2)干燥管:内装高氯酸镁;

(3)空气压缩机:无油压缩机。

D 分析步骤

(1)空白试验:称取0.5000g工业纯铁置于预先盛有0.3g锡粒的坩埚中,覆盖1.5g锡粒进行含碳量的测定,重复足够次数,直至得到低而比较一致的读数,记录至少三次读数,计算平均值。

(2)测定:将0.5000g试样置于预先盛有0.3g锡粒的坩埚内,覆盖1.5g锡粒进行含碳量的测定。当坩埚分析条件变化时,如仪器尚未预热到1h,氧气源,坩埚或助熔剂空白值发生改变时,都要求重新测定空白,并进行校正。

坩埚放到炉台坩埚座上,按仪器说明书进行操作,并记录分析结

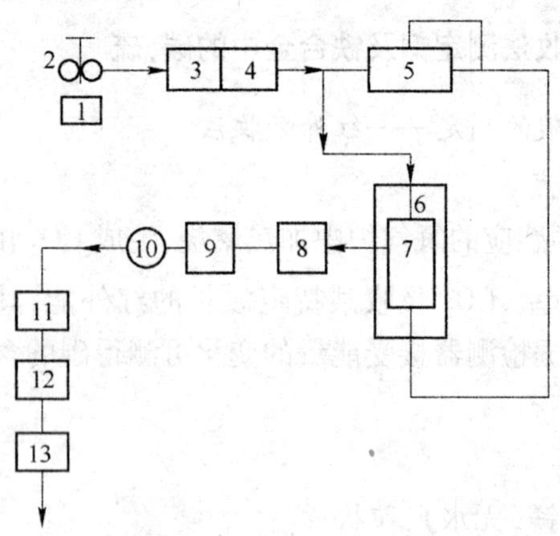

图 7-2 红外吸收法测定碳简图

1—氧气瓶;2—两级压力调节器;3—洗气瓶;4—干燥管;5—压力调节器;
6—高频感应炉;7—燃烧管;8—除尘器;9—干燥管;10—流量控制器;
11—一氧化碳转化为二氧化碳的转化器;12—除硫器;
13—二氧化碳红外检测器

果。

7.1.2.2 硫的测定——红外吸收法

A 方法要点

试样于高频感应炉的氧气炉中加热燃烧,生成二氧化硫由氧气载至红外线吸收器的测量室,二氧化硫吸收某特定波长的红外能,其吸收能量与二氧化硫的浓度成正比,根据检测器接受能量的变化可测得硫的含量。

B 试剂

试剂有:

(1)锡粒:含 S 量小于 0.0003%;

(2)钨粒:含 S 量小于 0.0002%;

(3)工业纯铁:纯度大于 99.8%,含 S 量小于 0.002%;

C 仪器及设备

红外吸收法测定硫设备见图 7-3。

其余试剂及仪器设备同 7.1.2.1 节碳的测定——红外吸收法。

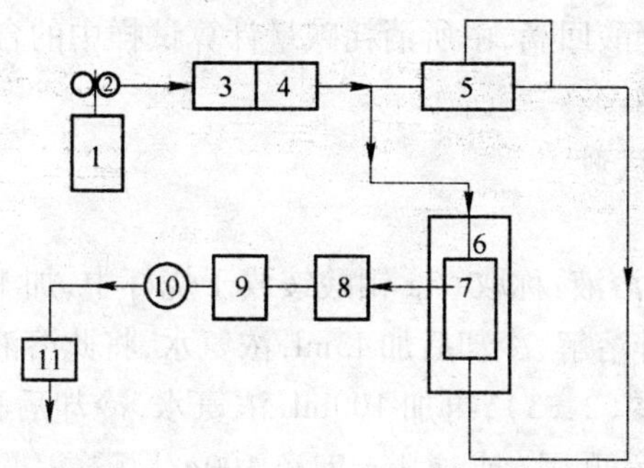

图 7-3 红外吸收法测定硫简图

1～10—同红外吸收法测定碳简图中的附注部分(见图 7-2 注)

11—二氧化硫红外检测器

D 分析步骤

空白试验:称取 0.5000g 工业纯铁置于预先盛有 0.3g 锡粒的坩埚中,覆盖 1.5g 钨粒进行含硫量的测定,重复足够次数,直至得到低而比较一致的读数,记录至少三次读数,计算平均空白值。当分析条件变化时,如仪器尚未预热到 1h,氧气源,坩埚或助熔剂空白值发生改变时,都要求重新测定空白,并进行校正。

测定:将 0.5000g 试样置于预先盛有 0.3g 锡粒的坩埚内,覆盖上 1.5g 钨粒,将坩埚放到炉台坩埚座上,按仪器说明书进行操作,并记录分析结果。

以上是常用的碳硫测定方法,此外还有电导法定碳、电导法定硫和非水定碳碘量法定硫两种方法。

7.2 磷的测定

7.2.1 碱容量法

7.2.1.1 *方法要点*

试样用酸溶解,形成正磷酸与亚磷酸,用高锰酸钾氧化,使之全部转化为正磷酸氧化后形成 MnO_2沉淀或有高价铬,用亚硝酸钠还原,再加入钼酸铵,生成磷钼酸铵沉淀,以标准氢氧化钠溶解,过量的氢氧化钠溶液用标准硝酸回滴,由所消耗碱量计算试样中的含磷量。此法主要适用于普通钢铁。

7.2.1.2 试剂

试剂有:

(1)钼酸铵溶液:称取65g钼酸铵放于烧杯中,加142mL热水(约70~80℃),搅拌溶解,冷却后加43mL浓氨水,将此溶液随着搅拌慢慢加入715mL硝酸(2+3),再加100mL浓氨水,冷却后移入试剂瓶中,放一日待澄清后再用(或加1~2滴100g/L磷酸氢二铵溶液静置12h),使用时过滤;

(2)硝酸标准溶液:0.07424mol/L;

(3)NaOH标准溶液:0.07424mol/L;

(4)中性水:以酚酞为指示剂,调整至中性。

7.2.1.3 分析步骤

称取0.5~1.0g试样,置于300mL锥形瓶中,加50mL HNO_3(1+3),加热溶解试样,难溶试样随时补加水,使溶液体积不小于30mL,于加热下滴加25g/L$KMnO_4$至生成MnO_2沉淀,微沸2~3min,使其氧化完全,滴加100g/L亚硝酸钠溶液至沉淀溶解,再沸1~2min,除尽氮氧化物(如系铁样,此时应以定性滤纸浆过滤,除去石墨碳及硅酸,并用硝酸溶液(2+98)洗原锥形瓶2~3次,洗残渣4~5次,滤液收集于另一锥形瓶中)。

将溶液体积调整约50mL,加热至沸后,取下稍冷到90℃左右,加入新过滤的50mL钼酸铵溶液,摇动5min,静置1h后,以定性滤纸浆过滤,用硝酸(2+98)将锥形瓶及沉淀各洗3次,用10g/L中性硝酸钾溶液,洗锥形瓶及玻璃棒5次,至无酸性反应,继续洗涤沉淀,至无酸性反应(于小量杯中加1滴NaOH标准溶液及1滴酚酞指示剂,收集2mL滤下液,红色褪),将沉淀及滤纸浆移入原锥形瓶中,加入20mL中性水,将沉淀散开,加3滴酚酞指示剂,加NaOH标准溶液至黄色沉淀溶解,溶液呈稳定红色再过量5mL,然后用40mL中性水冲洗瓶壁及玻璃棒,用HNO_3标准溶液滴定至红色消失为终点。计算磷的质量分数:

$$w_P = \frac{(V_{NaOH} - V_{HNO_3}) \times 0.0001}{G}$$

式中 0.0001——1mL0.07424mol/L NaOH 标准溶液相当于磷的克数,g/mL。

7.2.1.4 附注

(1)试样不能单独用盐酸、稀硫酸等非氧化性酸溶解,因为在溶解过程中磷生成磷化氢气体逸出。试样溶解时,应避免硅酸析出,否则它将夹杂于磷钼酸铵沉淀中消耗碱。

其反应为:

$$2Fe_3P + 12HCl = 6FeCl_2 + 2H_3P\uparrow + 3H_2\uparrow$$

$$2Fe_3P + 6H_2SO_4 = 6FeSO_4 + 2H_3P + 3H_2\uparrow$$

(2)磷钼酸铵沉淀的酸度以 2mol/L 为宜,酸度过大,沉淀速度慢,甚至不能生成沉淀。钼酸铵沉淀时的温度需严格控制,低温沉淀不完全,温度高钼酸铵分解,析出三氧化钼白色沉淀,滴定时多消耗 NaOH 标准溶液。

(3)在过滤沉淀时,要防止周围有氨气存在,因为氨气能使沉淀溶解。

(4)加入 NaOH 标准溶液后,放置时间不宜过久,防止周围环境中酸碱成分的影响。

(5)中性 KNO_3溶液主要是为了洗去沉淀中的硝酸,如用水洗对沉淀有溶解作用,KNO_3是一种强电解质,能防止沉淀在洗涤时成溶胶块,自能起同离子效应,最大限度降低沉淀的溶解度。

7.2.2 氟化钠—氯化亚锡快速比色法

7.2.2.1 方法要点

以硝酸溶解少量试样,用高锰酸钾将亚磷酸氧化为正磷酸,加入钼酸铵—酒石酸钾钠混合溶液,使生成磷钼杂元酸,然后以氟化钠—氧化亚锡溶液还原成磷钼蓝,趁热进行比色测定。

7.2.2.2 试剂

试剂有:

(1)钼酸铵—酒石酸钾钠溶液 用 100mL 80g/L 钼酸铵溶液,加入 8g 酒石酸钾钠溶解，混匀后备用，此溶液现用现配。

(2)氟化钠—氯化亚锡溶液 每 100mL 35g/L 的氟化钠溶液(已过滤)使用前加 0.40g 二氯化锡。

7.2.2.3 分析步骤

称取 0.05g 试样，倾入预置有 10mL 硝酸(1 +3)的 100mL 锥形瓶中，预热到 60～70℃，继续加热溶解，滴加 7 滴 25g/L 高锰酸钾溶液，煮沸至二氧化锰沉淀出现(约 30s)，立即加入 5mL 钼酸铵—酒石酸钾钠溶液，摇匀，再加入 40mL 氟化钠—氯化亚锡溶液，混匀，用 722 型分光光度计，于 680nm 波长处，用 1cm 比色皿，趁热进行比色。由标准曲线查得磷的含量。

标准曲线的测绘：用不同磷含量的相应钢种的标样，按上述方法操作，绘制标准曲线。

7.2.2.4 附注

(1)溶样时温度不宜过高，时间不宜过长，以免由于蒸发改变酸度。但必须驱尽氮氧化物，否则发色不稳定。

(2)加入高锰酸钾后必须煮沸至有二氧化锰沉淀生成，否则结果不稳定，但也不宜煮沸过久，高锰酸钾的加入量必须严格控制。

(3)酒石酸钾钠的作用是阻止硅的干扰，氟化钠的作用是掩蔽铁离子，生成$[FeF_6]^{3-}$和抑制硝酸的干扰。

(4)高磷试样，其中包括生铁的分析步骤有所不同，其具体作法如下：

称取 0.1～0.2g 试样，置于 100mL 带刻度锥形瓶中，加入 30mL 硝酸(1 +3)，低温溶解，待试样全溶后，滴加约 2mL 25g/L 高锰酸钾氧化至二氧化锰沉淀出现，煮沸 30min，取下滴加 100g/L 亚硝酸钠溶液还原至二氧化锰沉淀消失，并过量 1 滴，煮沸 30s，驱尽氮氧化物，取下用硝酸(1 +3)稀至 100mL，吸取 10mL 母液于 100mL 三角瓶中，加热至沸，立即加入 5mL 钼酸铵—酒石酸钾钠溶液，摇匀，再加入 40mL 氟化钠—氯化亚锡溶液，混匀，立即比色。

(5)耐热钢中磷测定。

1)试剂：①酒石酸钾钠—钼酸铵溶液：100mL80g/L 钼酸铵溶液加 12g 酒石酸钾钠钼酸铵溶液。②NaF-$SnCl_2$溶液：每 100mL 24g/LNaF 溶液中加 0.4g 氯化亚锡。

2)分析步骤:称取500mg试样于100mL三角瓶中,加3mL70%高氯酸,2mL盐酸,于电炉加热溶解,白烟冒至瓶口取下,稍冷,补加8mL硝酸(2+3),加热至沸,加10mL酒石酸钾钠—钼酸铵溶液,40mLNaF-$SnCl_2$溶液,趁热比色。

7.2.3 乙酸丁酯萃取磷钼蓝光度法

7.2.3.1 方法要点

在0.65~1.63mol/L硝酸或0.4~1.6mol/L硝酸—硫酸介质中,磷与钼酸铵生成磷钼杂多酸可被乙酸丁酯萃取,用氯化亚锡将磷钼杂多酸还原并反萃取至水相,于波长680nm处,测其吸光度。

在萃取溶液中含2.5μg锆,20μg砷,25μg铌、钽,50μg钛,500μg铈,1.5mg钨,2mg铜,3mg钴,5mg铬(Ⅲ)、铝,50mg镍,不干扰测定。若超出上述限量,砷用盐酸、氢溴酸驱除;钒用硫酸亚铁还原,锆以氢氟酸掩蔽;铬氯化成高价后加盐酸挥发除去;W在EDTA氨性溶液中以铍作载体将磷沉淀分离;铌、钛、锆、钽用铜铁试剂、三氯甲烷萃取除去。本法适用于生铁、铁粉、碳钢、合金钢、高温合金、精密合金。测定范围为0.001%~0.05%。

7.2.3.2 试剂

试剂有:

(1)50g/L硫酸亚铁溶液:每100mL溶液中加1mL硫酸(1+1)。

(2)氯化亚锡溶液:称取1g氯化亚锡($SnCl_2 \cdot 2H_2O$)溶于8mL浓盐酸中,用水稀释至100mL,用时现配。

(3)磷标准溶液:称取0.4393g基准磷酸二氢钾(KH_2PO_4)(预先经105℃烘干至恒重),用适量水溶解,加10mL浓硝酸移入1000mL容量瓶中,用水稀释至刻度,摇匀此溶液1mL含100μg磷。

移取20.00mL100μg/mL磷标准溶液,置于1000mL容量瓶中,加5mL浓硝酸,用水稀释至刻度,摇匀。此溶液1mL含2μg磷。

(4)20g/L硫酸铍溶液:以硫酸(1+100)配制。

7.2.3.3 分析步骤

称取试样(随同试样做试剂空白)置于锥形瓶中,加硝酸(1+2)加热溶解,加8mL70%高氯酸蒸发冒烟至烧杯内部透明并回流约5~

6min，蒸发至近干，冷却。加 30mL 硝酸（1 +2）加热溶解盐类，滴加 100g/L 亚硝酸钠溶液至铬还原成低价并过量数滴，煮沸驱除氮氧化物。冷却至室温，移入 100mL 容量瓶中，用水稀释至刻度，摇匀。移取 10.00mL 试液，置于 60mL 分液漏斗中，加 2 ~ 3 滴硫酸亚铁溶液、15mL 乙酸丁酯、5mL100g/L 钼酸铵溶液，剧烈振荡 40 ~60s，静置分层后，弃去下层水相，加 10mL 盐酸（1 +5），振荡 15s，静置分层后，弃去下层水相，加 15mL 氯化亚锡溶液，振荡 20 ~30s，静置分层后，将水相移入比色皿中，以水为参比，在分光光度计上，于波长 680nm 处测其吸光度，减去试剂空白的吸光度，从工作曲线上查出相应的磷量。

工作曲线的绘制：移取 0.00mL、1.00mL、2.00mL、3.00mL、4.00mL、5.00mL2μg/mL 磷标准溶液，分别置于 6 个 60mL 分液漏斗中，加 3mL 硝酸（1 +2）[以浓硝酸煮沸除去二氧化氮，冷却后稀释]，用水稀释至 10mL，加 15mL 乙酸丁酯、5mL 钼酸铵溶液，剧烈振荡 40 ~60s，以下按分析步骤进行，但不加硫酸亚铁，测其吸光度，减去不加磷标准的显色液的吸光度，绘制工作曲线。

磷的质量分数计算：

$$w_{\mathrm{P}} = \frac{r \times 10^{-6}}{G \times \frac{V_1}{V}}$$

式中　r——自工作曲线上查得磷量，μg；

V, V_1——试液总体积与移取试液体积，mL。

7.2.3.4　附注

（1）称取试样级加入试剂参照表 7-1。

表 7-1　称取试样级加入试剂参照

含量（质量分数）范围/%		0.001 ~0.01	0.01 ~0.03	0.03 ~0.05
称样量/g		1.0000	0.3000	0.2000
加硝酸（1 +2）/mL		40	25	20
加高氯酸（d =1.67）/mL		10	7	5
加 100g/LEDTA/mL	铁基	80	30	20
	镍基	20	10	5

用硝酸(1+2)不能溶解的试样可加10~15mL浓盐酸助溶。

如试样中含砷、锰、铬不超过限量,而用硝酸(1+2)能够溶解,可在硝酸溶解后滴加高锰酸钾溶液呈稳定红色,煮沸1~2min,取下,滴加亚硝酸钠溶液至沉淀溶解,煮沸一分钟驱除氮氧化物,冷却至室温,移入100mL容量瓶中,以下按分析步骤进行。

(2)如试样中含锰超过2%时多加5mL高氯酸,蒸发冒高氯酸烟至锥形瓶内部透明并回流20~25min。铬含量超过50mg时,蒸发至冒高氯酸烟,铬氧化至6价后,滴加2~3mL浓盐酸挥铬,重复操作2~3次,残余的铬用亚硝酸钠还原。

(3)含砷超过限量时,高氯酸冒烟后,稍冷,加10mL浓盐酸、5mL氢溴酸驱砷,继续蒸发至锥形瓶内部透明并回流3~4min。

(4)含钨试样用20mL水溶解盐类,加10mL硫酸铍溶液,10% EDTA溶液(参考附注(1))、2g草酸,用氢氧化铵中和至pH值为3~4,用水稀释至约60mL,煮沸2~3min,再加10mL氢氧化铵,煮沸1min,冷却至室温,过滤,用氢氧化铵(1+50)洗净,沉淀用水冲入原锥形瓶中,加30mL硝酸(1+2)溶解残留在滤纸上沉淀,滤纸用水洗净后弃去,滤液按分析步骤进行。

(5)含钛、铌、锆、钽钢,加10mL水、15mL硫酸(1+2)溶解盐类,滴加亚硝酸钠溶液还原6价铬后,煮沸驱除氮氧化物,取下趁热加5mL氢氟酸(1+10),混匀,冷却至室温移入100mL容量瓶中,用水稀释至刻度,摇匀,移入塑料瓶中。移取10.00mL试液,置于30mL分液漏斗中,加0.4~0.8g铜铁试剂,20mL三氯甲烷,振荡1min,静置分层后,弃去有机相,于水溶液中加1mL6%铜铁试剂溶液,10mL三氯甲烷,振荡40s,静置分层后,弃去有机相,于水溶液中再加10mL三氯甲烷,振荡30s,静置分层后弃去有机相(如铜铁试剂尚未洗净,则再洗涤1次),加0.04~0.1g硼酸、煮沸过的1mL硝酸(1+2),振荡10~15s,以下按分析步骤进行,但不加硫酸亚铁。

含钨、钛、铌、锆、钽钢,先按含钨钢处理后,再按含钛,铌,锆,钽钢处理。

(6)含锆钢加5mL氢氟酸,用(1+10)混匀,冷却至室温,加20mL 20g/L硼酸溶液,移入100mL容量瓶中,用水稀释至刻度,摇匀,移入塑料瓶中，以下按分析步骤进行。

（7）如室温低于15℃，使反应速度慢，萃取回收率低，因此须在15℃以上操作，工作曲线也在同样条件下绘制。

7.2.4 铋磷钼蓝光度法

7.2.4.1 方法要点

试样溶解后，冒硫酸烟，使硅脱水除去，用高锰酸钾将磷氧化为正磷酸，在0.8～1.2mol/L酸度下，与铋钼酸铵生成三元络合物，用抗坏血酸还原为铋磷钼蓝，在分光光度计上于波长700nm处测定吸光度。

7.2.4.2 试剂

试剂有：

（1）抗坏血酸溶液20g/L：当日配制。

（2）铋盐溶液：称取4g金属铋或称9.30g硝酸铋[$(Bi(NO_3)_3 \cdot 5H_2O)$]，置于烧杯中，加25mL硝酸，加100mL水，加热溶解后煮沸，驱尽氮氧化物，加100mL H_2SO_4（1+1），冷却至室温，移入1000mL容量瓶中，用水稀释至刻度，混匀。

（3）磷标准溶液

1）磷储备液，100μg/mL：准确称取0.2196g预先在105～110℃烘至恒量的磷酸二氢钾基准试剂（质量分数大于99.9%）。置于250mL烧杯中，溶于适量水中，加5mL硫酸（1+1），冷却至室温后，移入500mL容量瓶中，用水稀释至刻度，混匀。此溶液1mL含100μg磷。

2）磷标准溶液，10.0μg/mL：分取50.00mL磷储备液（100μg/mL）于500mL容量瓶中，用水稀释至刻度，混匀。此溶液1mL含10.0μg磷。

3）磷标准溶液，5.0μg/mL：分取25.00mL100μg/mL磷于500mL容量瓶中，用水稀释至刻度，混匀。此溶液1mL含5.0μg磷。

7.2.4.3 分析步骤

（1）称取0.2000g试样于150mL烧杯中，加10mL硝酸（1+1）加热至试样全部溶解，加10mL硫酸（1+1），继续加热至冒硫酸烟，取下，冷却后加30mL水，加热使盐类溶解，滴加40g/L高锰酸钾溶液至呈稳定红色，煮沸2min，滴加100g/L亚硝酸钠溶液至红色消失，煮沸

1min,驱尽氮氧化物,冷至室温,移入100mL容量瓶中,以水稀稀至刻度,摇匀(溶液不澄清应过滤)。

(2)移取20mL试液于50mL容量瓶中,加2.5mL铋盐溶液,加5mL 30g/L钼酸铵溶液,用少量水冲洗瓶口,摇匀,沸水浴加热15s,加5mL抗坏血酸溶液,用水稀释至刻度摇匀,放置20min,以试剂空白为参比,于波长700nm处测定吸光度。

(3)工作曲线绘制:称取与试样量相同的不含磷或已知磷含量的高纯铁,按上述步骤(1)进行。分取10.00mL此溶液数份于一组50mL容量瓶中,加入0mL、1.00mL、3.00mL、4.00mL、5.00mL、6.00mL磷标准溶液[磷含量小于0.05%的试样为磷标准溶液(5.0μg/mL);磷含量大于0.05%的试样为磷标准溶液(10μg/mL)],按上述步骤(2)进行。以未加磷标准溶液的溶液为参比,测量吸光度。以磷的质量为横坐标、吸光度为纵坐标,绘制工作曲线。根据工作曲线查取未知液浓度,再计算含磷量。

7.2.4.4 *附注*

(1)显色后室温低于20℃应增加放置时间,或于30℃水浴上保温20min;(2)显色液应保持有2mL硫酸(1+1),如不足应补加;(3)试样难溶时可加少量氢氟酸助溶。

以上是比较常用的钢铁中磷的测定方法,此外还有萃取分离8-羟基喹啉重量法、二安替吡啉甲烷重量法、分离正丁醇萃取硅钼蓝光度法和电感耦合等离子体发射法等。

7.3 硅的测定

7.3.1 硅氟酸钾容量法

7.3.1.1 *方法要点*

试样用硝酸、氢氟酸溶解,使硅转化为硅氟酸,控制溶液酸度在2~3mol/L,加入大量硝酸钾,使其生成硅氟酸钾沉淀,与大量铁等干扰分离。将沉淀过滤,洗净游离酸,加沸水使沉淀水解析出氢氟酸,以溴麝香草酚蓝为指示剂,用氢氧化钠标准溶液滴定游离出的氢氟酸。根据所消耗氢氧化钠标准滴定溶液的体积,计算出硅的质量分数。

7.3.1.2 试剂

试剂有：

(1)硝酸钾洗涤液：取100g硝酸钾，溶于900mL水中，再加100mL无水乙醇。

(2)硝酸钾乙醇溶液：1份乙醇与1份水混合后加硝酸钾至饱和。

(3)中性水：将蒸馏水煮沸，加溴麝香草酚蓝指示剂数滴，氢氧化钠标准溶液(0.1mol/L)2滴，煮至溶液呈绿色。

(4)溴麝香草酚蓝指示剂：1g/L乙醇溶液。

(5)氢氧化钠标准溶液：c_{NaOH} =0.05000mol/L、0.1000mol/L配制：称取2g(或4g)氢氧化钠，溶于1000mL经煮沸并冷却的蒸馏水中，加20mL氢氧化钡溶液(100g/L)，静置，使氢氧化钡完全沉淀，用虹吸管将澄清液吸入另一瓶中。

标定：称取0.2450g(或0.4901g)苯二甲酸氢钾基准试剂(预先在105~110℃烘1h，冷至室温)，置于300mL烧杯中，加入200mL煮沸并已冷却的蒸馏水。搅拌使其溶解，加5滴混合指示剂，用氢氧化钠标准溶液滴定至溶液出现稳定的紫色为终点，随操作做空白试验：

$$c_{NaOH}=\frac{m_1}{(V_1-V_0)\times 0.2042}$$

式中 m_1——称取苯二甲酸氢钾基准试剂的重量，g；

V_1——滴定时消耗的氢氧化钠标准滴定溶液的体积，mL；

V_0——滴定空白溶液消耗的氢氧化钠标准滴定溶液的体积，mL。

7.3.1.3 分析步骤

根据试样含硅量称取0.1~0.5g试样于石英烧杯中，加10mL硝酸，5mL46%氢氟酸，在室温下溶解(或加10mL盐酸，5mL46%氢氟酸，5mL硝酸，在沸水浴上溶解)。

试样溶解以后，加20mL硝酸钾饱和溶液，少许滤纸浆，摇匀，在冷水浴中放置10min以上，使氟硅酸钾沉淀完全。

用塑料漏斗，慢速滤纸过滤，用硝酸钾洗液洗涤烧杯及滤纸各2~3次(每次用少量洗液冲洗)，将沉淀连同滤纸放入原烧杯中，加10mL硝酸钾乙醇溶液，用塑料棒捣碎，加8滴溴麝香草酚蓝指示剂，滴加 0.1mol/L 氢氧化钠标准溶液至恰逢蓝色(不计量),加 100~150mL 沸腾之中性水,再用 NaOH 标准液滴定至蓝色为终点:

$$w_{\mathrm{Si}}=\frac{c\times V\times 7.02}{1000G}$$

式中 c——NaOH 标准滴定溶液的浓度,mol/L;

V——滴定所消耗 NaOH 的体积,mL。

7.3.2 高氯酸脱水质量法

本方法适用于硅铁、硅钙合金、硅钙钡、硅锰、硅铬稀土硅铁、硅铬合金中硅的测定。测定范围 30.00%~98.00%

称取 0.2000g 试样(含硅量低于 50% 时,称 0.5000g),于镍(铁)坩埚中,先加 2g 碳酸钠,混匀后再覆盖一层,然后置于高温炉中,先低温后高温(700℃左右)进行熔融后取出,立即加入 4g 左右过氧化钠,继续熔融至完全分解后取出,冷却[或直接加入 5g 混合熔剂($Na_2CO_3+Na_2O_2=1+2$),先低温加热焙烘至熔剂焦黄,再于 700℃熔融]。

注:1. 先加 2gNa_2CO_3与样品混合到 700℃马弗炉里熔 5min,取出,稍冷后,加 4gNa_2O_2,盖上到电炉口烧,再去马弗炉里烧;2. 称 6g 混合熔剂,其中 4g 与试样混合,混合后上盖 2g。

将坩埚外壁用水洗净后置于烧杯中,用 80mL 热水浸出熔块,立即加入 35mL 盐酸酸化后,加 40mL70% 高氯酸,盖上表面皿,留有缝隙,置于电热板上加热至冒白烟,继续回流 20min,直至残留物呈糊状,取下冷却。沿杯壁加 20mL 盐酸(1+1),用少许热水冲洗表面皿及杯壁,再加入 100mL 热水(80℃以上),搅拌使盐类溶解,趁热用中速定量滤纸过滤,将沉淀移入滤纸上,用擦棒仔细擦洗玻璃棒及杯壁,用热盐酸(5+95)洗净烧杯及玻璃棒,洗涤沉淀至无铁(镍)离子,(约洗 5~6次)(用 50g/L 硫氰酸钾溶液检查),再用热水洗至无氯离子,(用硝酸银溶液检查)约 7~9 次。

将沉淀用滤纸置于铂坩埚中,加入 4 滴氢氧化铵(分散滤纸帮助碳化),在电炉上加热逐渐使其碳化,完全氧化后,置于 1000℃灼烧 30min,取出稍冷,置于干燥器中,冷却至室温后,称量并反复灼烧至恒重。

将不纯的二氧化硅用数滴水润湿,加入 4 滴硫酸(1+1),6mL

46% HF,置于电热板或低温电炉上,蒸发至冒硫酸烟,稍冷,再加入4mL 46% HF,继续加热蒸发至冒尽硫酸烟,将坩埚置于1000℃中灼烧30min,取出稍冷,置于干燥器中,冷却至室温后称量并反复灼烧至恒重。

注:1. 当硅锰中的硅低(10%左右)时,称取0.5g或0.3g碱熔后,先酸化再煮沸,加H_2O_2除锰;2. 飞硅时,硅钙钡合金加4滴H_2SO_4(1+1),应防止生成$BaSO_4$沉淀而使结果偏低;硅钙最后还要加几滴$HClO_4$。

7.3.3 硅钼蓝光度法

7.3.3.1 *方法要点*

试样用硝酸溶解,在0.1~0.5mol/L酸度下,硅与钼酸铵生成硅钼杂多酸,用草酸破坏磷、砷的干扰,加入硫酸亚铁铵溶液将硅钼杂多酸还原为钼蓝,测其吸光度。本法适用于生铁,铁粉,碳钢,低合金钢。测定范围为0.030%~1.0%。

7.3.3.2 *试剂*

试剂有:

(1)200μg/mL硅标准溶液:用下列方法之一配制。

1)称取0.4279g二氧化硅(99.9%以上。预先经1000℃灼烧1h后,置于干燥器中,冷却至室温)置于加有3g无水碳酸钠的铂坩埚中,上面再覆盖1~2g无水碳酸钠。将铂坩埚先于低温加热。再置于950℃高温处加热熔融至透明,继续加热熔融3min,取出,冷却,用盛有冷水的塑料杯浸出熔块至完全溶解,取出坩埚,仔细擦洗冷却至室温,移入1000mL容量瓶中,用水稀释至刻度,摇匀,贮于塑料瓶中。此溶液1mL含200μg硅。

2)称取0.1000g经磨细的单晶硅或多晶硅,置于塑料烧杯中,加10g氢氧化钠,加50mL水。轻轻摇动,放入沸水浴中,加热至透明全溶,冷却。移入500mL容量瓶中,用水稀释至刻度,摇匀。贮于塑料瓶中。此溶液1mL含200μg硅。

20μg/mL硅标准溶液:移取100.00mL200μg/mL硅标准溶液,置于1000mL容量瓶中,用水稀释至刻度,摇匀。贮于塑料瓶中,此溶液1mL含20μg硅。

(2)草硫混酸:配法见6.1.1.2(2)。

7.3.3.3 分析步骤

称0.2000g试样于150mL烧杯中,加20mL硝酸(1+3)[也可用30mL硫酸(1+17)溶解],低温加热溶解,待试样完全溶解后,用水冲洗杯壁,滴加40g/L高锰酸钾溶液至稳定红色,煮沸至二氧化锰沉淀析出,滴加20g/L亚硝酸钠溶液至沉淀消失,煮沸1min,驱尽氮氧化物,冷至室温,移入100mL容量瓶中,用水稀至刻度摇匀。移取10mL试液两份,分别置于100mL容量瓶中,加10mL水。

显色液:小心加5mL 50g/L钼酸铵溶液,摇匀,于沸水浴中加热30s,流水冷却至室温,加10mL草硫混酸溶液,摇匀。待沉淀溶液溶解后半分钟内,加10mL硫酸亚铁铵溶液,用水稀释至刻度,摇匀。

参比液:先加10mL草硫混酸溶液,其他同显色液。

工作曲线的绘制:称取数份已知含微量硅的纯铁或低硅钢作底样。移取0mL、0.50mL、1.00mL、2.00mL、3.00mL、4.00mL、5.00mL、6.00mL 20μg/mL硅标准溶液,分别置于上述数份底样中,以下按分析步骤进行。用标准溶液中硅量和底样中硅量之和对测得的吸光度绘制工作曲线。

将上述溶液分别于分光光度计上,在波长680nm处,测其吸光度。从工作曲线上查出相应的硅量。

硅的质量分数计算:

$$w_{\mathrm{Si}} = \frac{V \times r \times 10^{-6}}{G \times V_1}$$

式中 w_{Si}——试样中硅的质量分数,%;

r——从工作曲线上查得硅量,μg;

V——试液总体积,mL;

V_1——移取试液体积,mL。

7.3.4 普通钢铁快速法

称取0.2g钢样于100mL带刻度标线的锥形瓶中,加15mL硝酸(1+3),在低温电炉上加热溶解,沸腾驱除氮氧化物,取下,加2mL 25g/L高锰酸钾溶液,加热至出现二氧化锰沉淀,取下,滴加100g/L亚硝酸钠溶液还原至二氧化锰沉淀消失，并过量一滴，煮沸 30s，驱除氮氧化物，取下稀释到 100mL，混匀。

用移液管移取 5mL 样液，加 1.5mL80g/L 钼酸铵溶液，在沸水浴中加热 20s，加 5mL 40g/L 草酸溶液，36mL 水，2.5mL 60g/L 硫酸亚铁铵溶液，定容摇匀，用 722 型比色计，于 670nm 波长处，用 1cm 比色皿，以水为空白进行比色。从标准曲线上查得硅含量。

标准曲线绘制：选用不同含硅量标钢 5～7 个同上操作，所得数据与硅含量绘制曲线。

7.4 锰的测定

7.4.1 亚砷酸钠—亚硝酸钠快速容量法

此方法适用于普通钢、高锰钢及含铬 2% 以下的钢样。

7.4.1.1 试剂

试剂有：

(1) 硫磷混酸：160mL 浓硫酸和 80mL 浓磷酸，缓缓倒入 700mL 水中，并不断搅拌，冷却。

(2) 硫磷硝混酸：将 100mL 浓硫酸，125mL 浓磷酸，250mL 浓硝酸，缓缓倒入 525mL 水中，并不断搅拌，冷却。

(3) 锰标准溶液：0.50mg/mL

称取 1.4383g 基准高锰酸钾，置于 600mL 烧杯中，加入 30mL 水溶解，加 10mL 硫酸（1＋1），滴加过氧化氢至红色恰好消失，加热煮沸 5～10min，冷却后，移入 1000mL 容量瓶中，用水稀释至刻度，混匀。此溶液 1mL 含 0.50mg 锰。用时再用草酸钠（基准试剂）标定。

(4) 亚砷酸钠—亚硝酸钠标准液：称取 1.63g 亚砷酸钠和 0.86g 亚硝酸钠，置于 1000mL 烧杯中，用水溶解并稀释至 1000mL，混匀。或称取 1.25～1.30g 三氧化二砷，置于 1000mL 烧杯中，加 25mL 氢氧化钠溶液（150g/L），低温加热溶解，用水稀释至 200mL，滴加硫酸（2＋3）使溶液呈酸性并过量 2～3mL，然后用碳酸钠溶液（150g/L）中和至 pH 值为 6～7，再加 0.869g 亚硝酸钠，用水稀释至 1000mL，混匀。

标定时称取与试料同量的纯铁（含锰量不大于 0.001%）3 份，分别置于300mL锥形瓶中,加30mL硫磷混酸(15+15+70),加热溶解后,滴加硝酸破坏碳化物,煮沸驱尽氮氧化物,取下冷却后,分别加入锰标准溶液(其量与试样中锰含量相近)(V_1),用水稀释至体积约80mL。三份溶液所消耗亚砷酸钠—亚硝酸钠标准滴定溶液的毫升数(V_2)的极差值不超过0.05mL。取其平均值。

$$T_{Mn}=c\times V_1/V_2$$

式中 T_{Mn}——单位体积亚砷酸钠—亚硝酸钠标准滴定溶液相当于锰的质量,mg/mL。

7.4.1.2 分析步骤

称取0.5000g试样(高锰钢称取0.05000g试样),置于250mL锥形瓶中,加30mL硫磷混酸,加热至试样完全溶解,滴加浓硝酸氧化(如试样系高锰钢或普碳钢,则以30mL硫磷硝混酸溶样,不需加硝酸氧化),煮沸2~3min,除去氮氧化物(如有不溶碳化物,应将溶液蒸发至硫磷混酸近冒烟时,再须滴加硝酸破坏)。

注:如含铬量大于5mg的试样,将试料置于300mL锥形瓶中,加10~20mL王水,加热溶解(高硅试样可滴加数滴HF),加10mL70%高氯酸,加热蒸发冒烟使3价铬氧化至6价铬后,分数次滴加盐酸,每次加入盐酸后需加热至冒烟。蒸发至溶液呈糖浆状,取下稍冷,沿瓶壁加15mL硫磷混酸(1+1+1),加热蒸发至冒硫酸烟1~1.5min,取下冷却,用水稀释至体积约80mL。

如系分析生铁,在煮沸除去氮氧化物之后,加25mL水,过滤,用硝酸溶液(2+98)洗涤2~4次。将溶液加水稀释至80mL左右,加5mL 17g/L硝酸银溶液及10mL 250g/L过硫酸铵溶液,加热并煮沸30~45s。停止加热,将热溶液静置2min,然后用流水冷却至室温。加10mL硫酸(2+3)(若溶样时用的硫磷硝混酸,则不必加入)及5mL10g/L氯化钠溶液,立即用亚砷酸钠—亚硝酸钠标准溶液滴定,开始时滴定速度应在5~6mL/min,接近终点时应减慢滴定速度,当溶液由淡红色突然变白时,滴定即达终点。记下滴定时所消耗的标准溶液毫升数。

7.4.1.3 附注

(1)磷酸的存在可以稳定易分解的高锰酸,同时也可络合溶液中的Fe^{3+}成无色络合物,使滴定终点清晰。高锰酸生成后,应避免长时间的煮沸,以防其分解使结果偏低。

(2)氧化锰时,酸度以1~1.5mol/L为宜。酸度过大,高锰酸不易形成;酸度小时高锰酸生成速度慢或易生成MnO_2沉淀。

(3)滴定前将溶液冷却,使在短时间滴定过程中,氯离子不至于还原高锰酸而影响分析结果。

(4)氯化钠的量加入不足,硝酸银不能完全除去,就有可能与溶液中残留的过硫酸铵反应,将已被还原的Mn^{2+}重新氧化成Mn^{7+};氯化钠加入过多,又会还原高锰酸,发生下列反应:

$$2HMnO_4 + 14Cl^- + 14H^+ = 2MnCl_2 + 8H_2O + 5Cl_2 \uparrow$$

因此,氯化钠的加入量严格按操作规程所规定的量加入。

(5)应用亚砷酸钠—亚硝酸钠混合液的原因是:仅用亚砷酸钠标准液还原高锰酸,反应速度快,但不能完全把高价锰还原至2价锰,溶液中存在Mn^{3+}、Mn^{4+},终点不好观察。仅用亚硝酸钠虽然能把高价锰还原成2价锰,终点易观察,但反应较慢,本身不稳定。用混合酸可以取长补短,但反应仍然不是定量进行,因亚硝酸钠在酸性溶液中不稳定,在滴定过程中有部分亚硝酸分解,滴定越快,分解越多,所以只能用标钢求滴定度,不能用理论值计算锰含量。

(6)当试样的锰含量大于2%时,由于溶液中高锰酸的浓度太大易分解,(在磷酸存在的情况下,一般100mL溶液中不得超过0.01g锰),此时可适当减少称样克数。

(7)如分析生铁终点不好观察,可在试样溶解后用滤纸浆过滤,以硝酸(2+98)洗涤。

(8)耐热钢中锰的分析方法:称取100mg试样于250mL锥形瓶中,加6mL70%高氯酸,5mL浓盐酸,待试样全溶后(白烟冒至瓶口),加0.3g固体氯化钠,冒烟至瓶口,取下加10mL硝酸(1+3)加热至沸,取下,加20~30mL水,加5mL硝酸银溶液,加10mL 300g/L过硫酸铵氧化至沸约30s,停止加热,将热溶液静置2min,加50mL水,加5mL氯化钠溶液,最后用亚砷酸钠—亚硝酸钠标准溶液滴定。

7.4.2 高碘酸钠(钾)氧化光度法

7.4.2.1 *方法要点*

试样经酸溶解后,在硫酸、磷酸介质中,用高碘酸钠(钾)将锰氧化至7价，测其吸光度。本法适用于生铁、铁粉、碳钢、合金钢、高温合金和精密合金。测定范围为0.01%～2.0%。

7.4.2.2 试剂

试剂有：

(1)磷酸高氯酸混合酸：浓磷酸∶高氯酸=3∶1。

(2)50g/L 高碘酸钠(钾)溶液：称取5g高碘酸钠(钾)，置于250mL烧杯中，加60mL水、20mL浓硝酸，温热溶解后，冷却，加水稀释至100mL。

(3)锰标准溶液：0.5mg/mL；锰标准溶液：0.1mg/mL。

(4)不含还原物质的水：将去离子水(或蒸馏水)加热煮沸，每升用10mL硫酸(1+3)酸化，加几粒高碘酸钠(钾)，继续加热煮沸几分钟，冷却后作用。

7.4.2.3 分析步骤

称取试样置于150mL锥形瓶中，加15mL硝酸(1+4)，低温加热溶解加10mL磷酸高氯酸混合酸，加热蒸发至冒高氯酸烟(含铬试样需将铬氧化)稍冷，加10mL硫酸(1+1)，用水稀释至约40mL，加10mL高碘酸钠(钾)溶液，加热至沸并保持2～3min(防止试液溅出)冷却至室温，移入100mL容量瓶中，用不含还原物质的水稀释至刻度，摇匀。

将上述显色溶液移入液槽中，向剩余的显色液中，边摇动边滴加10g/L 亚硝酸钠溶液至紫红色刚好褪去，将此溶液移入另一液槽中为参比，在分光光度计上，于波长530nm处，测其吸光度。从工作曲线上查出相应的锰量。

工作曲线的绘制：移取不同量的锰标准溶液5份，分别置于5个150mL锥形瓶中，加10mL磷酸高氯酸混合酸，以下按分析步骤进行，测其吸光度。绘制工作曲线。

锰的质量分数计算：

$$w_{\mathrm{Mn}}=\frac{r\times 10^{-6}}{G\times\frac{V_1}{V}}$$

式中 r——工作曲线上查得锰量，μg；

V——试液总体积,mL;

V_1——移取试液体积,mL。

7.4.2.4 附注

(1)称取试样级加入试剂与液槽选择参照表7-2。

表7-2 称取试样级加入试剂与液槽选择

含量范围/%	0.01~0.1	0.1~0.5	0.5~1.0	1.0~2.0
称样量/g	0.5000	0.2000	0.2000	0.1000
标准溶液浓度/μg·mL^{-1}	100	100	500	500
标准溶液加入量/mL	0.50	2.00	2.00	2.00
	2.00	4.00	2.50	2.50
	3.00	6.00	3.00	3.00
	4.00	8.00	3.50	3.50
	5.00	10.00	4.00	4.00
液槽/cm	3	2	1	1

(2)高硅试样滴加3~4滴HF。

(3)生铁试样用硝酸(1+4)溶解时滴加3~4滴HF,试样溶解后取下稍冷,用快速滤纸过滤于另一150mL锥形瓶中,用热硝酸(2+98)洗涤原锥形瓶和滤纸4次,于滤液中加10mL磷酸高氯酸混合酸,以下按分析步骤进行。

(4)高铬镍试样用10mL盐硝混合酸溶解或用其他比例的酸溶解,然后再加10mL磷酸—高氯酸混合酸,以下按分析步骤进行。

(5)高钨(5%以上)试样或难溶试样,可加15mL磷酸高氯酸混合酸,低温加热溶解,并加热蒸发至冒高氯酸烟,以下按分析步骤进行。

(6)含钴试样用亚硝酸钠溶液褪色时,钴的微红色不褪,可按下述方法处理:不断摇动容量瓶,慢慢滴加10g/L亚硝酸钠溶液,若试样微红色无变化时,将试液置于液槽中测其吸光度,向剩余试液中再加一滴10g/L亚硝酸钠溶液,再次测其吸光度,直至两次吸光度无变化即可以此溶液为参比。

7.4.3 高锰酸比色法

7.4.3.1 方法要点

试样用硝酸溶解，以硝酸银为触媒，用过硫酸铵将低价锰氧化成紫红色高锰酸，借此进行比色测定。本方法适用于普通钢中锰的测定。

7.4.3.2 分析步骤

称取0.1000g试样，置于100mL带刻度锥形瓶中，加15mL HNO_3(1+3)，加热溶解试样。驱尽氮氧化物，取下加30mL水，4mL17g/L硝酸银溶液，10mL 300g/L $(NH_4)_2S_2O_8$溶液，煮沸15s，取下，静置2min，以流水冷却至室温，用水稀释至刻度，混匀。用722型分光光度计，在540nm波长处，以水为空白进行比色，从曲线上查得结果。

如锰量高时(1.6%以上)，可称0.07g样品，以下处理同上，直至冷却后稀释至刻度。倒入250mL三角瓶中，加75mL水，混匀，进行比色，以标准样品的吸光度换算系数计算锰量。

标准曲线的绘制：以各种不同含锰量之标钢，按上述方法操作绘制曲线。

以上是常用的钢铁中锰的测定方法，此外还有原子吸收光谱法和电感耦合等离子体发射法等。电感耦合等离子体发射法的仪器操作说明见9.3.2节操作步骤。

7.5 铬的测定

7.5.1 高氯酸氧化法

7.5.1.1 方法要点

试样用酸溶解、高氯酸将Cr^{3+}氧化成Cr^{6+}，用硫酸亚铁铵还原滴定，将Cr^{6+}还原成Cr^{3+}，根据消耗硫酸亚铁铵的量来计算铬中的含量。

7.5.1.2 分析步骤

称取0.1000g试样于100mL三角瓶中，加3mL 60%～70%高氯酸、2mL盐酸于电炉上加热溶解至高氯酸烟冒至瓶口。取下，冷却，溶液呈砖红色，加10mL硫磷混酸(760mL水中加硫酸160mL和磷酸

80mL)溶解盐类,加20mL水,3~5滴2g/L N-苯代邻氨基苯甲酸指示剂,用0.005mol/L硫酸亚铁铵标准溶液滴至亮绿色为终点。代相应的标钢进行换算:

$$w_{\mathrm{Cr}} = \frac{w_{标钢}}{V_1} \times V_2$$

式中　$w_{标钢}$——标钢中含铬的质量分数,%;

V_1——标钢消耗硫酸亚铁铵的毫升数,mL;

V_2——试样中消耗硫酸亚铁铵的毫升数,mL。

7.5.2　碳酸钠分离——二苯碳酰二肼光度法

本方法适用于碳素钢、低合金钢和精密合金中0.005%~0.500%铬量的测定。

7.5.2.1　方法要点

试样用酸溶解后,在硫酸溶液中以高锰酸钾氧化铬至6价。6价铬在0.025~0.1mol/L硫酸溶液中与二苯碳酰二肼生成紫色络合物,测量其吸光度。

当共存200mg铁、60mg镍、40mg钴经分离后,对测定25μg铬无影响,当共存1mg铜、钒、2mg钼、铝、12mg钨经分离后,对测定1000μg铬不干扰。

7.5.2.2　试剂

试剂有:

(1)2.5g/L二苯碳酰二肼:称取0.25g二苯碳酰二肼溶于94mL无水乙醇及6mL冰乙酸中,贮存于棕色瓶中。

(2)铬标准溶液:

1)称取0.2829g基准铬酸钾(预先经150℃烘1h后,置于干燥器中冷至室温)溶于水后移入1000mL容量瓶中,加水稀释至刻度,摇匀。此溶液含100μg/mL铬。

2)移取25.00mL100μg/mL铬标准溶液,置于500mL容量瓶中,用水稀释至刻度,摇匀。此溶液含5μg/mL铬。

3)移取40.00mL5μg/mL铬标准溶液置于100mL容量瓶中,用水稀释至刻度,摇匀。此溶液含2μg/mL铬。

7.5.2.3 分析步骤

(1)移取0.2000~0.3000g试样(试样含铬量在0.01%以下时,称取0.3000或0.4000g),置于150mL烧杯中。随同试样做试剂空白。

(2)加10mL硝酸(1+3),加热溶解(如不溶可加浓盐酸助溶),加5.0mL硫酸(1+1)加热蒸发至冒烟,稍冷,加30mL水,加热溶解盐类。

注:加盐酸溶解试样须冒烟至驱尽盐酸,未加盐酸溶解试样可稍冒硫酸烟即可。

(3)加2mL10g/L高锰酸钾溶液煮沸至二氧化锰全部沉淀,用水稀释至80~90mL,在搅拌下分次缓缓加入30mL 200g/L碳酸钠溶液,冷却至室温,移入250mL容量瓶中,用水稀释至刻度,摇匀。

注:1. 一般加200g/L碳酸钠溶液30mL时已足够,但要注意加碳酸钠溶液至出现沉淀后再过量5mL,若30mL不够时可多加几毫升。

2. 若含镍、钴高时或铬含量低于0.05%的样品,在用碳酸钠沉淀后要煮沸2~3min,否则结果会偏低,加热煮沸时先从低温开始加热,可减少蹦跳。

(4)用双层中速滤纸干过滤,弃去最初溶液,移取10.00~50.00mL溶液(试样含铬量在0.01%以下时,移取50.00mL;在0.1%以下时,移取25mL;在0.1%以上时,移取5.00mL),置于100mL容量瓶中,加0.4mL硫酸(1+6)(若移取的溶液呈粉红色,可能尚有部分高锰酸钾未分解,则在加4.0mL硫酸后,加5mL200g/L尿素溶液,仔细滴加10g/L亚硝酸钠溶液至试液呈无色再过量1滴)。

(5)用水稀释至约90mL,加3.0mL二苯碳酰二肼溶液,摇匀,用水稀释至刻度,摇匀。

(6)将部分溶液移入比色皿中(如试样含铬量在0.05%以上,用2cm比色皿;在0.05%以下,用3cm比色皿),以水为参比在分光光度计上,于波长540nm处,测量其吸光度,减去试剂空白的吸光度后,从工作曲线上查出相应的铬量。

工作曲线的绘制:移取0.00mL、1.00mL、2.00mL、4.00mL、7.00mL、10.00mL铬标准溶液(5μg/mL或2μg/mL)(或试样含铬量0.04%以下时用2μg/mL铬标准溶液),分别置于6个100mL容量瓶中,加4.0mL硫酸(1+6),用水稀释至约90mL,以下按分析步骤第(5)和(6)条进行,测量其吸光度,减去不加铬标准溶液的显色液吸光度后,绘制工作曲线。计算铬的质量分数:

$$w_{Cr} = \frac{m_1}{G \times \frac{V_1}{V}}$$

式中 m_1——从工作曲线上查得的铬量,g;

V_1——分取试液体积,mL;

V——试液总体积,mL。

以上是钢铁中测定铬的常用方法,此外还有高锰酸钾氧化高锰酸钾滴定法、原子吸收光谱法等。

7.6 元素联合测定

7.6.1 高速钢中 W、Cr、V 的联合测定

7.6.1.1 方法要点

(1)辛可宁重量法测钨原理。试样用 HCl 溶解后,用 HNO_3 氧化 $W \rightarrow H_2WO_4$,利用钨酸在 HCl 中不溶的原理,以重量法测定,其中加入辛可宁可使沉淀析出的完全。

(2)Cr、V 联合测定原理。试样经硫磷混酸溶解,滴加 HNO_3 和 $KMnO_4$ 氧化使 $V^{4+} \rightarrow V^{5+}$,过量的 $KMnO_4$ 在尿素存在下,用 $NaNO_2$ 还原,用硫酸亚铁铵滴定钒。

将滴定钒后的溶液,在 $AgNO_3$ 存在下,用过硫酸铵氧化铬和钒,同时被氧化的锰,用 $NaNO_2$ 还原,过量 $NaNO_2$ 用尿素分解,再用亚铁滴定 Cr + V 总量,从总量中减去测 V 的量,即为测定 Cr 消耗的 Fe^{2+} 量。

7.6.1.2 试剂

试剂有:

(1)辛可宁溶液:12.5g 辛可宁溶于 100mL HCl(1 +1)中。

(2)辛可宁洗液:取 30mL 辛可宁溶液用水冲至 1000mL。

(3)0.1mol/L Na_3AsO_3 0.5g As_2O_3 和 1g Na_2CO_3 溶于 100mL 温水中。

7.6.1.3 分析步骤

(1)称取 0.5g 样品于 400mL 烧杯中,加 50mL HCl(1 +1)低温加热至作用停止后,滴加浓 HNO_3 至试样溶解,继续加热蒸发至糖浆状,

再加1~2mL浓HNO_3,蒸发至糖浆状,此时析出黄色钨酸,加30mL HCl(1+1)溶解,并用热水稀至150mL,微沸1h,取下,加5mL辛可宁溶液,充分搅拌,在70~80℃保温4h,用致密滤纸及纸浆过滤,以辛可宁洗液,洗至无Fe^{3+}离子,(用500g/L KSCN检查),将沉淀和滤纸移入瓷坩埚,灰化后,800℃灼烧30min,冷却后称量得不纯WO_3重,(若不校正钼、铬干扰)即可计算含量。

(2)Cr和V的测定。准确称取0.5g样品于锥形瓶中,加40mL硫磷混酸($H_2SO_4+H_3PO_4+H_2O=150+300+550$),加热溶解,滴加浓硝酸至碳化物溶解,并蒸发至冒烟,再滴加2~3滴硝酸,加热至冒烟2min,稍冷加水50mL,加热溶解盐类,冷却加1mL10g/L硫酸亚铁铵溶液,摇匀,滴加3g/L $KMnO_4$溶液至溶液微红色,放置2min,加1g尿素,滴加$NaNO_2$至$KMnO_4$红色刚好褪去,加5mL Na_3AsO_3溶液,再滴加2滴10g/L $NaNO_2$溶液,放置2min,加2滴2g/L N-苯代邻氨基苯甲酸指示剂,用0.03000mol/L硫酸亚铁铵标准溶液滴定至由红转亮绿为终点,记录消耗硫酸亚铁铵标准溶液体积V_1mL,滴定后溶液转入100mL容量瓶,用水冲至刻度,摇匀,用于测Cr。

吸取定钒后稀释液25mL于锥形瓶中,加3mL浓磷酸,加热冒烟1min,稍冷,加30mL水,5mL H_2SO_4(1+1),滴加5滴50g/L $AgNO_3$,3g过硫酸铵,加热煮沸3~5min,冷却后加1g尿素,滴加10g/L $NaNO_2$溶液至$KMnO_4$红色恰好褪去,再多加1~2滴,放2min,加10mL H_2SO_4(1+1),2g/L N-苯代邻氨基苯甲酸指示剂2滴,用0.03000mol/L硫酸亚铁铵标准溶液滴定至由红色变为亮绿色即为终点,此时消耗硫酸亚铁铵标液V_2mL。

7.6.2 直接光度法联合测定钢铁中的锰、硅、磷

7.6.2.1 *方法要点*

试样以硫酸—硝酸混合酸溶解,用过硫酸铵将钢铁中磷氧化成正磷酸,制成母液。分别取不同体积母液测定锰、硅、磷,其中用过硫酸铵—硝酸银将Mn^{2+}氧化为MnO_4^-进行比色测定;硅与钼酸铵形成硅钼杂多酸,用硫酸亚铁铵还原为硅钼蓝进行比色测定;磷也与钼酸铵形成磷钼杂多酸后,用$SnCl_2$还原为磷钼蓝进行比色测定,用酒石酸钾

钠和 NaF 消除 Fe、As、Si 对磷的影响。

7.6.2.2 试剂

试剂有:

(1)钢铁标样:6605 号,Mn% =0.64,Si% =1.70,P% =0.09。

(2)NaF—$SnCl_2$ 溶液:100mL 水中加 1.9g NaF 溶解后加 0.5g $SnCl_2$,当天配制使用。

(3)定锰溶液:将 50mL 浓 H_2SO_4 慢慢加入 200mL 水中,加 60mL 浓 H_3PO_4 和 60mL 浓 HNO_3,最后冲至 500mL。

7.6.2.3 分析步骤

(1)母液的制备:分别称取 0.1g 试样和标样于两个烧杯中,各加 40mL 硝硫混酸(每 1000mL 中含浓硫酸 50mL,浓硝酸 8mL),0.5g 过硫酸铵,加热溶解,出现棕色 MnO_2 沉淀后,继续加热 1min,滴加 10% 亚硝酸钠溶液使棕色沉淀消失,溶解完毕后,冷却,将溶液转入 100mL 容量瓶中,用水冲至刻度,摇匀,备用。

(2)锰的测定:在装有 5mL 定锰溶液烧杯中,用移液管加入 25mL 母液,加 5 滴 5% $AgNO_3$ 和 0.5g 过硫酸铵,加热至稳定紫红色后,冷却后,将溶液转入 50mL 容量瓶中,用水冲至刻度,在 530nm 波长,3cm 比色皿中,测定试样和标样两溶液的吸光度。

(3)硅的测定:吸 5mL 母液于烧杯中,加 2.5mL 8% 钼酸铵,加热 1min,加入 10mL 硫酸亚铁铵溶液(每 1000mL 水中加浓 H_2SO_4 10mL 和硫酸亚铁铵 30g),10mL 2% 草酸溶液,转入 50mL 容量瓶,用水冲洗后定容。在 660nm 波长,2cm 比色皿条件下,同时测定标样和试样溶液的吸光度,并计算含量。

(4)磷的测定:吸 20mL 母液于烧杯中,加 2.5mL 10% H_2SO_4 溶液,加热 1min,加 2.5mL 8% 钼酸铵溶液,2.5mL 16% 酒石酸钾钠溶液,摇匀后加 20mL NaF—$SnCl_2$ 溶液,转入 50mL 容量瓶中,水冲洗并定容。在 650nm,1cm 比色皿条件下,同时测定试样和标样溶液的吸光度,并计算含量。

$$w_{Mn}=\frac{A_{试样}}{A_{标样}}\times w_{Mn标样}$$

w_{Si}、w_P 的计算方法同 W_{Mn}。

7.6.3 普通钢硅锰联合测定

称取0.1g试样于50mL带刻度标线之锥形瓶中，加8mL硝酸(1+3)，加热溶解后稀释至刻度，摇匀。

硅的测定：用移液管吸取5mL样液于50mL锥形瓶中，加1.5mL 60g/L钼酸铵溶液，在沸水浴中(98~100℃)加热20s，加5mL 40g/L草酸，36mL水，2.5mL 60g/L硫酸亚铁铵溶液，摇匀，用722型分光光度计，于670nm波长处，以水为空白进行比色。

锰的测定：在剩余的45mL样液中，加4mL 17g/L硝酸银溶液，10mL 150g/L过硫酸铵溶液，煮沸10~20s，冷却后用722型分光光度计，于530nm波长处，以水为空白进行比色。

根据所测得的吸光度分别从曲线上查得硅与锰的含量。

注：锰氧化煮沸时间不可超过45s，特别是高锰，否则高锰酸将会分解。

7.6.4 普通钢硅磷联合测定

7.6.4.1 方法要点

样品经稀硝酸加热溶解，煮沸驱尽氮氧化物，经处理后，钼酸铵分别与磷和硅显色，并转化为钼蓝，测定其吸光度值。

7.6.4.2 分析步骤

称取0.2000g试样，置于100mL带刻度的锥形瓶中，加15mL HNO_3(1+3)，加热溶解，煮沸驱尽氮氧化物，加2mL 25g/L $KMnO_4$，煮沸30s，生成MnO_2沉淀后，滴加100g/L $NaNO_2$溶液还原至MnO_2沉淀消失，并过量一滴，继续煮沸30s，驱尽氮氧化物，取下，用水稀释至刻度，混匀。

磷的测定：用移液管吸取上述溶液20mL，放入50mL容量瓶中，加入16mL NaF—$SnCl_2$溶液(24~1.5g/L)，加4mL60g/L$(NH_4)_2MoO_4$，放入沸水浴中加热2min，取下，用流水冷却至室温，进行比色测定。

硅的测定：用移液管吸取5mL上述溶液，置于50mL锥形瓶中，加1.5mL 60g/L $(NH_4)_2MoO_4$，摇匀，在沸水浴上加热20s，加5mL 40g/L $H_2C_2O_4$，36mL水，2.5mL 60g/L$(NH_4)_2Fe(SO_4)_2$，混匀后，进行比色测定。

标准曲线绘制:用不同硅磷含量相应钢种的标样,按上述方法操作,绘制标准曲线。

7.7　生铁的测定

7.7.1　硅的测定

7.7.1.1　方法要点

试样用稀酸溶解,在弱酸介质中,硅与钼酸铵形成硅钼杂多酸,在草酸存在下,以硫酸亚铁铵将其还原为硅钼蓝,进行比色测定。

7.7.1.2　分析步骤

称取 0.1000g 试样,置于 100mL 容量瓶中,加 15mL H_2SO_4(1+10),在沸水浴中加热溶解,溶解后加 3mL100g/L$(NH_4)_2S_2O_8$于水浴上加热 2min,取出冷却至室温,以水稀释至刻度摇匀。

除吸取上述溶液 5mL,置于 100mL 容量瓶中,补加硫酸等剩余操作步骤同 6.1.1.3C 中硅钼蓝分光光度法测定二氧化硅。

标准曲线绘制:用不同硅含量的相应钢种的标样,按上述方法操作,绘制标准曲线。

7.7.1.3　附注

(1)溶解试样加酸时应从壁上冲下,以免试样贴附瓶壁。

(2)草酸的作用:1)破坏磷钼杂多酸,消除 P、As 干扰;2)降低 Fe^{3+}/Fe^{2+}的电位,提高了 Fe^{2+}的还原能力;3)能溶解钼酸铁沉淀,形成 $Fe(C_2O_4)_3^{3-}$络离子;

(3)$(NH_4)_2S_2O_8$不稳定,不能放置过久;$(NH_4)_2Fe(SO_4)_2$不够稳定,必要时及时更换。

(4)此方法适用情况见表 7-3。

表 7-3　不同生铁中不同元素含量

铸造铁	w_S/% 0.050 以下	w_{Si}/% 1.25~1.60	w_{Mn}/% <0.1	w_P/% 0.125 以下
炼钢铁	w_S/% <0.070	w_{Si}/% 1.25 以下	w_P/% 0.300 以下	—

7.7.2 氟化钠—氯化亚锡快速比色法测磷

7.7.2.1 方法要点

试样用氧化性酸溶解，$KMnO_4$将亚磷酸氧化为正磷酸，在一定酸度下，加入钼酸铵—酒石酸钾钠生成磷钼杂多酸，再用$SnCl_2$还原成磷钼蓝，趁热进行比色测定。

7.7.2.2 试剂

试剂有：

(1)$(NH_4)_2MoO_4$—$C_4H_4O_6KNa$：称取60g$C_4H_4O_6KNa$，溶于500mL 12%的$(NH_4)_2MoO_4$(已过滤)溶液中混匀，用时配制。

(2)12～2g/L 氟化钠—氯化亚锡(NaF—$SnCl_2$)溶液：称取0.20g$SnCl_2$，溶于100mL 12g/L 的NaF(已过滤)溶液中，用时配制。

7.7.2.3 分析步骤

称取0.030g试样，置于200mL锥形瓶中，加入20mLHNO_3(1+3)，加热使试样溶解后，滴加9～10滴25g/L $KMnO_4$溶液，煮沸至MnO_2沉淀出现(若MnO_2未出现，可增加$KMnO_4$的量)，取下立即加入10mL $(NH_4)_2MoO_4$—$C_4H_4O_6KNa$溶液，摇匀，再加入80mL NaF—$SnCl_2$溶液，摇匀后，于680nm处比色测定吸光度值。

标准曲线绘制：用不同磷含量的相应钢种的标样，按上述方法操作，绘制标准曲线。也可以简式计算

$$w_P = \frac{A_{试样}}{A_{标样}} \times w_{P标样}$$

7.7.2.4 附注

(1)溶样时温度不宜过高，时间不宜过长，以免由于蒸发而改变酸度，但必须驱尽氮氧化物；(2)MnO_2沉淀析出，说明溶液中磷已全部转变为正磷酸；(3)用磷钼蓝比色法测定磷时，应考虑硅和砷的干扰，因为它们与钼酸铵也有类似反应，但生成硅钼黄的酸度较低，在测定磷的酸度条件下，硅不干扰。另外，$C_4H_4O_6KNa$也可以消除硅和砷的干扰。

7.7.3　高锰酸比色法测定锰

7.7.3.1　方法要点

试样用混酸溶解，以 $AgNO_3$ 为催化剂，用 $(NH_4)_2S_2O_8$ 将 Mn^{2+} 氧化成 Mn^{7+}，进行比色测定。所涉及到的主要反应如下。

溶样：

$$3MnS + 14HNO_3 \xlongequal{} 3Mn(NO_3)_2 + 3H_2SO_4 + 8NO\uparrow + 4H_2O$$

$$3Mn + 8HNO_3 \xlongequal{} 3Mn(NO_3)_2 + 2NO\uparrow + 4H_2O$$

氧化：

$$2Mn(NO_3)_2 + 5(NH_4)_2S_2O_8 + 8H_2O \xlongequal{} 2HMnO_4 + 5(NH_4)_2SO_4 + 4HNO_3 + 5H_2SO_4$$

7.7.3.2　硝磷混酸配制

于 7200mL 水中加入 2400mL 浓 HNO_3，370mL H_3PO_4，混匀，使用前每 1500mL 加 1000mL 水。

7.7.3.3　分析步骤

称取 0.075g 试样，（含 Mn 量高时，可少称），置于 100mL 锥形瓶中，加入 25mL 硝磷混酸，在电炉上加热溶解试样，驱尽氮氧化物，稍冷后，将溶液用过滤纸过滤至另一带刻度的 100mL 锥形瓶中，用 HNO_3（2 +98）洗涤原锥形瓶 3 次，洗涤滤纸 3 次（此时的体积保持在 50mL 左右），于滤液中加 4mL 17g/L $AgNO_3$，加 5mL 300g/L $(NH_4)_2S_2O_8$ 溶液，加热煮沸 15s，取下，静置 2min，以流水冷却至室温，用水稀释到刻度，540nm 波长，以水为空白，用 722 型比色计比色。

标准曲线绘制：用不同锰含量的相应钢种的标样，按上述方法操作，绘制标准曲线。

7.7.4　碳硫的测定

生铁中碳硫的测定同钢铁中碳硫的测定——燃烧气体容量法。

7.8　金属铁的测定

准称 1g 样品（于锥形瓶中），加入 50mL 50g/L $FeCl_3$，用胶塞塞紧,剧烈摇动15min后,取塞并水洗,立即用塞以棉花的漏斗过滤,水洗残渣,在滤液中加10mL硫磷混酸(700mL水+150mL硫酸+150mL磷酸),7滴4g/L二苯胺磺酸钠,以0.004640mol/L $K_2Cr_2O_7$标准溶液滴定至终点。同时滴定50mL $FeCl_3$的空白溶液。

$$w_{Fe}=\frac{6\times C\times V\times M_{Fe}}{1.0000\times1000}$$

8 炉渣的测定

8.1 炉渣中二氧化硅、氧化钙、氧化镁和磷的系统测定

所涉及的主要试剂有 200g/L KOH、4g/L 动物胶、100g/L 过硫酸铵、氨水(1+1)和 20g/L、5g/L 铬黑 T、5g/L 钙指示剂、缓冲液(pH 值为 10)[配法为称取 67.5g 氯化铵溶于 300mL 水中,加入 570mL 浓氨水,稀释至 1000mL]、40g/L $KMnO_4$、钼酸铵-酒石酸钾钠、氟化钠-氯化亚锡溶液配制与钢铁中 P 的试剂配制相同(见 7.2.2 节)。

8.1.1 二氧化硅测定

称取 0.5g 除去金属铁的干燥试样,于 400mL 烧杯中,加 30mLHCl(1+1),打碎结块,加热试样溶解,并蒸发至干,取下稍冷,加 10mL 浓 HCl,使盐类不溶残渣溶解,加 10mL 动物胶,搅拌 1~2min,在 70~80℃保温 10min,用无灰纸浆过滤,滤下液及洗液用 250mL 容量瓶收集,以热盐酸(5+95)洗净烧杯 3 次,洗沉淀至无铁离子,用热水洗至无氯离子,冷至室温,稀至刻度混匀。将纸浆及沉淀移入瓷坩埚中灰化,在 900℃马弗炉中灼烧 30min,取出稍冷,放入干燥器中冷至室温,恒重,称量。

8.1.2 氧化钙的测定

吸取 100mL SiO_2滤下液,于 400mL 烧杯中,加 5mL 过硫酸铵,加热至近沸。用氨水(1+1)调至 pH 值为 7,煮沸 5min(保持 pH 值为 7),取下,沉淀液下沉后,趁热过滤,用 2% 的氨水洗涤杯 4~5 次,洗沉淀 7~8 次,滤液及洗液用 200mL 容量瓶收集,冷却,稀释至刻度混匀。吸取 50mL 于 300mL 三角瓶中,加 KOH 使 pH 大于 12(约 20mL),加 3~4滴钙指示剂,用 EDTA 标准溶液滴定,滴定至由红色变为蓝色为终点。

8.1.3　氧化镁的测定

吸取(同 CaO)50mL 于 300mL 三角瓶中,加 20mL 缓冲溶液,使 pH 值为 10,加 4~5 滴铬黑 T 指示剂,用 EDTA 标准溶液滴定至由红色变为蓝色为终点。

SiO_2、CaO、MgO 计算与石灰石、白云石相同。

8.1.4　磷的测定

吸取 5mLSiO_2滤下液,于 100mL 三角瓶中,加 10mL 硝酸(1+3),加热至沸约半分钟,加 $KMnO_4$至有 MnO_2沉淀生成(约 10 滴),煮约半分钟取下,立即加 5mL 钼酸铵—酒石酸钾钠溶液,加 40mL 氟化钠—氯化亚锡溶液,摇匀立即比色,结果用标样换算。随同作标样试验。

8.1.5　滤渣中钙镁的测定

称取 0.2500g 试样,加 20mLHCl(1+1),加 1~2mL 浓 HNO_3,加 3~5mL46% HF,加 5~8mL 高氯酸,加热尽干,再加 20mLHCl(1+1),定容至 250mL 容量瓶。移取 100mL 试液,放在 300mL 玻璃杯中,加 0.5gNH_4Cl 煮沸,NH_4OH 调至 pH 值为 8,加入 3~10mL 250g/L 过硫酸铵,煮沸 8~10min,再调至 pH 值为 8,再煮 2~3min,再调 pH 值为 8,过滤,热水洗,冷却,定容至 200mL 容量瓶。

(1)测 CaO:吸取 50mL 母液,加 20mL 水,加 5mL 三乙醇胺,加 20mL KOH(如 Mg 含量低,加 1mL Mg_2SO_4),少许钙指示剂,用 EDTA 标准溶液滴至终点为蓝色。

(2)测 MgO:吸取 50mL 母液,加 5mL 三乙醇胺,加 1.6mL pH 值为 10 缓冲溶液,少许铬黑 T 指示剂,用 EDTA 标准溶液滴定到终点为蓝色。

一般炉渣通常用酸来溶解。在实际生产中,不同性质的炉渣选用不同分析方法。

8.2 保护渣中氧化钙、氧化镁的测定

8.2.1 氧化钙、氧化镁测定

8.2.1.1 方法要点

试样用盐酸、氢氟酸、硝酸溶解,高氯酸冒烟驱尽氮氧化物。滤渣于高温铂坩埚中熔融来测定氧化钙和氧化镁。

8.2.1.2 分析步骤

称取 0.2500g 试样于石英(氟)杯中,少许水润湿,加 15mL 盐酸(1+1),稍溶解,加 5mL46% HF,5mL 浓 HNO_3,在电热板上低温加热溶解,加 10mL 高氯酸,加热赶尽酸烟,高氯酸至干,加 100mL 水冲洗杯壁,加 20mL 盐酸(1+1)加热,溶液沸腾 2min,溶解盐类,溶液过滤,洗烧杯及沉淀各 3 遍(滤下液不超过 150mL)滤液保留。

将不溶物过滤,连同滤纸放入铂坩埚中,灰化后,加入 1~2g 混合熔剂,盖上铂盖,置于高温炉中,950~1000℃熔融,6min 取出,冷却至室温,置于保留的滤下液中,浸出,冷却,稀释到 250mL 容量瓶中。

CaO、MgO 的滴定同炉渣中钙镁的测定,见 8.1.5 节。

8.2.2 其他成分测定

保护渣其他成分用 ICP 分析,用 ICP 带转炉渣标样,标样溶解同上。另外,用铂坩埚把混合熔剂同试样一起在马弗炉中烧熔后,浸入已溶好的标样溶液中,冷却稀释到 250mL 容量瓶。

8.3 高炉渣的测定

(1)方法要点:试样在沸水条件下以硝酸溶解定容 250mL,分别测定二氧化硅、氧化钙、氧化镁。

(2)分析步骤:称取 0.1000g 试样,于 200mL 烧杯内,以少量水润之,加沸水 100mL 左右,在不断搅拌下,加 20mL 浓硝酸溶解,试样全溶后,移入 250mL 容量瓶内,洗净烧杯以水稀至刻度,混匀。

8.3.1　二氧化硅、氧化钙、氧化镁的联合测定

8.3.1.1　二氧化硅的测定——硅钼蓝光度法

除吸取3mL母液于100mL容量瓶内外，补加硫酸等剩余步骤同6.1.1.3节中C硅钼蓝分光光度法测定二氧化硅。

8.3.1.2　氧化钙的测定——EDTA容量法

吸取50mL母液，于三角瓶内加1～2mL三乙醇胺(1+1)，摇匀，加20mL 200g/L氢氧化钾，加1～2滴钙指示剂，以0.007130mol/LEDTA标准溶液滴定至纯蓝色为终点，记下消耗EDTA标准溶液的毫升数V_1：

$$w_{\mathrm{CaO}}=\frac{c\times V_1\times 250\times M_{\mathrm{CaO}}}{G\times 50\times 1000}$$

8.3.1.3　镁的测定——EDTA容量法

吸取50mL母液，于三角瓶内，加2mL三乙醇胺(1+1)，加20mL氨水(1+1)，加1～2滴4g/L铬黑T指示剂，以0.007130mol/L EDTA标准溶液滴定至纯蓝色为终点，记下消耗EDTA标准溶液的毫升数V_2：

$$w_{\mathrm{MgO}}=\frac{c\times (V_2-V_1)\times 250\times M_{\mathrm{MgO}}}{G\times 50\times 1000}$$

注：1. 溶解试样时水温保持95℃以上为佳；2. 加硝酸时要缓缓加入并不断搅拌；3. 对碱度较低试样往往溶解不完全，故需改用碱熔法；4. 滴定钙、镁注意滴定速度由快到慢，并不断振荡。

8.3.2　全氧化铁的测定——重铬酸钾容量法

8.3.2.1　方法要点

试样用盐酸溶解，用金属铝将Fe^{3+}还原为Fe^{2+}，以重铬酸钾标准溶液来测定全铁。

8.3.2.2　分析步骤

称取0.1000g除去金属铁的试样于300mL三角瓶内，以少量水润湿，加20mL盐酸(1+1)，于低温电炉加热溶解，待试样溶解完全后，用纯铝丝将溶液还原为无色，冷却至室温，加20～30mL左右水，加

7～8滴 4g/L 二苯胺磺酸钠，以 0.004640mol/L 重铬酸钾标准溶液滴定至紫蓝色为终点，记下消耗重铬酸钾溶液的毫升数 V。

$$w_{Fe_2O_3}=\frac{3\times c\times V\times M_{Fe_2O_3}}{G\times 1000}$$

8.3.2.3 附注

(1)炉渣内的金属铁，必须先用磁铁吸除干净；(2)还原用铝丝表面要清洗干净。

8.3.3 硫的测定——燃烧碘量法

渣中硫的分析同生铁中硫的分析，只是温度为1250℃。

8.3.4 三氧化二铝的测定——EDTA 容量法

8.3.4.1 方法要点

试样以硝酸直接溶解，以强碱分离铁、铝，在一定的酸度下用 EDTA 络合铝，过量的 EDTA 用硫酸铜回滴，以消耗 EDTA 标准溶液的毫升数计算三氧化二铝含量。

8.3.4.2 分析步骤

称取 0.1000g 试样于 300mL 烧杯中，加少量水润湿，加 100mL 左右沸水，在不断搅拌的情况下加 20mL 浓硝酸，在电炉上继续加热至全部溶解后，以氨水调至 pH 值为 7～8，在电炉上加热至沸腾 3min，取下冷却以定性滤纸过滤于烧杯中，以水洗净烧杯 3 次，弃滤下液，将沉淀以 20mL 盐酸(1+1)溶解于烧杯内，以盐酸(5+95)洗净滤纸，将溶液以水稀至 100mL 左右，加 100g/L 氢氧化钠调至中性，并过量 3～4g，于电炉上煮沸 4～5min，取下流水冷却移入 200mL 容量瓶内，洗净烧杯，定容混匀，以定性滤纸干过滤于烧杯中，吸 50mL 滤下液，于 300mL 烧杯中，加 20mL 左右 0.004460mol/L EDTA 标准溶液，加 10g/L 酚酞指示剂数滴，以盐酸(1+1)和 100g/L 氢氧化钠溶液调至浅红色刚刚消失，加 20mL 醋酸—醋酸铵缓冲溶液，于电炉上加热煮沸 3min，取下趁热加 2g/L PAN 指示剂数滴，以 0.004460mol/L 硫酸铜标准溶液回滴过量的 EDTA 标准溶液，滴定至紫红色为终点，记下消耗硫酸铜标准溶液毫升数。

8.3.4.3 附注

(1)EDTA 加入量要适当,一般按含量并过量 5mL 左右为宜;(2)当中和时,若溶液出现混浊现象,表示 EDTA 加入量不足,可重新调整酸度,补加,最好重新再做;(3)煮沸时间不小于 3min;滴定温度不低于 80℃热滴终点好观察。

8.4 转炉渣的测定

(1)方法要点:试样以盐酸或硝酸直接溶解定容 250mL,分析二氧化硅、氧化钙、氧化镁。

(2)分析步骤:称取 0.2500g 试样,于 200mL 烧杯内,以少量水润湿,加 60mL 硝酸(1+6),将试样散开,于低温电炉加热溶解,待试样全部溶解后,再加 50mL 水,加热至沸取下冷却移入 250mL 容量瓶内,洗净烧杯,以水稀释至刻度,摇匀。

8.4.1 二氧化硅的测定——硅钼蓝分光光度法

除吸取 5mL 母液于 100mL 容量瓶内外,补加硫酸等剩余步骤同 6.1.1.3 节 C 中硅钼蓝分光光度法测定二氧化硅。

8.4.2 氧化钙、氧化镁的测定——EDTA 容量法

吸取 100mL 母液于 300mL 烧杯内,加少量水,以氨水调至 pH 值为 7~8,于电炉上再加热到沸腾 3min 后,取下用试纸检查 pH 值,直至 pH 值为 7~8,冷却移入 200mL 容量瓶内,以水洗净烧杯稀至刻度摇匀,以定性快速滤纸干过滤于原烧杯内。

8.4.2.1 氧化钙的测定

吸取 50mL 滤下液于 300mL 三角瓶内,加 10mL 200g/L 氢氧化钾,1~2 滴 4g/L 钙指示剂,以 0.004460mol/L EDTA 标准溶液滴定至纯蓝色为终点,记下消耗 EDTA 标准溶液的毫升数 V_1。

8.4.2.2 氧化镁的测定

吸取 50mL 滤下液于 300mL 三角瓶内,加 10mL 氨水(1+1),加 1~2滴 4g/L 铬黑 T 指示剂,以 0.004460mol/L EDTA 标准溶液滴定至纯蓝色为终点,记下消耗 EDTA 标准溶液的毫升数 V_2。

$$w_{CaO} = \frac{c \times V_1 \times 200 \times 250 \times M_{CaO}}{G \times 50 \times 100 \times 1000}$$

$$w_{MgO} = \frac{c \times (V_2 - V_1) \times 200 \times 250 \times M_{MgO}}{G \times 50 \times 100 \times 1000}$$

8.4.2.3　附注

(1)试样必须事先去除金属铁;(2)试样在杯内必须以水散开,不可成团;(3)溶解试样时间、温度和液体体积和标样一致,加水不可低于30mL。

8.4.3　三氧化二铝的测定

同高炉渣测定方法。

8.5　矾土基合成渣的测定

称取0.5g矾土基合成渣,加3~4g混合熔剂($K_2CO_3 + Na_2CO_3 + H_3BO_3 = 1.5 + 1.5 + 0.7$)放在铂坩埚中,800℃慢慢升至1100℃烧40min,溶解在300mL烧杯中,定容到250mL容量瓶中作为母液。吸取10mL母液于100mL容量瓶中,加10mL HCl(1+1)(或5mL浓HCl)定容至100mL容量瓶中,混匀,用ICP分析铁、铝、钙、镁等元素。

9 仪器分析部分

仪器分析法是基于物质的物理化学性质建立起来的分析方法，通常是以测量光、热、电、声、磁等物理量确定分析结果。其特点是较简便，特别是大部分仪器分析能同时测定多种成分，分析速度快，检出限低，对测定痕量成分准确度、精密度高。但通常仪器分析需要标准物质和纯金属或化合物作校准曲线，测定的准确度受标准物质的影响，且大多对高含量成分的测定误差较大。在此，仅对钢铁企业中现用的大型仪器作简单介绍。

9.1 HORIBA EMIA-820V 红外碳硫分析仪

日本 HORIBA EMIA-820V 红外碳硫分析仪（见图 4-3）主要由高频燃烧炉、红外检测器、控制运算系统（PC 机）。可分析测量范围 C 为 0～6%、S 为 0～1%（标准试样质量为 1g，如将质量减少，分析范围可以扩大）。

9.1.1 工作原理

采用氧气流中燃烧和红外线吸收方法。在氧气中加热试样，使其发生氧化反应后，碳（C）大部分转换成二氧化碳（CO_2），少部分转换成一氧化碳（CO），硫（S）则转变成二氧化硫（SO_2）。在该过程中试样中的水分汽化，试样中的氢（H_2）被氧化后也形成水，因此气流中混有水分，水分可用高氯酸镁[$Mg(ClO_4)_2$]除去。将氧气流调整为恒定流速后导入红外线检测器，以检测出的 CO_2、CO、SO_2量为基础，计算试样碳、硫的浓度。

9.1.2 操作步骤

9.1.2.1 开机顺序

开机顺序为：

(1)开空压机，设定二次压力为 0.35MPa；(2)开氧气，设定二次压力为0.30~0.33MPa;(3)开稳压器,稳定5min后,开仪器主机后面MAIN BREAKER开关,开侧面Power开关;(4)开计算机,双击桌面上EMIA 820V图标,点Measure进入测量画面,开天平。

9.1.2.2　样品分析

(1)仪器预热2h后,从Maint里检查各参数是否正常,符合条件即可进行样品分析;(2)在测量界面Meas Mode里输入所选用的通道;(3)将坩埚放在天平上,按除皮键TARE。用勺将试样装入坩埚,按回车键输入质量;(4)取下坩埚,加入1.5g助熔剂。将坩埚放在坩埚托上,按Start键开始分析;(5)分析试样前,选取含量相近的国家一、二级标准样品,按上述步骤分析,结果与标准值一致,可进行试样分析;(6)仪器校正:如果分析结果与标准值偏差较大,需对仪器进行校正,直至分析值与标准值一致再进行试样分析。

9.1.3　日常维护

日常维护如下:

(1)试剂的更换:高氯酸镁、碱石棉按失效情况及时更换,一般每分析200个试样更换一次。

1)关闭载气气源;2)卸下需要更换的试剂管(注意不要损坏);3)取出失效的试剂,装上新试剂(注意管口不要有玻璃棉丝及污物);4)把试剂管放回原位。

(2)过滤网的清扫:每隔半年清扫一次仪器侧面的过滤网上的灰尘。

(3)粉尘过滤器:用铁刷清扫,当氧气流量下降时,用超声波清洗。

(4)燃烧炉的清扫:每分析500个试样,拆下炉头,清洁氧枪口,用金属刷清扫粉尘过滤器、石英燃烧管上的粉尘。

(5)O型环、X型环:定期检查,清洁,涂上硅脂。

(6)粉尘盒的维护:每分析5000次试样清扫黑色过滤棉,分析10000次更换白色过滤棉。

9.1.4　漏气检查

(1)在测量画面上单击Maint键,炉头自动关上。

(2)进入Maint画面后单击Leak Cheak键,进入漏气检查画面,再击 Start 键,则系统自动检漏。

(3)一分钟后,在界面上出现 There is no fault,表明系统不漏气,可进行试样分析,如出现 Faulty is found in ……则表示所指出的位置有漏气。

9.2 光电发射光谱分析装置 PDA-5500 Ⅱ 和 PDA-7000 型系列操作规程

日本岛津光电发射光谱分析装置 PDA 系列主要由光源部、分光部、测光部和数据处理部等组成。适用于钢铁、铝、镁、铜、锌、铅、锡、钛、镍等各种金属和合金中极微量至高含量的宽广范围的成分分析。应用于这些金属的冶炼工业和机械加工工业的工程管理分析、原材料验收以及产品出厂鉴定分析等。图 9-1 为 PDA-7000 型光电发射光谱分析装置。

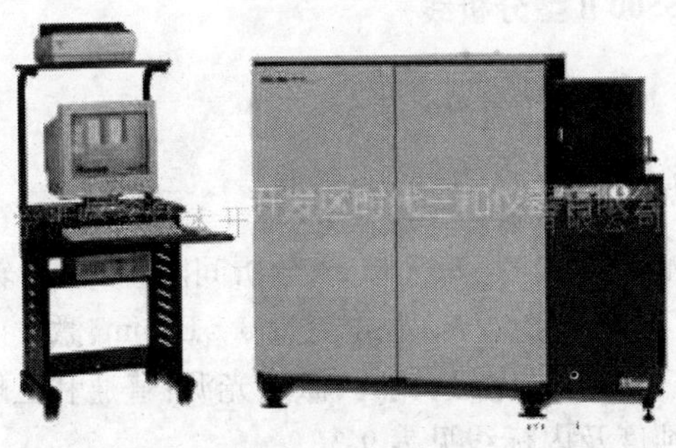

图 9-1 PDA-7000 型光电发射光谱分析装置

9.2.1 工作原理

发射光谱分析是给予金属试样电能,激发蒸发气化的原子,适用分光器对此时产生的元素特有的光谱进行分光,使用检测器(光电倍增管)测定它的有无和强度,进行试样中所含元素的定性定量的分析方法。不需复杂的前处理,分析开始后只需不到一分钟时间即可一次求出数十个元素的定量值。岛津的发射光谱分析装置是在氩气氛围中进行火花放电,对火花脉冲的发光进行统计处理,采用可提高测定重现性(精度)的方式(PDA 测光方式:Pulse Distribution Analysis)。

随着仪器分析手段的发展,PDA-5500Ⅱ型光电直读光谱仪已经逐渐被大型钢铁厂所淘汰,目前已由PDA-7000型系列代替,现仅对它的校准方法做一下简单介绍,详细使用见各型号使用说明书。通过本方法校验的光谱仪适用于转炉钢及轧制产品的测定。各基本元素的校验范围见表9-1。

表9-1　各基本元素的校验范围

元　素	检验范围/%
C	0.01～0.50
P(S)	0.005～0.200
Si	0.02～2.50
Mn	0.02～2.00

9.2.2　PDA-5500Ⅱ型分析线

PDA-5500Ⅱ型分析线见表9-2。

9.2.3　校准条件

(1)波长范围:165.0～589.0nm;分析间隙4mm;砂轮片40号。

(2)氩气:纯度99.999%;静止流量0.5L/min,激发流量10L/min;校准温度:(40±1)℃。电极:钨棒;激发光源:普通和三峰光源。

(3)分析纯度及内标线见表9-3。

表9-3　分析纯度与内标线

元素	分析线/nm	元素	分析线/nm	元素	分析线/nm	元素	分析线/nm
Fe_1	271.4	C	193.0	Si	212.4	S	180.7
Fe_2	287.2	P	178.3	Mn	293.3		

9.2.4　校准方法

(1)仪器的工作状态:光源必须通电10min以上,达到稳定状态;用电极测距规调整辅助电极间隙符合仪器要求;检查仪器透镜的清洁度,如有污染擦洗至清洁透明为止;按要求调整入射狭缝位置;开机后光电倍增管必须经过4h的稳定时间。

表 9-2 PDA-5500 Ⅱ型分析线

元素	波长/nm	不同钢种的分析范围/%									
		铁钢	低合金钢	Cr 钢	CrNi 钢	Mn 钢	高速度工具钢	快削钢	低合金铸铁	高合金铸铁	ニしヅスト
Fe	271.4	INT. STD.	INT. STD.	INT. STD.	INT. STD.	INT. STD.	INT. STD.	INT. STD.	INT. STD.	INT. STD.	INT. STD.
Fe	287.2	INT. STD.	INT. STD.	INT. STD.	INT. STD.	INT. STD.	INT. STD.	INT. STD.	INT. STD.	INT. STD.	INT. STD.
C	156.1	0.001 ~0.05	0.001 ~0.01								
C	193.0	0.001 ~4.5	0.003 ~1	0.003 ~0.3	0.003 ~0.15	0.5 ~1.5	0.5 ~1.2	0.003 ~1	1.8 ~4	1.5 ~3.5	1.7 ~3
Si	212.4	0.001 ~5	0.001 ~0.6	0.001 ~1.3	0.001 ~1.4	0.1 ~1.5	0.1 ~0.4	0.001 ~0.6	0.1 ~3.2	0.1 ~2	1 ~6
Mn	293.3	0.001 ~2	0.001 ~2	0.005 ~1.5	0.005 ~1.6		0.1 ~0.4	0.001 ~2	0.005 ~1.4	0.1 ~2	0.1 ~2
Mn	290	0.1 ~20	0.1 ~2	0.1 ~1.5	0.1 ~1.6	8 ~20		0.1 ~2	0.1 ~1.4	0.1 ~2	0.1 ~5
P	178.3	0.001 ~1.5	0.001 ~0.05	0.001 ~0.03	0.001 ~0.035	0.001 ~0.07	0.001 ~0.04	0.001 ~0.05	0.001 ~0.7	0.001 ~0.3	0.001 ~0.15
S	180.7	0.001 ~0.5	0.001 ~0.05	0.001 ~0.03	0.001 ~0.03	0.001 ~0.05	0.001 ~0.04	0.001 ~0.3	0.001 ~0.1	0.001 ~0.15	0.001 ~0.1
Cu	327.4	0.001 ~0.5	0.001 ~0.5	0.001 ~0.2	0.001 ~0.05	0.001 ~0.5	0.001 ~0.07	0.001 ~0.5	0.001 ~0.5	0.01 ~0.5	0.01 ~0.5
Cu	224.2	0.005 ~8	0.005 ~1	0.005 ~0.2	0.005 ~0.05	0.005 ~0.5	0.005 ~0.07	0.005 ~1	0.005 ~1.5	0.01 ~2	0.01 ~8
Ni	231.6	0.001 ~4	0.001 ~4	0.01 ~4		0.05 ~3.8	0.01 ~0.2	0.001 ~4	0.001 ~1.5	0.1 ~4	
Ni	227.7	0.5 ~40	0.5 ~4	0.5 ~4	4 ~30	0.5 ~3.8		0.5 ~4	0.5 ~1.5	0.5 ~17	10 ~36
Cr	267.7	0.001 ~4	0.001 ~4			0.01 ~3.5	1 ~4	0.001 ~4	0.005 ~1.2		0.01 ~3.5
Cr	298.9	0.5 ~40	0.5 ~4	10 ~26	10 ~27	0.5 ~3.5	0.5 ~5	0.5 ~4	0.5 ~1.2	1 ~31	0.5 ~3.5
Sn	189.9	0.001 ~0.5	0.001 ~0.1			0.005 ~0.07		0.001 ~0.1	0.001 ~0.2		
As	197.2	0.001 ~0.5	0.001 ~0.1	0.001 ~0.1	0.001 ~0.1			0.001 ~0.1	0.002 ~0.1		
Ti	337.2	0.001 ~3	0.001 ~0.3	0.003 ~0.3	0.003 ~0.5			0.001 ~0.3	0.001 ~0.3		
V	311	0.001 ~5	0.001 ~0.5			0.005 ~0.3	0.5 ~3.2	0.001 ~0.5	0.001 ~0.5		

续表 9-2

元素	波长/nm	不同钢种的分析范围/%									
		铁钢	低合金钢	Cr 钢	CrNi 钢	Mn 钢	高速度工具钢	快削钢	低合金铸铁	高合金铸铁	ニしヅスト
Mo	202	0.001～3	0.001～1	0.005～1.2	0.005～2.5	0.01～2	0.05～3	0.001～1	0.001～1.2	0.01～3	
Mo	277.5	0.01～10	0.01～1	0.01～1.2	0.01～2.5	0.01～2	0.05～9.4	0.01～1	0.01～1.2	0.01～4	
Nb	319.5	0.001～2	0.001～0.1	0.005～1	0.005～1.5			0.005～0.1	0.002～0.05		
B	182.6	0.0002～0.05	0.0002～0.01					0.0002～0.01	0.0003～0.1		
Al	394.4	0.001～2	0.001～0.1	0.002～0.1	0.002～0.1	0.002～0.18		0.001～0.1	0.001～0.1		
Ca	396.8	0.0002～0.01	0.0002～0.01					0.0002～0.01			
Zr	339.2	0.001～1	0.001～0.02						0.002～0.05		
La	408.6	0.003～0.5							0.003～0.02		
Ce	413.7	0.002～0.5							0.002～0.05		
Pb	405.7	0.001～0.3	0.001～0.02		0.001～0.07			0.001～0.2	0.001～0.05		
Bi	306.7	0.001～0.1							0.001～0.02		
Sb	187.1×2	0.003～0.5	0.003～0.05						0.003～0.15		
W	220.4	0.005～20	0.005～0.2				1～20	0.005～0.2	0.005～0.05		
Co	258	0.001～10	0.005～0.2	0.01～0.2	0.01～0.2		0.01～10	0.005～0.2	0.001～0.1		
Zn	206.1	0.001～0.1							0.001～0.03		
Ta	240	0.01～0.5	0.01～0.02		0.01～0.4						
Mg	280.2	0.001～0.1							0.001～0.05		0.001～0.2
Mg	383.8	0.01～0.3									0.01～0.25
Se	196.0×2*	0.01～0.3							0.01～0.05		
N	149.2	0.003～0.2	0.003～0.01								
O	130.2	0									

(2)试样制备及制样设备:应保证试样表面平整,无气孔、无裂纹和油污;选择 40 目的碳化硅或氧化铝的研磨设备。

(3)校准样品:根据校验范围选择国家一级光谱标样。

9.2.5 校验步骤

(1)按照校准条件和校验方法要求使仪器达到稳定工作状态。

(2)选择工作曲线。

(3)进行标准化操作,如仪器校准系统不符合仪器要求,则必须调整仪器工作状态,然后再进行标准化操作。

(4)每个标样在相同条件下连续激发 6 次,计算相对标准偏差。

(5)激发和被测试样含量相近的同种类的内控标样。

通过以上校准,得出如下结论:若分析元素的相对偏差符合表 9-4 规定,则认为仪器的工作条件符合要求,否则应重新调整仪器工作条件;如果光谱内控标样结果和分析结果的偏差在 GB4336—1984 规定误差范围(见表 9-4)内则能够进行该种类的分析,否则应重新绘制下述工作曲线。

表 9-4 含量与误差范围

含量范围/%	相对标准偏差/%	含量范围/%	相对标准偏差/%	含量范围/%	相对标准偏差/%
> 0.001 ~ 0.01	10	> 0.01 ~ 0.1	5	> 0.1 ~ 1.00	3

此仪器每季度校准一次,当仪器出现问题或偏离校准状态时,应及时修理。

9.3 optima - 4300v 电感耦合等离子体发射光谱仪

美国铂金埃尔默公司 optima-4300v 电感耦合等离子体发射光谱仪(见图 9-2)主要由试样引入系统、射频发生器、分光系统、检测系统、数据处理系统等组成。可以分析的元素有 Fe、Mn、Si、Al、Ca、B、Ni、Cr、Cu、Mo、V、Nb、Ti、Mg 等几十种元素。

9.3.1 工作原理

试样配成溶液,以一定流量进入 ICP 光谱仪,在矩管处气化,生成

图 9-2 optima-4300v 电感耦合等离子体发射光谱仪

等离子体。此时,各元素粒子中的电子处于跃迁状态。等离子体中各元素粒子中的电子开始从跃迁状态回到基态,发射出谱线。根据谱线的波长,定性判断元素的种类。根据谱线的强度与标样中谱线的长度对比,定量判断某种元素的含量。

9.3.2 操作步骤

9.3.2.1 开机顺序及样品分析

(1)先将空压机、水冷机主电源刀闸合上,将空压机放水阀门关闭。开水冷机开关;(2)等待空压机启动停止,压力显示在 60 ~80psi 之间,水冷机温度显示在 20℃左右时,开启氩气瓶开关,调分压表显示 0.9psi(psi 表示每平方英寸上的磅数);(3)开计算机主机,双击 WinLab32 程序,进行仪器预热。打开排风扇电源,将蠕动泵管挂好。待预热时间到达当前状态,一定要仔细检查上述参数值是否正常,确认无误方可点火。(有任何疏漏都将会损坏射频发生器和电感线圈)。点击点火图标选 on,待仪器冲洗 15min 后,可进行试样分析;(4)点击 Methed 进入方法编辑界面进行方法编辑;(5)点击手动分析图标,依次分析空白、标样、试样;(6)点击 Examine 进行图谱处理,选择峰位置,调整波长;(7)点击 Reproc 进行数据处理;(8)点击 Result 进入数据显示画面。得出各相应元素的分析结果,指导冶金生产。

9.3.2.2 关机顺序

关机顺序如下:

(1)关闭点火图标;(2)退出 WinLab32 程序,关闭计算机;(3)关水冷机开关;(4)关空压机、水冷机的主电源刀闸;(5)将空压机放水阀打开。

9.4 多通道 X 射线荧光光谱分析仪(MXF-2300)

日本岛津多通道 X 射线荧光光谱分析仪(MXF-2300)(见图 9-3)主要组成:X 射线管、分光系统、检测系统、数据处理系统等。所能分析元素有 Ca、Mg、Si、Fe、Al、Mn、S、P 等。

图 9-3 多通道 X 射线荧光光谱分析仪(MXF-2300)

9.4.1 工作原理

当从 X 射线管产生的 X 射线(以下称为一次 X 射线),照射在测定试样上时,试样中所含的元素产生一个具有特定波长的 X 射线(以下称为特征 X 射线或荧光 X 射线)。由于试样中含有许多种成分,所以激发出的 X 射线是一束各种 X 射线的混合光。这个激发的 X 射线进入装在试样周围的单色器中。每一个单色器设置成为对应于某一特征的 X 射线,因而,如果混合 X 射线进入单色器,经过单色器晶体的反射,只选择对应元素的特征 X 射线。该射线然后进入连接在单色器上的检测器中,反射的 X 射线强度正比于对应元素成分的含量。这样用检测器测量一段恒定时间内检测到的 X 射线的量之后,计算而得到对应成分的浓度。这台仪器具有同时检测、测量和记录各种元素 X 射线的能力。

9.4.2 操作步骤

9.4.2.1 开机顺序

(1)接通外冷却水,温度设为 20℃;(2)依次打开控制开关control、真空开关 vacuum、冷却系统开关 cooler;(3)检查报警显示:确认再操作盘上除了低或高温报警 low or high temperature 以外,所有报警灯都熄灭。它们中任何一个灯亮时,按报警复位开关 reset 消除报警;(4)接通 X 射线开关 MAIN X-RAY;(5)20min 后,按操作盘上的 X-RAY POWER 按钮,指示灯亮,伴随有磁性开关动作的声音;(6)调整管电压和管电流:先按 X 射线管电压的上升键 UP,使电压每次增加 5kV,直到 20kV,按管电流的上升键 UP,使管电流每次增加 5mA,直到 10mA(每按一次要间隔 20s)。如果 X 射线管较长时间没有使用,应保持 20kV 和 10mA 大约 10min,然后逐渐提高管电压和管电流,一直达到使用值(40kV,70mA);(7)打开温度控制开关 HEATER,此时可能发生报警,低或高温度报警灯闪烁 low or high temperature,当温度在设定值(35 ±0.5)℃之内时,按报警复位钮,报警消失;(8)打开检测器高压电源开关 HV ON。(等 4h 后使用)。

9.4.2.2 试样分析

(1)确认控样:在分析画面中输入以下信息:NO(顺序号 1 ~8),Group(组号),Pro(程序号),Sample(试样编号、控样编号等)把控样放入样盒,放到指定位置后,按屏幕上的开始键(start)。分析结果与控样值对照,不超差即可使用,否则,需进行控样修正。

(2)控样校正:在分析画面中按 ESC 键,出现主菜单,选 Master Curve Analysis (控样修正),输入序号和组号,回车后会自动出现控样号,把控样放入样盒,放到指定位置后,按屏幕上的开始键(start)分析结束后自动计算系数,按 F7(store)存储系数。

(3)标准化:在分析画面按 ESC 键出现主菜单,选 Drift Analysis(标准化)项,输入序号和组号,回车后会自动出现标准化样号,按顺序把标样放到转盘的指定位置后,按屏幕上的开始键(start)分析结束后自动计算系数,按 F7(store)存储系数。

(4)分析未知试样:1)把未知试样放到试样盒里,放到转盘地指定位置上,(铁样磨好后,要用酒精擦拭表面,炉渣压好片后要用吸球把表面吹干净);2)在计算机上输入序号(NO)1-8 个组号(Group),程序号(Pro),试样号(Sample);3)在计算机上给出开始命令 F1(start);4)分析结束后,显示并打印结果。

9.4.2.3　关机顺序

与开机顺序相反进行。把管电压、管电流降低到零后,要停 20min(保证射线管充分冷却)再关闭冷却水和其他开关。

9.4.2.4　检查项目

每天交接班检查项目如下:

(1)管电压 40kV、管电流 70mA;(2)主机温度(35 ±0.5℃);内部冷却水的温度(低于 32℃)、流量(4mL/min)、水位(高于 low 标志)、电导(小于 50s,按 cooling water conductivity 可以查看);外部冷却水的温度(20℃恒定);(3)真空情况(小于 17kPa,按 VACUUM 可查看)。

9.4.2.5　注意事项

(1)往样盒中放试样时一定要拧到位;(2)分析完的试样及时从转盘中拿出;(3)如遇停电,要迅速关闭所有开关,查明原因,待来电后按顺序开机;(4)试样在分析前要用吸球吹净表面的尘土;(5)样盒要保持清洁。

9.5　直读光谱仪 GVM-514S、GVM-1014 操作规程

9.5.1　工作原理

日本岛津直读光谱仪工作原理:金属表面引起火花放电,试样被蒸发而汽化,原子被激发,发出各元素的特征谱线。各元素的谱线的强度与其含量存在着定量关系,这些谱线通过分光器(光栅)分光,检测器(光电倍增管)测光,从而对试样进行含量分析。主要组成部分:激发光源、分光系统、检测系统、数据处理系统。分析元素:C、Mn、S、P、Si、Cu、Ni、Cr、Mo、Al、V、Ti、Nb 等。

9.5.2 使用维护规程

(1)清扫火花室、放电电极。(每天至少进行一次)。

1)关闭电源,卸下火花室盖板,进行清扫;2)取出电极架,进行清扫;3)在O形密封圈上和盖板上涂真空脂并安装好;4)将盖板压好,不能漏气;5)更换清理排气管,排气瓶废水及时更换。

(2)更换辅助电极。

1)拿出控制间隙盒,打开;2)用干棉花将盒内碳粉擦净;3)将碳电极两端磨平;4)调整间隙6mm;5)将盒放在间隙盒架上,紧固螺丝;6)关好门,接通电源。

(3)擦透镜(分析次数3000次时进行此项工作,由专人负责)。

1)去掉负高压;2)卸下透镜,用规定的工具(酒精、牙膏、棉花)擦拭;3)在O形密封圈上涂上真空脂;4)安装好透镜,将钢板压下。

(4)抽真空。

1)将程序进入显示检查仪器状态画面;2)按下旋转泵按钮开关,约5min后将手阀打开;3)抽至符合分析要求(箭头指在绿区内偏左);4)加上负高压。

(5)描迹。

1)在仪器维护分析菜单或工作菜单中,选择描迹后按回车键;2)显示器上显示出描迹画面,按回车键显示铁元素和其对应ATT值;3)将描迹试样置于火花架上;4)按[F1]Start键,开始放电,画面上显示元素的强度曲线;5)改变ATT值,使强度在8个刻度左右的位置;6)将分光仪上的扫描刻度盘的刻度值从现在的位置上,逆时针倒转30个刻度,在顺时针将刻度盘转距原峰值 -15个的刻度位置上;7)1s后将刻度盘顺时针转动 +5刻度,当强度稳定时,按[F6](Mark)键,则在扫描强度值的位置上显示黄色的O标记,然后再把扫描刻度盘转动+5个刻度;8)重复进行7)项操作,使刻度盘的刻度比原始的刻度为+15刻度时为止;9)[F2]Stop键停止放电;10)从画面上得到的描迹曲线计算出谱线峰值的位置;11)最后,将刻度盘的刻度对准计算结果的位置(定标)。

9.5.3 技术操作规程

(1)选择分析组。

1)当光标在分析组项时,可按手动输入分析组项名称。或按[Shift +F4]键,用箭头键移动光标,选择分析组项后,按回车键;2)当显示器上有 F6 键 6. Agsel 时,按[Shift +F6]键显示分析组项名称画面,用箭头键移动光标,选择分析组项名称后按回车键。

(2)标准化:在分析画面中按[Shift +F2]键,显示器上显示出工作选择菜单。用箭头键选择两点标准化分析,按回车键。

1)显示两点标准化画面;2)按需要输入分析组名称后按回车键,显示器上显示该分析组名称;3)输入相应的标准化试样序号;4)按规定分析完试样后,计算系数按[F3 CAL];5)返回分析画面。

(3)控样修正分析。

1)按[Shift +F2]键,显示分析方式画面,用箭头键移动光标,选择控样修正分析项目后按回车键,显示控样修正分析画面;2)输入分析组名称,控样代号,放好控样进行分析;3)按[F3 CAL]计算修正系数 Mc Ac;4)计算出 Mc Ac 自动存储在本分析组控样修正分析情报中。为分析含量自动加减使用。

(4)含量分析(每个样分析两次,取平均值)。

1)输入分析组名称;2)进行工作方式的选择,分析两点标准化试样,计算系数。分析控样修正,计算系数;3)返回含量分析画面;4)输入炉号、炉次、样次;5)放好试样,F1(Start)键激发放电,进行试样分析;6)当激发次数到所设定 N 值时,计算平均值;7)打印分析结果。

9.6 LECO TC600 氮氧氢分析仪操作规程

9.6.1 工作原理

LECO TC600 氮氧氢分析仪见图 9-4。样品放在高纯石墨坩埚中,在高温和氦气流中熔融,释放出氧、氮和氢。样品中的氧和坩埚中的碳反应,生成一氧化碳和少量二氧化碳,从电极炉中出来的混合气体,先到达一氧化碳和二氧化碳检测池,之后,通过热的氧化铜,将一氧化碳转化成二氧化碳、氢气生成水，混合气体通过水和低含量二氧化碳检测池，氢气含量由水红外检测池检测，氧气由一氧化碳和二氧化碳红外检测池检测，混合气体通过高氯酸镁、碱石棉吸收二氧化碳和水，经过热导池检测氮气。

图 9-4　LECO TC600 氮氧氢分析仪

9.6.2　操作规程

操作规程如下：

(1)开机：电源—稳压器—主机电源—计算机。仪器主机电源长时间关闭重新开机后需预热 1h，关闭载气 8h，恢复通气至少 1h 才能分析，分析前打开冷却水。

(2)诊断：点击“诊断”中的“图表”，观察仪器的各种参数是否正常。

(3)选择或建立分析方法。

1)点击“设置”，可选择分析分法，点击“添加”可建立一个新的分析方法；2)点击“属性”中的“分析参数”可选择脱气周期、分析延时、分析延时比较、分析类型参数；3)点击“属性”中的“元素参数”，可选择最短分析时间、有效显示位数、转换系数、集成延迟、比较器水平参数；4)点击“属性”中的“炉子参数”，可选择炉子控制模式、吹扫时间、排气时间、排气冷却时间、排气低功率、排气高功率、分析低功率、分析高功率参数；5)校准曲线的建立：按氧、氮、氢分析仪校准方法建立校准曲线。

(4)漂移校准。

1)仪器每天分析前要进行漂移校准;2)分析 2 ~3 个基体相同含量相近的标样;3)点击“设置”中的“漂移”选择标样分析数据进行漂移校准。

(5)将已制取好的试样放到天平上进行称量,点击“天平”输入试样质量。点击回车键,从上口加入试样,再点击“分析”放上坩埚,点击“分析”仪器开始分析。每分析一个试样后必须清洗上下电极。每分析 5 个试样后必须更换一个外坩埚。

(6)关机:计算机—主机电源—稳压器—电源。关闭载气和冷却水。

9.6.3 使用维护

(1)滤器的更换:每分析 50 个试样需要更换;净化剂的更换:高氯酸镁、碱石棉每分析 300 个试样需更换一次;每天检查、清洁电极 O 形圈,稍微擦一点真空脂,如用旧了或破裂了就要更换。

(2)漏气检查:点击诊断菜单,选择漏气检查,选择漏气检查屏幕将出现。再点击系统漏气检查,60s 后结果框内出现“漏气检查已通过”。即可进行试样分析,如果框内出现“系统漏气”,需重新检查系统各部位,直至系统不漏气为止。

9.7 LECO GDS-850A 辉光放电光谱仪

美国 LECO GDS-850A 辉光放电光谱仪主要由辉光放电光源、分光系统和计算机控制系统三部分组成,见图 9-5。共 38 个通道,分别为:Fe、Fe^{2+}、C、Mn、S、P、Si、Cr、Ni、Ni^{2+}、Mo、Cu、Cu^{2+}、V、Al、Ti、Nb、Co、W、Sn、Sn^{2+}等。

9.7.1 工作原理

试样本身作为阴极置于光源上,光源内抽真空至 10Pa 左右,充入氩气并维持压力 500 ~1500Pa;阳极接地,在试样(阴极)上加负高压 500 ~1500V,氩气被击穿,形成稳定的等离子体,在负高压的作用下,

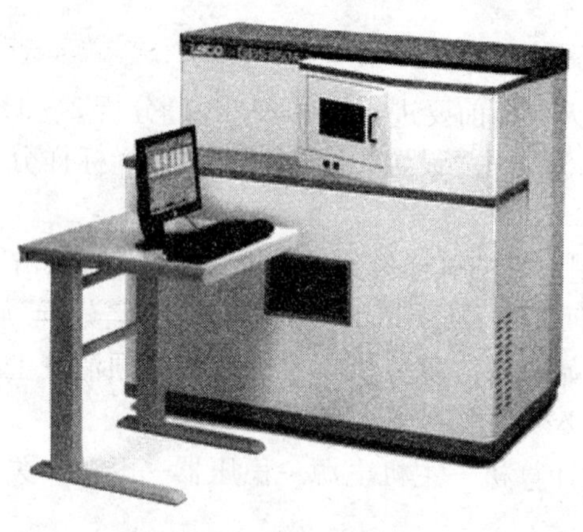

图 9-5　LECO GDS-850A 辉光放电光谱仪

受到电场加速的高能氩离子轰击样品表面，处于表面的试样原子获得足以克服晶格束缚的能量，以原子的形式被溅射出样品的表面，进入等离子体中。由于等离子体内粒子碰撞频繁，原子的外层电子吸收一定的能量跃迁至更高的能级，原子处于激发态。激发态的原子返回到基态时，释放出一定的能量，即一定波长的光。不同元素的波长（即特征波长）各不相同。

不同波长的光进入到分光系统，经全息光栅分光后，由光电倍增管检测各单色光光强，经过计算机的信号处理，获得了各元素的强度。通过已经建立的各元素的标准曲线（浓度和强度的关系），计算机计算出各元素的浓度。

9.7.2　操作步骤

9.7.2.1　开机顺序

开机顺序如下：

（1）打开空压机电源，检查二次压力为 40psi；（2）打开氩气，设定二次压力为 40psi。（3）仪器前面控制板上 CLEANING/CHAMBER ARGON 指向 ON 位置，ANALYSE GAS 指向 ARGON 位置；（4）打开计算机；（5）开 CPU 开关，待听到灯口吹出 10 口气；（6）开 SPEC VACU-

UM 开关;(7)开 GDL VACUUM 开关;(8)开 GDL COOLING 开关;(9)进入 Diagnostics 诊断软件,待 Ambient monitor 里 Turbo pump Speed 分子泵转速降到 300r/min,开 SPEC VAC/TURBO ENABLE 开关;(10)做导体试样将开关置于 DC 位置。

9.7.2.2 样品分析 LECO GDS-850A 辉光放电光谱仪

分析如下:

(1)待仪器稳定后,进入 Ambient Monitor 检查各参数是否在正常范围;(2)从桌面上双击 Glow Discharge;(3)从 File 里点 Open,找到所用方法;(4)从 Analyze 里点 lamp Warm Up,放上铁基样,按提示预热灯口 3 次;(5)从 Analyze 里点 Run Profile Sample,放上铁基样进行描迹;(6)直到从 Diagnostics—Motor—History 里看到狭缝无调整;(7) Analy—Run—Drifts,按提示进行漂移校正;(8)分析完选定上锁,drift—calculate Corrections—OK;(9)Samples—Add Sample—输入名称—OK;(10)放上样品,点 Run current Sample。

9.7.2.3 关机顺序

(1)关 SPEC VAC/TURBO ENABLE 开关;(2)从诊断窗口 Ambient Monitor 看待分子泵转速降到 0.3r/min 时,再依次关 GDL COOLING 开关、GDL VACUUM 开关、SPEC VAUUM 开关、CPU 开关;(3)关闭分析软件。

9.8 ARL4460 型光谱仪技术操作规程

9.8.1 分析元素

瑞士 ARL4460 型光谱仪(见图 9-6)可分析的元素有 C、Mn、S、P、Si、Al、Ca、Mo、B、Ni、N、Cr、Cu、V、Nb、Ti、Sn、As、Mg 等。

9.8.2 使用维护操作规程

(1)激发台的清扫。

1)每次分析后用提供的电极刷对电极进行清扫,去掉电极表面的污染物;2)每天清理激发台内部即火花架绝缘体,电极垫和块状支座等;3)电极更换和调整,电极头变圆或电极断裂就应更换,电极间隙用

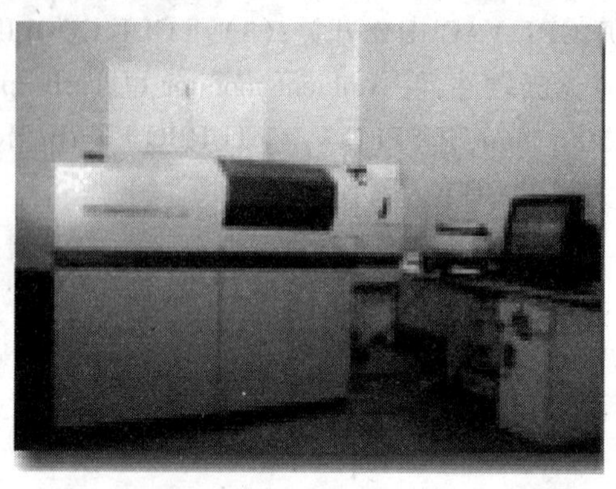

图 9-6　ARL4460 型光谱仪

一个 3mm 的量规来调整。

(2)氩气滤洁器的清扫。可用专用工具打开,用吸尘器除去表面污染物,一般每周进行一次;保护电子装置的过滤网每半年清洁一次。

(3)透镜的清洁。当标准化系数太高而真空良好时应考虑透镜的清理,关闭激发光源电源,将透镜上侧转至右侧,卸掉两电接头,拉出透镜,用光学用纸加无水乙醇进行清理,透镜干燥后,反顺序操作,将其放回原处。

(4)闭路水供给系统。储水管水位应在罐高度 1/2 ~ 2/3 之间,低于 1/2 时应加适量的去离子水。

(5)真空泵的维护。每半年需更换真空泵油。

9.8.3　技术操作规程

技术操作规程如下:

(1)在 win2000 桌面上双击 winoe 图标,进入 winoe3.0 分析软件系统。

(2)仪器狭缝校正(描迹)。

1)从主菜单中选择 Itergrated profile 并单击将其打开,进入狭缝调整窗口;2)从选择框选择一程序并选择描迹的元素(注:当选择的元素超过 10 个时,系统将提出警告并自动选取前 10 个元素,这时只要单击 OK 即可);3)在 start Dial Position 框内键入定位的起始位置,一般为当前刻度数减去10格步长一般取2,最大步长一般取10;4)将试样放入激发台上,关上激发台门,单击开始start按钮;5)将扫描刻度盘旋转到Set Dial Position to所提示的位置上,单击start next step钮分析仪开始激发,测量完成后,按Set Dial Position to提示,顺时针调节扫描刻度盘位置,单击Start Next Step按钮,依次进行测量;6)当测量的次数达到要求时,屏幕显示Step Completed,按计算平均值按钮,计算机自动给出平均定位位置,按Print Result打印结果并退出;7)将扫描刻度盘旋转到平均定位位置,狭缝调整工作完成。

(3)仪器漂移校正(标准化)。

1)从主菜单中选择Standardisation Update并单击进入漂移校正窗口;2)按左上角Change Task钮选取需要校正的任务;3)按照样品标识Sample Identifier中提示的SUS编号,将相应样品放入激发台,单击Analyse进行测量(一般样品分析2次),单击Analysis Complete完成对该样品测量。

(4)样品分析。

1)点击子菜单Analysis选项中的Concentration Analysis [F2]进行试样含量的分析;2)在分析画面单击Change Task,选任务后输入分析样品编号,将试样放入激发台,单击Sample Details OK按钮进行分析;3)分析完一次后,用电极刷清扫电极头,换点,关上火花室门按AnalyseAgain键,进行再次分析(每个试样至少分析两次);4)如分析数据无异常,按Analyse Complete键,然后按PRINT打印结果。

附 录

附录1 滤纸规格型号

型 号	规 格	标 志	孔径/μm	适用过滤物	对应砂芯漏斗型号
101	定性快速	黑带或白带	80		
102	定性中速	蓝带	50		
103	定性慢速	红带或橙带	3		
201	定量快速	黑带或白带	80~120	胶状沉淀	G_1,G_2
202	定量中速	蓝带	30~50	粗晶形沉淀	G_3
203	定量慢速	红带或橙带	1~3	细晶形沉淀	G_4,G_5
	层析滤纸①				

①层析滤纸有:定性—301、311(快速),302、312(中速),303、313(慢速);
定量—401、411(快速),402、412(中速),403、413(慢速)。

附录2 筛的孔目对照表

ISO 标准筛名	美国筛号	筛孔大小/mm	线径直径/mm	中国药典标准
11.2mm	7/16in	11.2	2.45	
8.00mm	5/16in	8.00	2.07	
5.60mm	3.5号(目)	5.60	1.87	
4.75mm	4	4.76	1.54	
4.00mm	5	4.00	1.37	
3.35mm	6	3.36	1.23	
2.80mm	7	2.83	1.10	
2.38mm	8	2.38	1.00	
2.00mm	10	2.00	0.900	一号筛
1.40mm	14	1.41	0.725	
1.00mm	18	1.00	0.580	
841μm	20	0.841	0.510	二号筛
700	25	0.707	0.450	
595	30	0.595	0.390	
500	35	0.500	0.340	
425	40	0.420	0.290	
355	45	0.354	0.247	三号筛

续附录2

ISO 标准筛名	美国筛号	筛孔大小/mm	线径直径/mm	中国药典标准
300	50	0.297	0.215	
250	60	0.250	0.180	四号筛
210	70	0.210	0.152	
180	80	0.177	0.131	五号筛
(154μm)				六号筛
150	100	0.149	0.110	七号筛
125	120	0.125	0.091	
106	140	0.105	0.076	
(100μm)				八号筛
90	170	0.088	0.064	
75	200	0.074	0.053	
(71μm)				九号筛
63	230	0.063	0.044	
53	270	0.053	0.037	
44	325	0.044	0.030	
37	400	0.037	0.025	

附录3　常用熔剂及应用范围

熔　剂	用量（倍）	适用坩埚 铂铁镍银瓷刚玉石英	熔剂性质及用途
Na_2CO_3	6~8	+ + + — — +　−	碱性熔剂，用于分析酸不溶渣
$NaHCO_3$	12~14	+ + + — — +　−	碱性熔剂，用于分析酸不溶渣
$Na_2CO_3+K_2CO_3$	6~8	+ + + — — +　−	碱性熔剂，用于分析酸不溶渣
$6Na_2CO_3+0.5KNO_3$	8~10	− + + — — +　−	碱性氧化物熔剂，用于测定矿石中全硫、砷、铬、钒，分离钒、铬中钛
$3Na_2CO_3$ +2 硼酸钠	10~12	+ — — — + +　+	碱性氧化物熔剂，用于分析铬铁矿、钛铁矿等
$2Na_2CO_3+1MgO$	10~14	− + + — + +　+	碱性氧化物熔剂，用于分解铁合金、铬铁矿等
$1Na_2CO_3+2MgO$	4~10	− + + — + +　+	碱性氧化物熔剂，用于测定煤中的硫，分解铁合金
$2Na_2CO_3+1ZnO$	8~10	— — — — + +　+	碱性氧化物熔剂，用于测定矿物中硫化物
$2Na_2CO_3+2K_2CO_3+$ 1 酒石酸钾	8~10	+ — — — + +　−	碱性还原性熔剂，用于分离 Cr 与 V

续附录 3

熔　剂	用量（倍）	适用坩埚 铂铁镍银瓷刚玉石英	熔剂性质及用途
Na_2O_2	6～8	－＋＋－－－　－	碱性氧化性熔剂，用于测定矿石及铁合金中的硫，铬，钒，锰，硅，磷，钨，钼等
$5Na_2O_2+1Na_2CO_3$	6～8	－＋＋＋－－　－	碱性氧化性熔剂，用于测定矿石及铁合金中的硫，铬，钒，锰，硅，磷，钨，钼等
$4Na_2O_2+2Na_2CO_3$	6～8	－＋＋＋－－　－	碱性氧化性熔剂，用于测定矿石及铁合金中的硫，铬，钒，锰，硅，磷，钨，钼等
KOH 或 NaOH	8～10	－＋＋＋－－　－	碱性熔剂，用于测定锡石中的锡，有铁存在时，分离钛、铝
$6NaOH+0.5NaNO_3$	4～6	－＋＋＋－－　－	碱性氧化物熔剂
KCN＋NaOH	3～4	－＋＋＋－－　－	碱性还原性熔剂。用于分离锡与锑中铜、磷、铁等
Na_2CO_3+S	8～12	－－－－＋＋　＋	碱性硫化熔剂，用于分解有色金属矿石焙烧后的产物，由铅、铜、银中分离钼：锑、砷、锡以及钛钒的分离
$KHSO_4$	12～14	＋－－－＋－　＋	酸性熔剂，熔融钛、铝、铁、铜的氧化物分解硅酸盐、钨矿石
焦硫酸钾	8～12	＋－－－＋－　＋	酸性熔剂，熔融钛、铝、铁、铜的氧化物分解硅酸盐、钨矿石
KHF_2＋10 焦硫酸钾	8～10	＋－－－－－　－	分解锆矿石
氧化硼	5～8	＋－－－－－　－	酸性熔剂，熔点 577℃，分解硅酸盐
$Na_2S_2O_3$	8～10	－－－－－＋　＋	
$3Na_2CO_3+2S$	8～12	－－－－＋＋　＋	

注：＋表示可用，－表示不可用。

附录 4　测定碳时的校正系数

t_1/℃ \ P_1/mmHg	690	695	700	705	710	715	720	725	730	735	740	745	750	755	760	765	770	775	780
10	0.932	0.938	0.945	0.952	0.959	0.966	0.973	0.980	0.986	0.993	1.000	1.007	1.014	1.020	1.027	1.034	1.041	1.048	1.055
11	0.928	0.934	0.941	0.948	0.955	0.962	0.968	0.976	0.982	0.989	0.996	1.002	1.009	1.016	1.023	1.030	1.037	1.043	1.050
12	0.923	0.929	0.937	0.943	0.951	0.957	0.964	0.971	0.978	0.984	0.991	0.998	1.005	1.012	1.019	1.025	1.032	1.039	1.046
13	0.919	0.926	0.933	0.939	0.946	0.953	0.960	0.967	0.973	0.980	0.987	0.993	1.000	1.007	1.014	1.021	1.028	1.034	1.041
14	0.915	0.922	0.929	0.935	0.942	0.948	0.956	0.963	0.969	0.976	0.983	0.989	0.996	1.003	1.010	1.016	1.023	1.030	1.037
15	0.911	0.918	0.924	0.931	0.938	0.944	0.951	0.958	0.965	0.972	0.978	0.984	0.991	0.998	1.005	1.011	1.018	1.025	1.032
16	0.907	0.914	0.920	0.926	0.933	0.940	0.947	0.953	0.960	0.968	0.974	0.980	0.987	0.993	1.000	1.007	1.014	1.021	1.027
17	0.902	0.909	0.916	0.922	0.929	0.936	0.942	0.949	0.956	0.963	0.969	0.976	0.982	0.989	0.996	1.002	1.009	1.016	1.002
18	0.898	0.905	0.911	0.918	0.924	0.931	0.938	0.945	0.951	0.958	0.964	0.971	0.978	0.985	0.991	0.997	1.004	1.011	1.018
19	0.893	0.900	0.907	0.913	0.920	0.927	0.933	0.940	0.946	0.953	0.960	0.966	0.973	0.980	0.986	0.993	1.000	1.007	1.013
20	0.889	0.895	0.902	0.909	0.915	0.922	0.929	0.935	0.942	0.949	0.955	0.961	0.968	0.975	0.982	0.988	0.995	1.002	1.008
21	0.885	0.891	0.898	0.904	0.911	0.917	0.924	0.931	0.937	0.944	0.950	0.957	0.964	0.971	0.977	0.983	0.990	0.997	1.003
22	0.880	0.886	0.893	0.900	0.906	0.913	0.919	0.926	0.932	0.939	0.946	0.953	0.959	0.965	0.972	0.978	0.985	0.992	0.998
23	0.875	0.882	0.889	0.896	0.907	0.909	0.915	0.922	0.928	0.935	0.941	0.948	0.954	0.961	0.967	0.973	0.980	0.987	0.993
24	0.871	0.878	0.884	0.890	0.897	0.903	0.910	0.916	0.923	0.930	0.936	0.943	0.949	0.956	0.962	0.968	0.975	0.982	0.988
25	0.866	0.873	0.879	0.885	0.892	0.898	0.905	0.911	0.918	0.925	0.931	0.937	0.944	0.951	0.957	0.963	0.970	0.977	0.983
26	0.861	0.867	0.874	0.880	0.887	0.893	0.900	0.906	0.913	0.920	0.926	0.933	0.939	0.945	0.952	0.958	0.965	0.971	0.978
27	0.856	0.862	0.869	0.875	0.882	0.888	0.895	0.901	0.908	0.915	0.921	0.927	0.934	0.940	0.947	0.953	0.960	0.966	0.973
28	0.852	0.858	0.864	0.870	0.877	0.883	0.890	0.896	0.903	0.909	0.916	0.922	0.929	0.935	0.942	0.948	0.955	0.961	0.967
29	0.845	0.852	0.859	0.865	0.872	0.878	0.885	0.891	0.898	0.904	0.911	0.917	0.924	0.930	0.936	0.943	0.949	0.956	0.962
30	0.841	0.847	0.854	0.860	0.867	0.873	0.880	0.886	0.893	0.899	0.905	0.911	0.918	0.924	0.931	0.937	0.944	0.950	0.957
31	0.836	0.842	0.849	0.855	0.862	0.868	0.875	0.881	0.887	0.894	0.900	0.916	0.913	0.919	0.926	0.932	0.938	0.945	0.951
32	0.831	0.837	0.844	0.850	0.857	0.863	0.869	0.875	0.882	0.888	0.895	0.901	0.907	0.914	0.920	0.926	0.933	0.939	0.945
33	0.826	0.832	0.839	0.845	0.851	0.857	0.864	0.870	0.876	0.883	0.889	0.896	0.902	0.908	0.914	0.921	0.927	0.934	0.940
34	0.820	0.826	0.833	0.839	0.846	0.852	0.858	0.864	0.871	0.877	0.883	0.890	0.896	0.902	0.909	0.915	0.921	0.928	0.934
35	0.815	0.821	0.828	0.834	0.840	0.846	0.853	0.859	0.865	0.872	0.878	0.884	0.890	0.897	0.903	0.909	0.916	0.922	0.928

注：1mmHg = 133.322Pa。

参考文献

[1]刘淑萍等. 分析化学实验教程[M]. 北京:冶金工业出版社,2004.
[2]刘淑萍等. EDTA间接滴定法测定钢包喂铝钙包芯线中铝[J]. 冶金分析,2007,5:78.
[3]刘淑萍等. EDTA滴定法测定转炉炼钢用冷压块中全铁[J]. 冶金分析,2006,26(1):72.
[4]邱德仁等. 工业分析化学[M]. 上海:复旦大学出版社,2003.
[5]徐南平等. 钢铁冶金实验技术和研究方法[M]. 北京:冶金工业出版社,1995.
[6]张家驹等. 工业分析[M]. 北京:化学工业出版社,2004.
[7]杨金和. 煤炭化验手册[M]. 北京:煤炭工业出版社,2004.
[8]王海舟. 钢铁及合金分析[M]. 北京:科学出版社,2004.